中国科学院科学出版基金资助出版

城郊农田土壤复合污染与修复研究

骆永明 等 著

科学出版社

北 京

内 容 简 介

本书系统反映我国城郊农田土壤污染与修复科学技术前沿研究的成果。全书共9章，突出城郊农田土壤复合污染与联合修复的主题，综合介绍城郊农田土壤污染特征、钝化修复、氧化修复、植物修复、微生物修复、化学-植物联合修复以及植物-微生物联合修复等方面的新认识、新方法和新技术，提出解决我国城郊农田土壤环境的关键科学问题与修复技术，具有重要的学术价值和现实指导意义。

本书可作为土壤学、环境科学、生态学、农学、植物营养学领域的科研工作者、研究生以及技术人员的参考书，也可作为高等院校、研究所相关专业的研究生课程的参考教材。

图书在版编目（CIP）数据

城郊农田土壤复合污染与修复研究/骆永明等著. —北京：科学出版社，2012

ISBN 978-7-03-034569-1

Ⅰ.①城… Ⅱ.①骆… Ⅲ.①城郊农业-农田污染-土壤污染-复合污染-研究 Ⅳ.①X53

中国版本图书馆CIP数据核字（2012）第114243号

责任编辑：罗 静 景艳霞/责任校对：朱光兰
责任印制：徐晓晨/封面设计：耕者设计工作室

科学出版社出版
北京东黄城根北街16号
邮政编码：100717
http://www.sciencep.com
北京虎彩文化传播有限公司印刷
科学出版社发行 各地新华书店经销
*
2012年6月第 一 版 开本：B5（720×1000）
2019年5月第三次印刷 印张：11 1/2
字数：210 000

定价：78.00元

（如有印装质量问题，我社负责调换）

《城郊农田土壤复合污染与修复研究》
著者名单

主要著者：骆永明　蒋　新　滕　应　周东美

著者成员（按姓氏笔画排序）

杨兴伦　周东美　郝秀珍　骆永明

蒋　新　滕　应

序

城郊农田土壤是介于城市与乡村的交错、过渡地带，具有农业生产程度高，土地利用结构复杂，受城市化、工业化发展和乡村生活多重影响等特点，尤其是受到人类高强度活动的干扰和利用，是区域响应最为敏感的环境介质。城郊农田土壤是城市蔬菜瓜果等农产品的重要生产基地，其环境质量的好坏直接关系着农产品质量安全、生态安全和人体健康，是土壤环境科学与技术研究领域关注的焦点和热点。

《城郊农田土壤复合污染与修复研究》一书认为，城郊农田土壤是地球陆地表层深受人类活动高强度影响的环境系统，具有明显的复杂性、复合性及混沌性等特点，充分认识城郊农田土壤环境污染过程及其修复原理与技术，是现代土壤环境学和土壤修复学研究的重点。这是富有实践特色、现实视野、引领前沿的学术观点。全书突出城郊农田土壤-污染特征-联合修复的主题，综合介绍城郊农田土壤污染特征、物理钝化修复、化学活化与氧化修复、化学-植物联合修复、微生物修复及植物-微生物联合修复等方面的新知识、新方法、新技术，具有重要的学术意义和应用价值。

该书是在中国科学院知识创新工程重要方向项目（No. KZCX2-YW-404）、江苏省自然科学基金创新学者攀登项目（No. SBK200910169）和环保公益性行业科研专项项目（No. 2010467016）的资助下，项目组成员多年学术研究成果的系统总结。该书内容系统、结构完整、图文并茂，具有前沿性、前瞻性和引领性，是一本非常难得的土壤环境和土壤修复领域的著作。我相信，该书的出版，将有益于土壤学、环境科学、生态学、农学、植物营养学等研究领域的广大科技工作者和研究生，及时了解国内外前沿和相关研究工作，也必将有力地引领和带动我国土壤环境科学和土壤修复技术的发展。

2011 年 4 月 10 日

前　言

城郊农田土壤是地球陆地表层受人类活动影响最为强烈的环境单元，是由多物质、多界面、多途径组成的复合体，是保障城市食物安全与生存发展的支撑环境。因此，城郊农田土壤环境质量直接关系到农产品质量、生态安全和人体健康，以及区域经济社会的可持续发展，是土壤环境科学与技术研究领域关注的焦点和热点。在“十一五”期间，中国科学院南京土壤研究所承担了中国科学院知识创新工程重要方向项目（No. KZCX2-YW-404）、江苏省自然科学基金创新学者攀登项目（No. SBK200910169）和环保公益性行业科研专项项目（No. 2010467016），组建了一支由中青年研究人员组合的创新团队，开展了多年的土壤环境学、环境化学、环境科学、土壤修复学、微生物学、植物生理学等学科的综合交叉合作研究。项目主要依托于中国科学院南京土壤研究所的土壤与农业可持续发展国家重点实验室和中国科学院土壤环境与污染修复重点实验室等。

本书是项目组对城郊农田土壤科学技术多年研究工作的总结。围绕城郊农田土壤复合污染特征与联合修复的主题，本书综合介绍了我国城郊农田土壤污染特征、钝化修复、氧化修复、植物修复、微生物修复、化学-植物联合修复以及植物-微生物联合修复等研究方面的新进展。全书共分 9 章。第 1 章典型城郊农田土壤的复合污染特征，在系统分析我国城郊农田土壤污染状况的基础上，重点介绍典型城郊农田土壤的重金属复合污染特征和持久性有毒物复合污染特征；第 2 章农田土壤中重金属有效性及其有机-黏土矿物的钝化作用，主要包括作物不同基因型对土壤中重金属的吸收特性与低积累品种筛选，凹凸棒土-腐殖酸复合体对重金属铅的吸附特性及机理，有机物料、黏土矿物对土壤中重金属有效性的影响及有机物料、黏土矿物对豆科植物生长生理特性及重金属吸收的影响等；第 3 章有机络合物对农田土壤中重金属的强化植物修复作用，主要包括土壤中重金属活化的表面活性剂筛选，（*S*，*S*）-乙二胺二琥珀酸（EDDS）、柠檬酸、味精对重金属复合污染土壤植物修复的强化作用，以及 EDDS、鼠李糖脂对黑麦草修复重金属复合污染土壤的影响等；第 4 章重金属污染农田土壤的电动-植物联合修复效应与机制，主要包括不同电场施加方式与植物的联合修复效应，固定直流电场对植物吸收重金属的影响机制，以及电动-植物修复技术对土壤基本性质的影响等；第 5 章农田土壤中有机氯农药的解吸动力学及生物有效性，主要包括土壤中有机污染物解吸动力学方法，土壤中有机氯农药的解吸特征及生物有效性，以及土壤中有机氯农药的温和提取及其生物有效性等；第 6 章农田土壤-大气-蔬菜系统中有机氯农药污染界面过程与机制，主要包括土壤-蔬菜界面有机氯农药的富集过程与机制，大气-蔬菜界面有机氯农药的吸收过程与机制，以及土壤-根系界面有机氯农药的迁移过程与机制等；第7章农田土壤中有机氯农药的降解及其影响因素，主要包括小分子质量有机酸对有机氯农药降解的影响，不同氮肥对有机氯农药降解的影响，长期不同施肥对有机氯农药降解的影响，纳米铁对有机氯农药降解与调控机制，以及纳米矿物对有机氯农药降解与调控机制等；第8章多环芳烃和多氯联苯污染农田土壤的生物修复，主要包括多环芳烃污染城郊农田土壤的微生物修复，多氯联苯污染城郊农田土壤的微生物修复，以及多氯联苯污染农田土壤的植物-微生物联合修复等；第9章多氯联苯和多环芳烃污染农田土壤的化学和低温等离子体氧化修复，主要包括多氯联苯污染城郊农田土壤的芬顿试剂化学氧化修复作用，多氯联苯污染土壤的低温等离子体氧化修复作用，以及多环芳烃污染土壤的低温等离子体氧化修复作用等。

本书是上述项目研究团队的集体成果，其内容框架是在项目首席科学家骆永明研究员的主持下拟定和完成的。全书9章，具体的撰写分工如下：前言：骆永明；第1章：滕应、骆永明；第2～4章：周东美，郝秀珍；第5章：蒋新、杨兴伦；第6章：杨兴伦、蒋新；第7章：蒋新、杨兴伦；第8、第9章：骆永明、滕应；第9章：骆永明、滕应。全书由骆永明统稿、定稿。在本书出版过程中，得到了赵其国院士的悉心指导和滕应、吴龙华、李振高、刘五星、宋静、章海波、吴春发等同志的大力协助，在此一并表示诚挚的谢意！

由于作者水平有限，书中不足之处在所难免，敬请各位同仁批评指正。

骆永明

2011年4月于南京

目　　录

第1章　典型城郊农田土壤的复合污染特征

城郊农田是供给城市农产品的重要菜篮子基地，也是受人类活动影响最为强烈的陆地生态系统之一。近30年来，随着我国工业化、城市化、农业高度集约化的快速发展，大面积城郊农田土壤成为重金属、农药、持久性有机污染物等的汇集场所，城郊土壤污染日趋严重。因此，城郊农田土壤的环境安全、农产品安全和健康风险令人担忧，已成为保障国家民生所需解决的重要现实问题之一。本章系统分析我国城郊农田土壤污染总体状况，并以典型城郊为例，揭示经济发达地区农田土壤的重金属和持久性有机污染物复合污染特征，为我国城郊农田土壤的持续安全利用、保障人体健康提供重要科学指导。

1.1　我国城郊农田土壤污染总体状况

1.1.1　土壤重金属污染

重金属是城郊农田土壤的主要污染物之一，其污染来源主要有工业“三废”排放、污水灌溉、污泥粪肥施用、农用化学品以及汽车尾气排放等。近30多年来，我国大部分城郊农田土壤已经受到严重的重金属污染，而且以Cd、Pb和Hg 3种污染物为主（周建利和陈同斌，2002；丁爱芳与潘根兴，2003；肖小平等，2008；田秀红，2009）。调查研究发现缺水城市污染重于丰水城市，重工业发达城市重于欠发达城市（梅惠，2004），其中蔬菜地重金属污染问题比较突出（王亮等，2000；郭淑文，2002）。通常情况下，城郊土壤重金属污染程度多呈辐射状分布，靠近主城区土壤污染较重，而远离城市中心的重金属浓度较低，且呈现出表层聚集现象（南忠仁和李吉均，2001；梅惠，2004）。

1.1.2　土壤农药及持久性有机污染物

目前，土壤中残留的主要农药包括有机氯类、有机磷类、氨基甲酸酯类及拟除虫菊酯类农药等。大量研究表明，有机氯农药仍是土壤中主要化学污染物之一，在全国大部分城郊农田地区仍有一定程度的残留（安琼等，2005；邱黎敏和张建英，2005；史双昕等，2007），其中，滴滴涕（DDT）是土壤中有机氯农药的主要成分，而且一些地区很可能有新的DDT或含DDT杂质的其他农药的输入，如三氯杀螨醇（王伟等，2008；陈向红等，2009；杨国义等，2007；申剑等，2006；史双昕等，2008；陈建军等，2004；杨冬雪等，2009；张慧等，

2008)。有机磷类农药也是当前土壤中主要农药残留物之一。有研究表明，江苏省苏中地区土壤有机磷农药检出率为100%，普遍存在毒死蜱和乐果的残留（沈燕等，2004)。张劲强等（2006）发现苏南某市传统菜地、露天蔬菜基地、大棚蔬菜基地和水稻田土壤中氨基甲酸酯类农药，如3-羟基克百威和灭虫威全部被检出，其最高检测浓度分别为10 μg/kg和1.64 μg/kg，其带来的环境问题也日益受到人们关注。同时还发现拟除虫菊酯类农药使用量仅次于有机磷类农药。郭子武等（2008）对浙江省某城郊竹林土壤有机农药残留分析发现，拟除虫菊酯农药残留种类为氯氰菊酯和顺氯氰菊酯，后者的残留量高达1227.14 μg/kg，势必会对生物造成一定的危害。尽管目前对我国城郊土壤中拟除虫菊酯类农药残留研究较少，但在土壤中的残留也不可忽视。

多环芳烃（polycyclic aromatic hydrocarbon，PAH）是土壤环境中的重要有机污染物之一。近年来，我国经济发达地区城郊农田土壤受到PAH的严重污染。长江三角洲苏南地区和珠江三角洲的广州市周边菜地土壤16种PAH含量为42～3881 μg/kg，以菲、荧蒽、芘、苯并［*b*］荧蒽为主，绝大部分农田土壤中的PAH含量为200 μg/kg以上，已达中度污染程度（Ping et al.，2006；杨国义等，2007c；丁爱芳，2007；蒋煜峰，2009)。在京津地区天津污灌菜地土壤中PAH浓度达6248 μg/kg，部分土壤中强致癌物苯并［*a*］芘也已严重超标（陈静等，2004；段永红等，2005)。在长江三角洲地区电子垃圾影响的城郊农田土壤中存在典型持久性有机污染物，其中16种多氯联苯总量变化范围为0.01～484.5 μg/kg，平均值是35.52 μg/kg，而且以三氯联苯和四氯联苯为主（占55.7%），同时也含有一定比例的五氯联苯和六氯联苯（占44.3%）（滕应等，2008)。同时，还发现该地区局部农田土壤中PCDD/F含量及毒性当量平均达556 pg/g（干重）和20.2 pg TEQ/g，已在不同农产品中明显积累（骆永明等，2006)。在珠江三角洲某典型电子垃圾拆解地区土壤中还检出了31种多溴二苯醚(PBDE)，其PBDE污染尤为突出（Yu et al.，2006；Luo et al.，2007；Deng et al.，2007；Bi et al.，2007)。

1.1.3 土壤聚烯烃类农膜及酞酸酯类污染

近年来，塑料地膜的使用量不断增加，农膜和酞酸酯污染已成为城郊农田土壤的重要环境问题之一（马辉等，2008；何文清等，2009)。城郊土壤中邻苯二甲酸酯（PAE）的污染主要来源于农膜的降解、塑料废品、垃圾和污水灌溉(杨国义等，2007)。大量研究表明，全国一些城郊蔬菜基地土壤的PAE的含量较高，已受到不同程度的污染（孟平蕊和王西奎，1996；蔡全英等，2005；方志青等，2009)。而且土壤中酞酸酯含量及其种类呈现地区差异，在珠江三角洲城市中东莞土壤的PAE含量最高，各地土壤中PAE均值表现为东莞＞深圳（珠海）＞中山（惠州），土壤中 PAE 的主要种类为邻苯二甲酸二乙酯（DEP）、邻苯二甲酸正二丁酯（DnBP）、邻苯二甲酸二正丁酯（DBP）、邻苯二甲酸二（2-乙基己基）酯（DEHP），故存在较大的潜在健康风险（赵胜利等，2009）。

1.1.4　土壤新兴污染物污染

随着我国工农业集约化生产发展和大量畜禽有机肥的施用，抗生素、人工合成麝香等多种新兴污染物不断进入土壤介质，给土壤带来了新的环境问题。有研究发现，珠江三角洲不同地区蔬菜基地土壤中存在抗生素污染，其含量分布与基地类型有关，主要表现为养殖场菜地＞无公害蔬菜基地＞普通蔬菜基地＞绿色蔬菜基地（李彦文等，2009；赵娜，2009；国彬，2009）。张慧敏等（2008）调查了长江三角洲浙北地区施用畜禽粪肥的农田土壤中四环素类抗生素残留状况，施用畜禽粪肥农田表层土壤土霉素、四环素和金霉素的平均残留量分别为未施畜禽粪肥农田的38倍、13倍和12倍，而且发现抗生素高残留的畜禽粪主要采自规模化养殖场，说明畜禽粪肥是农田土壤抗生素的重要来源。也有研究表明，抗生素在土壤剖面的垂直迁移与抗生素种类和土壤性质有关，在砂质土壤中的移动性明显高于黏壤土（普锦成和章明奎，2009）。另外，人工合成麝香作为一种替代型香料被广泛应用于日用化工行业，该行业污泥中普遍存在此类新兴污染物，随着污泥农用途径，如加乐麝香和吐纳麝香等已持续进入土壤环境，其浓度日益升高，城郊农田土壤的环境风险应引起关注（周启星等，2008）。

1.2　典型城郊农田土壤的重金属复合污染特征

1.2.1　冶炼厂周边城郊农田土壤的重金属复合污染特征

1. 土壤重金属含量与形态

近年来，我们对长江三角洲地区典型城郊冶炼厂影响周边农田土壤的重金属污染状况进行了较为系统的研究。表1.1中显示了调查区农田土壤的重金属总量，可以看出由于冶炼活动带来的污染，农田土壤重金属 Cu、Zn、Pb、Cd 的含量已经远远超过了长江三角洲地区典型类型土壤中重金属含量（夏家祺，1996）。该地区农田土壤重金属含量均高于自然土壤含量，其 Cu、Zn 和 Cd 平均值均超过农田土壤环境质量标准数倍，部分样品中 Pb 含量也超过了土壤环境质量标准。土壤中 Cu、Zn、Pb、Cd 最高值分别达 8171 mg/kg、25 613 mg/kg、7656 mg/kg 和 23.7 mg/kg，表明部分地点土壤污染较为严重且表现为复合污染类型。土壤中 Cu、Zn、Pb、Cd 的含量具有较大的变异，服从对数正态分布。

表 1.1 冶炼厂周边城郊农田土壤重金属总量 （单位：mg/kg）

元素	范围	均值±标准差	中值	土壤环境质量标准			
				二级标准			一级标准
				pH<6.5	6.5<pH<7.5	pH>7.5	
Cu	13.2～8 171	290±862	102	50	100	100	35
Zn	64.1～25 613	794±2114	964	200	250	300	100
Pb	20.0～7 656	205±621	97.5	250	300	350	35
Cd	0.08～23.7	2.1±3.5	0.72	0.3	0.3	0.6	0.2

0.43 mol/L HNO_3 提取态重金属可以反映土壤组分表面吸附重金属的量，被认为是土壤总可吸附态重金属含量（Houba et al.，1995）。$CaCl_2$ 是土壤背景电解质的主要组成部分，主要通过 Ca^{2+} 交换释放靠静电作用弱吸附的重金属，以及以 Cl^- 络合的重金属，可用于估计土壤中易移动态重金属。0.01 mol/L $CaCl_2$ 提取态重金属被认为是植物可直接吸收的部分（Pueyo et al.，2004）。表 1.2 显示了土壤 0.43 mol/L HNO_3 与 0.01 mol/L $CaCl_2$ 提取态重金属浓度。HNO_3 提取态 Cu、Zn、Pb 和 Cd 浓度范围分别为 3.8～5744 mg/kg、12.9～22 331 mg/kg、11.9～6219 mg/kg 和 0.05～18.3 mg/kg。除 Pb 以外，HNO_3 提取态 Cu、Zn 和 Cd 的平均含量均超过了我国农田土壤环境质量二级标准，其中 Cd 最为严重，HNO_3 提取态 Cd 接近于二级土壤标准的 3 倍（以 0.6 mg/kg 计算）。尽管 HNO_3 提取态 Pb 的平均含量未超过土壤环境质量二级标准，但是仍有许多采样点的土壤超过土壤环境质量标准，其中有 7% 的样品超过 350 mg/kg。这表明调查区土壤重金属 Cu、Zn、Pb 和 Cd 污染严重，许多采样点仅 HNO_3 提取态重金属的含量就已超出了土壤环境质量标准。作为植物可直接吸收的 0.01 mol/L $CaCl_2$ 提取态重金属也具有较高的浓度，$CaCl_2$ 提取态 Cu、Zn、Pb 和 Cd 的平均值分别为 0.56 mg/kg、14.4 mg/kg、0.19 mg/kg 和 0.069 mg/kg。特别是 0.01 mol/L $CaCl_2$ 提取态 Cd，其最大值为 0.91 mg/kg，已经超出 pH>7.5 时的土壤 Cd 环境质量标准，表明部分点位土壤 Cd 污染严重。Cd 具有高移动性与植物易吸收性，并可以通过食物链传递导致健康风险。

表 1.2 冶炼厂周边城郊农田土壤重金属可提取态的含量 （单位：mg/kg）

	样品数/个	最小值	最大值	均值	中值	标准差
HNO_3-Cu	170	3.8	5 744	186.6	63.1	527.6
HNO_3-Zn	170	12.9	22 331	503.6	129.5	1 885.6
HNO_3-Pb	170	11.9	6 219	166.0	76.5	513.9

续表

	样品数/个	最小值	最大值	均值	中值	标准差
HNO_3-Cd	170	0.05	18.3	1.7	0.68	2.8
$CaCl_2$-Cu	161	0.004	7.36	0.56	0.27	0.88
$CaCl_2$-Zn	165	0.006	437.4	14.4	2.8	43.3
$CaCl_2$-Pb	102	0.001	4.55	0.19	0.05	0.50
$CaCl_2$-Cd	143	0.001	0.91	0.069	0.024	0.129

2. 土壤重金属空间分布特征

从重金属总量和硝酸提取态重金属的空间分布格局来看，均体现出受冶炼厂影响显著，农田土壤 Cu、Zn、Pb、Cd 的总量与其相对应的硝酸提取态含量有比较一致的空间分布规律（图 1.1）。重金属的总量和硝酸提取态重金属均受 6 号、7 号、8 号冶炼厂的显著影响。其中 Cu 和 Cd 分布特征最为相似，以 6 号、7 号、8 号冶炼厂附近含量最高，然后向外围递减。而总 Zn 和硝酸提取态 Zn 有 4 个高含量的区域，其中两个面积最大的污染区受 3 号到 8 号冶炼厂影响。与土壤总 Zn 相似，土壤总 Pb 也具有 4 个高含量的区域，但其斑块相对要小。硝酸提取态 Pb 两个高含量的区域受 3 号、4 号以及 6 号、7 号、8 号冶炼厂影响显著。与土壤性质空间分布比较来看，在土壤 pH 和土壤有机质水平高的地点，重金属的总量及其硝酸提取态含量也相对较高，呈现出相似的分布规律。其原因是在高的土壤 pH 以及土壤有机质的情况下，土壤对重金属的吸附容量升高，而高的土壤 pH 又减少了土壤重金属的移动性，故具有较高的土壤硝酸提取态重金属含量。

从图 1.1 土壤重金属总量以及可提取态重金属含量空间分布可以看出，$CaCl_2$ 提取态 Cu 和硝酸提取态 Cu 具有较一致的空间分布规律，6 号、7 号、8 号冶炼厂附近含量最高。然而，对于 $CaCl_2$ 提取态 Zn、Pb、Cd 则与其总量和硝酸提取态的空间对应关系较差。在调查区东部边缘其土壤 pH 较低，$CaCl_2$ 提取态 Zn 具有较高浓度并有向西递减的趋势，而在西南部具有较高的土壤 pH 和土壤有机质，$CaCl_2$ 提取态 Zn 具有较低浓度。$CaCl_2$ 提取态 Zn 受土壤 pH 影响明显，同时还发现部分地区 $CaCl_2$ 提取态 Zn 与无定型氧化 Fe 具有相似的分布规律。$CaCl_2$ 提取态 Pb 和 Cd 的分布较为相近，均在几个冶炼厂附近具有高的浓度，因此需引起重视。

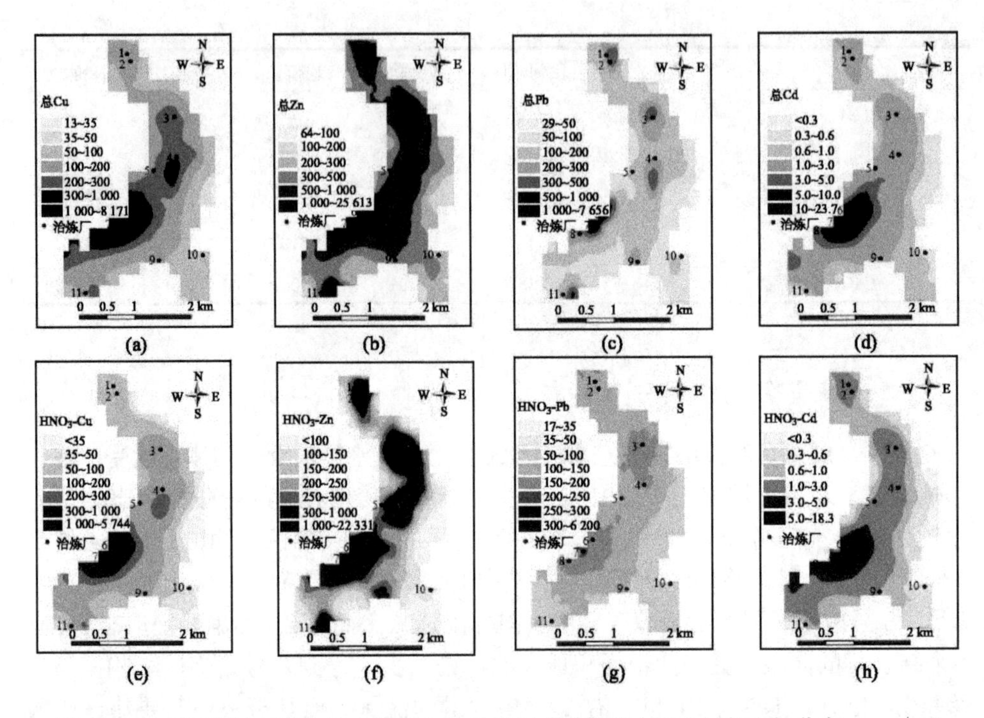

图 1.1　冶炼厂周边城郊农田土壤重金属总量和硝酸提取态重金属的空间分布（mg/kg）

调查区土壤 $CaCl_2$ 提取态重金属空间分布如图 1.2 所示。该地区农田土壤重金属 Cu、Zn、Pb、Cd 污染较为严重，远远超过土壤环境质量标准二级标准。$CaCl_2$ 提取态重金属可以反映重金属生物有效性，其中 $CaCl_2$ 提取态 Cd 具有较高浓度，原因在于其易移动且易被植物吸收，需要特别引起关注。

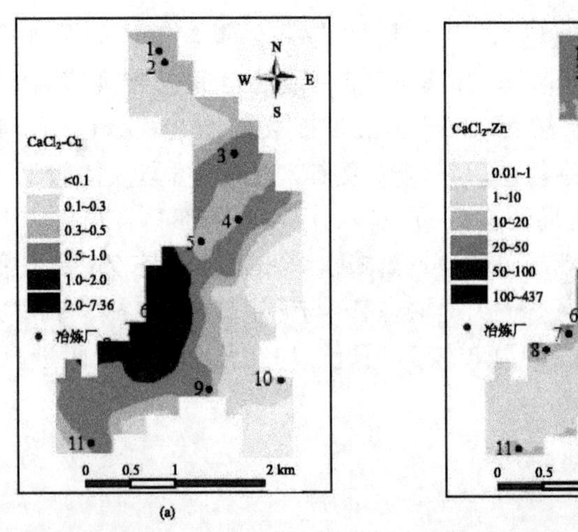

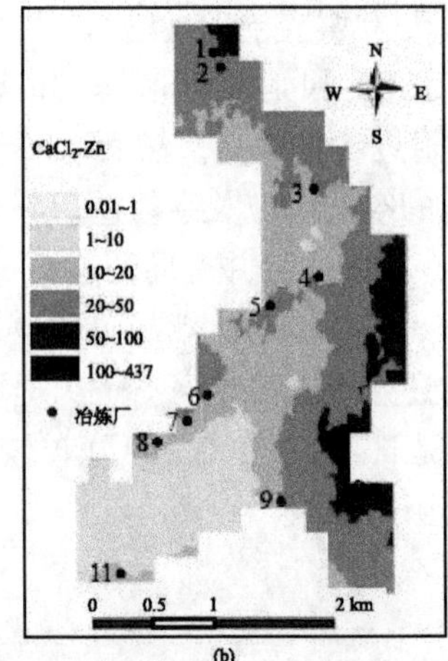

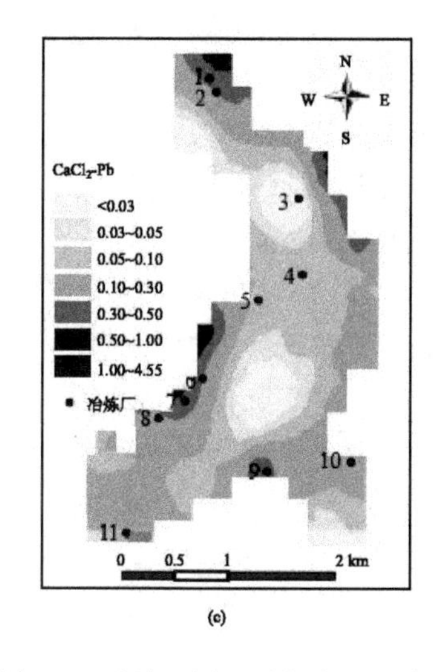

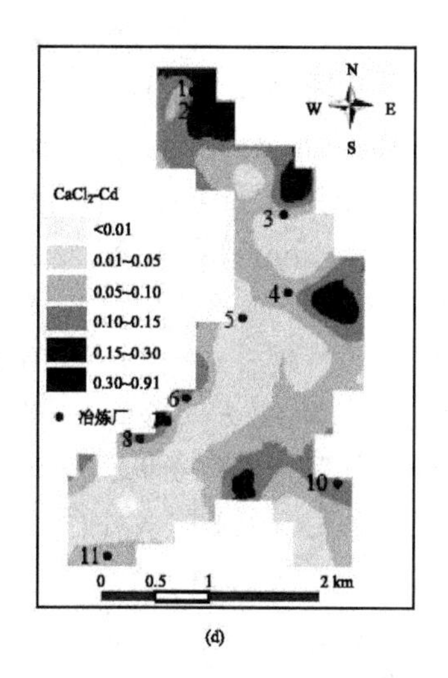

图1.2 冶炼厂周边城郊农田土壤 $CaCl_2$ 提取态重金属的空间变异（mg/kg）

1.2.2 废旧电子垃圾拆解场地周边城郊农田土壤重金属污染特征

1. 土壤主要污染物含量的统计特征值

长江三角洲典型城郊电子垃圾污染地区农田土壤重金属含量的统计结果如表1.3所示。从表1.3偏度系数可知，土壤中Ni服从正态分布，Cu、Cr和Hg经对数转化后服从正态分布，而Zn、Pb、Cd和As虽然经对数转化后仍不能呈正态分布，但偏度系数的绝对值最大仅为1.28，可以近似做正态分布处理。

表1.3 研究区土壤重金属含量的描述性统计

污染物	样品数/个	最小值/(mg/kg)	最大值/(mg/kg)	平均值/(mg/kg)	变异系数	偏度系数	峰度系数
Cu*	377	10.7	721.22	106.2	1.03	0.611	0.082
Zn*	377	53.5	840.23	177.4	0.54	1.02	2.32
Pb	377	4.97	145.70	45.42	0.38	1.18	4.09
Cd*	377	0.02	11.39	0.71	2.60	1.28	1.56
Ni	120	2.82	79.510	35.83	0.40	−0.23	0.25
Cr*	119	16.3	949.11	73.32	1.16	0.29	4.82
Hg*	350	0.004	7.09	0.27	2.80	−0.07	2.29
As	116	3.32	15.85	7.11	0.27	1.15	3.13

* 表示该物质含量的偏度系数和峰度系数是求对数后的结果。

从表 1.3 可以看出，调查区表层土壤中 Cu、Cd 的污染最为严重，其平均值已经超过国家土壤环境质量标准（GB—15618 1995）的二级标准的下限值（Cu 50 mg/kg，Cd 0.3 mg/kg），其样品的超标率分别为 64.72% 和 23.61%；Zn、Ni、Cr 和 Hg 虽然其平均值并未超过国家土壤环境质量二级标准的下限值（Zn 200 mg/kg，Ni 40 mg/kg，Cr 150 mg/kg，Hg 0.3 mg/kg），但样品的超标率也分别已达 23.34%、45.83%、0.83% 和 10.29%；Pb 和 As 虽然没有超过国家土壤环境质量二级标准，但已经分别有 74.54% 和 20.69% 的样品超过当地土壤环境的背景值（Pb 34.2 mg/kg，As 89.1 mg/kg）（汪庆华等，2007）；说明该地区土壤已经受到多金属元素的复合污染。从表 1.3 中变异系数来看，土壤中 Cd 和 Hg 的变异较大。土壤中 8 种污染物的空间变异从大到小的顺序是：Hg、Cd、Cr、Cu、Zn、Ni、Pb、As。

2. 土壤主要重金属元素的空间结构特征

反映土壤重金属元素空间结构特征的因素主要是块金值 C_0 与基台值 C_0+C_1 的比值及其变程（张长波等，2006；郑袁明等，2003）。表 1.4 显示几种土壤主要重金属含量的比值均≤0.5，变程范围均在 100 m 范围以内，说明该地区土壤主要污染物受点状污染源（特别是工业企业源）的影响严重，这一结果与前人的认识具有一致性。例如，胡克林等（2004）认为点状污染源会增加研究区污染的空间异质性，增大研究区污染的复杂性，从而减弱某些污染物在较大尺度上的空间自相关性。为了明确工业企业对土壤污染的影响，有必要进一步分析工业企业的空间布局与土壤污染间的关系。

表 1.4　土壤主要重金属元素半方差函数的拟合模型及其参数

污染物	预测模型	块金值 C_0	基台值 C_0+C_1	$C_0/(C_0+C_1)$	有效变程/m	决定系数 R^2	残差 RSS
Cu	球面	0.167	1.185	0.141	38	0.941	0.075
Zn	球面	0.255	1.267	0.201	38	0.936	0.078
Pb	球面	0.349	1.245	0.280	20	0.884	0.12
Cd	球面	0.256	1.364	0.188	82	0.905	0.15
Ni	球面	0.058	1.375	0.0422	40	0.795	0.47
Cr	球面	0.001	1.098	9.11×10^{-4}	69	0.550	0.55
Hg	球面	0.261	1.291	0.202	86	0.052	0.060
As	球面	0.247	1.24	0.199	62	0.767	0.18

3. 土壤主要重金属含量的空间分布特征与当地企业布局的关系

利用克立格插值法对该地区几种主要重金属元素的空间分布进行插值预测，其皮尔森预测结果见图 1.3。为了了解企业布局与土壤环境质量的关系，选择了该地现存的经皮尔森相关分析后与土壤环境污染相关性较好和虽然因企业个数较少而未表现相关性规律但污染较为严重的企业共 10 类：废旧金属资源再回收利用（废旧拆解），电镀企业，化学、化工产品生产企业（化工生产），电线、电缆制造企业（线缆制造），电动机、发电机生产制造企业（机电企业），汽车、摩托车及其配件制造企业（汽配制造），容器设备制造企业（容器设备），喷雾器及其零件制造企业（喷雾器制造），金属配件企业和金属相关企业（除容器设备类外，涵盖铜件加工制造企业、铝制品加工制造企业、金属配件加工制造企业、金属零件加工企业、金银饰品加工企业、模具制造企业、阀门制造企业、废旧金属回收

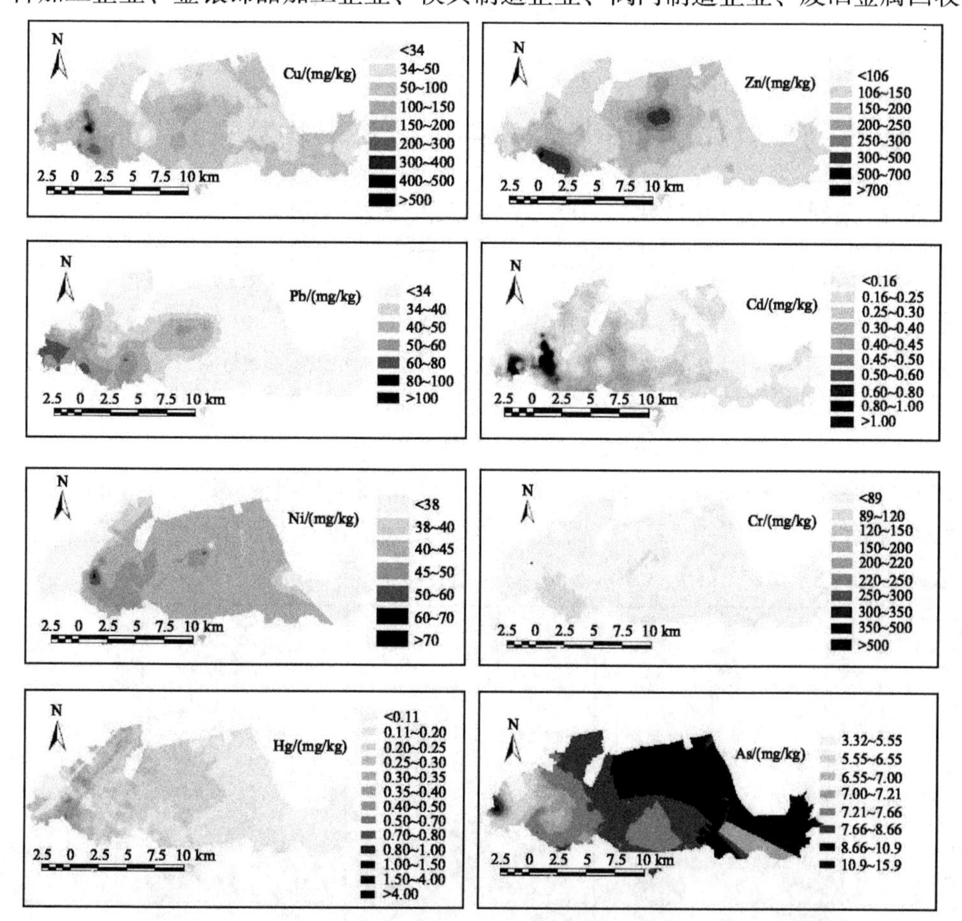

图 1.3　典型城郊电子垃圾污染区农田土壤重金属元素空间分布图

及拆解企业、水道配件生产加工企业等）作为研究对象进行分析。发现当地土壤中 Cu 的浓度与金属拆解企业、线缆制造企业、机电企业、金属配件制造企业和金属相关类企业的单位面积企业个数一致。也就是说，土壤中的 Cu 可能来自以上各类企业的排放。

该典型城郊电子垃圾污染区农田表层土壤 Cu、Zn、Pb 和 Ni 的较高含量区主要集中分布在两个区域（图 1.3），一个是位于研究区西南部废旧拆解集散地，另外一个是研究区北部“小冶炼”的集中分布区及喷雾器生产园区。废旧拆解集散地有一金属资源再利用园区，在此位置 Cu、Pb、Cd 和 Ni 4 种污染物的浓度均比较高，说明废旧拆解带来了 4 种污染物的复合污染。另外一个复合污染较为严重的土壤样点位于研究区西南部几个行政村，Cu、Zn、Pb、Cd、Ni、Cr 和 As 的浓度均相对周边地区为高，这与该区的电镀厂和多达 115 家生产阀门等金属类产品的企业排放有关。有研究表明，冶金、电镀类企业在生产的过程中会排放含 Cu、Zn、Pb、Cd、Ni、Cr、Hg 和 As 等多种金属进入土壤（李天杰，1995）。

1.3　典型城郊农田土壤的持久性有毒物复合污染特征

1.3.1　冶炼厂周边城郊农田土壤中多环芳烃污染特征

调查区城郊农田土壤的平均苯并［*a*］芘（B［*a*］P）含量为 7.4 μg/kg，最高值为 82 μg/kg，大部分样品的苯并［*a*］芘含量低于 12 μg/kg（图 1.4）。在 15 种多环芳烃中，五环的多环芳烃的平均浓度最高，二环的多环芳烃（Nap）浓度最低，六环的次之，三环和四环的相近，而且五环的多环芳烃占 15 种多环芳烃总量的 52.0%。还发现距离公路远近不同，土壤中 B［*a*］P 含量存在显著差异（$P<0.01$），距离公路≤250 m 的采样点 B［*a*］P 含量高于距离公路>250 m 的点。距公路较近的点的土壤 B［*a*］P 含量最小值和最大值也分别大于距公路较远的点。表明公路上汽车尾气对土壤 B［*a*］P 的积累有影响。

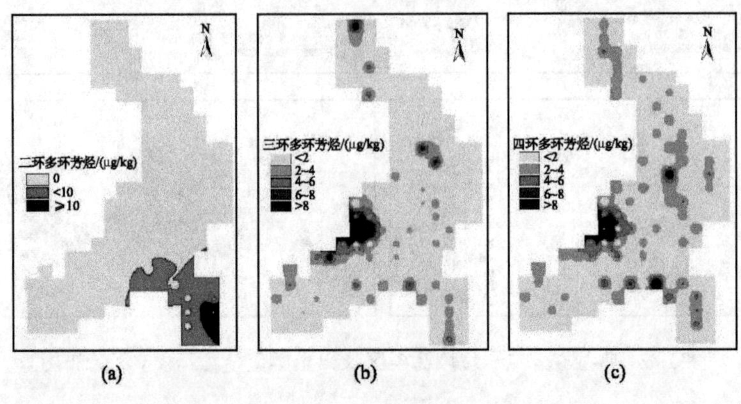

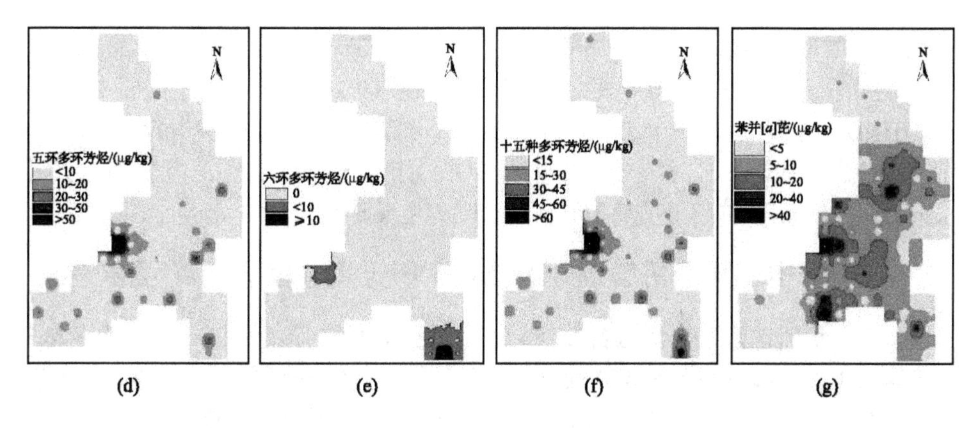

图1.4　表层土壤苯并［a］芘和15种PAH的空间分布

1.3.2　冶炼厂周边城郊农田土壤中多氯联苯和有机氯农药污染特征

研究区城郊农田土壤多氯联苯和有机氯农药的含量见表1.5。在所测样品中有10个样品多氯联苯的含量超过50 μg/kg，占总数的7.6%，其中超过100 μg/kg的占总数的2.3%。在所测的PCB中，基本上都是含4～6个氯原子的PCB同系物，尤其是以含4个氯原子的同系物为主，大约占42%。含3个以下氯原子（包含3个氯原子）的PCB大约仅占2.0%。

表1.5　表层土壤中有机氯农药和PCB的含量特征（单位：μg/kg）

污染物	范围	平均值±标准差	污染物	范围	平均值±标准差
HCB	N.D.～9.33	0.95±1.26	p,p'-DDT	N.D.～164.96	8.29±19.97
α-HCH	N.D.～32.18	3.24±4.79	ΣDDT	N.D.～198.04	13.41±25.88
β-HCH	N.D.～5.29	0.40±0.57	3-Cl	N.D.～4.82	0.13±0.63
γ-HCH	N.D.～4.78	0.46±0.68	4-Cl	N.D.～98.41	5.84±11.36
δ-HCH	N.D.～6.84	0.97±1.52	5-Cl	N.D.～45.1	3.55±8.80
ΣHCH	N.D.～38.03	5.01±5.36	≥6-Cl	N.D.～151.62	4.08±17.61
p,p'-DDD	N.D.～12.09	1.66±2.29	ΣPCB	N.D.～183.26	13.61±27.08
p,p'-DDE	N.D.～127.92	3.46±11.56			

注：ΣHCH为α-HCH，β-HCH，γ-HCH，δ-HCH之和；DDT为p,p'-DDD、p,p'-DDE、p,p'-DDT之和；ΣPCB为ΣPCB28，PCB52，PCB74，PCB70，PCB66，PCB101，PCB99，PCB87，PCB118，PCB138，PCB141，PCB153，PCB180之和。N.D.为低于检测限。

在有机氯农药中，HCB的含量最低，平均值大约为1.0 μg/kg。在HCH中，最高值是32.2 μg/kg，α-HCH占主要部分（约45.5%），其次为δ-HCH（23.0%），β-HCH和γ-HCH分别占16.2%和15.3%。相对于HCB和HCH而言，DDT 的残留量较高，其中 8 个样品含量超过 50.0 μg/kg，占所测样品总数的 6.1%。p,p'-DDT 占 DDT 的主要部分（约为 50.0%），其次是 p,p'-DDE 和 p,p'-DDD，分别占 29.1% 和 21.2%。总之，该典型污染区土壤中存在 PCB 与有机氯农药的残留，其中 PCB 的同系物中以四氯至六氯为主，有机氯农药中 p,p'-DDT 与 α-HCH 分别是 DDT 与 HCH 的主要成分。

1.3.3 废旧电子垃圾拆解场周边城郊农田土壤中多氯联苯污染特征

长江三角洲地区某典型区自 20 世纪 80 年代开始，居民私自回收、拆卸含多氯联苯的变压器，使得该城郊地区成为典型的多氯联苯污染区（储少岗等，1995；Bi et al.，2002）。近年来，我们的调查发现城郊农田土壤中 17 种多氯联苯的总量变化范围是 N.D.（低于检测限）～484.5 μg/kg，平均值是30.6 μg/kg（表 1.6），这 17 种同系物占整个环境中 PCB 总量的 30%～50%（以 Aroclor1221，Aroclor1242，Aroclor1254 总量为标准），即便占 50%，则所测土壤中的平均含量也大约为 60 μg/kg，与俄罗斯卫生部规定的农田土壤污染允许水平 60 μg/kg 相比（毕新慧等，2001），有大约 50% 的土壤 PCB 含量超过此标准，该值也大大高于我国未受 PCB 直接污染地区土壤中的含量。在西藏未受到 PCB 直接污染的土壤中检测出 PCB 总量为 0.63～3.5 μg/kg（孙维湘等，1986），北京怀柔土壤中 PCB 仅 0.42 μg/kg（以 Aroclor 1242 计，储少岗等，1995）。值得注意的是 PCB 同系物中毒性较大的 PCB28，PCB52，PCB101，PCB138，PCB153，PCB180（Kannan et al.，1989；Ylitalo et al.，1999），其平均值是 23.5 μg/kg，占 PCB 总量的 76.6%。上海周边地区土壤中这六种同系物总量平均值为 0.46 μg/kg（Nakata et al.，2005），说明调研区土壤已经被 PCB 污染。由于 PCB 能在食物链中富集放大，该研究地区的 PCB 对人体健康的威胁不容忽视。

表 1.6 废旧电子垃圾拆解场周边农田土壤中 PCB 的组成和含量

PCB IUPAC	水田土壤		旱田土壤		菜地土壤		土壤剖面均值/cm		
No.	最大值	均值	最大值	均值	最大值	均值	0～15	15～30	30～45
5	7.7	1.1	2.8	0.3	2.8	0.2	7.2	N.D.	N.D.
18	122.7	8.4	16.3	2.6	16.6	2.6	19.4	12.3	0.5
28	165.7	6.8	19.6	1.9	25.9	1.9	22.2	4.5	N.D.
44	30.6	2.1	8.5	1.1	9.4	1.5	9.8	1.4	N.D.
52	25.9	1.7	10.4	0.7	3.2	0.6	13.2	1.4	N.D.
66	40.3	2.0	10.0	1.0	7.5	0.9	12.7	1.3	N.D.
70	25.8	1.5	15.0	0.8	4.4	0.7	10.9	0.8	N.D.
74	22.3	0.7	3.5	0.3	5.4	0.6	4.1	0.1	N.D.

续表

PCB IUPAC No.	水田土壤		旱田土壤		菜地土壤		土壤剖面均值/cm		
	最大值	均值	最大值	均值	最大值	均值	0～15	15～30	30～45
87	10.8	0.5	8.8	0.3	3.0	0.2	9.6	0.1	N.D.
99	24.5	0.3	51.5	2.1	65.4	2.9	9.9	0.9	N.D.
101	68.7	5.0	83.0	3.6	9.9	2.7	22.9	1.0	0.4
118	24.0	2.0	16.4	1.4	8.2	0.8	22.7	1.5	0.3
138	203.5	3.4	20.3	2.0	39.8	3.0	23.3	0.9	N.D.
141	3.1	0.2	1.7	0.1	1.4	0.1	2.1	N.D.	N.D.
153	19.2	1.2	16.3	0.8	36.5	1.6	16.6	0.4	N.D.
154	35.7	0.5	7.4	0.3	3.8	0.1	2.6	N.D.	N.D.
180	2.57	0.2	2.5	0.1	2.5	0.1	3.8	N.D.	N.D.
ΣPCB	833.07	37.6	294	19.4	245.7	20.5	212.9	26.4	1.2

注：N.D. 为低于检测限，计算总量时以 0.00 μg/kg 计。在三种土地利用方式土壤中各同系物的最小值均低于检测限。

土地利用类型对土壤中 PCB 的总量和组成会产生很大的影响（Hofman et al.，2004），PCB 各同系物在水田土壤、旱地土壤和菜地土壤中的含量见表 1.6。从土壤中 PCB 的总量看，水田土壤样品中 PCB 的平均值是 37.6 μg/kg，显著高于旱田土壤和菜地土壤中的含量（$P<0.01$）。从各同系物占多氯联苯总量的比例看（图 1.5），水田土壤中三氯以下（含三氯，下同）各同系物之和占样品中 PCB 总量的 41.4%，明显高于旱田土壤和菜地土壤中相应同系物的比例(分别是 24.7% 和 25.6%)。造成这种差异可能有三个原因：首先，影响 PCB 在土壤中浓度的主要因素之一是挥发（Motelay-Massei et al.，2004），尤其是低氯化的同系物更易从土壤进入大气中，水田土壤环境和旱田及菜地土壤环境相比，不利于 PCB 的挥发，这可能是其在水田土壤中含量高且低氯同系物所占比例大的原因之一。其次水田环境有利于厌氧微生物的生存和繁殖，而高氯化的多氯联苯同系物经过厌氧脱氯后，生成低氯化的同系物，从而造成低氯化的同系物占总量的比例上升。最后一种原因可能是有新的 PCB 输入，因为新进入土壤中的 PCB 由于低氯同系物还未能充分挥发到大气中，同时由于新进入土壤中，微生物对其的降解程度也有限，从而导致其在 PCB 中的比例往往较老化的 PCB 高。在水田土壤中三氯及以下同系物在多氯联苯总量中的比例高达 41.4%，说明很可能有新的 PCB 输入土壤中。当然这三种原因很有可能同时存在。值得注意的是在旱田和菜地土壤样品中，三氯以下同系物占 PCB 总量的比例都在 25% 以上，同样不能排除有新的 PCB 污染源存在。PCB 在土壤环境中如果达到平衡，三氯及以下同系物占总量的比例很少超过 10%（Lead et al.，1997）。PCB 在旱地土壤和菜地土壤中无论总量还是同系物的比例组成都很接近，可能和这两种土

壤环境中水分含量相似有关。同时在水田土壤、旱田土壤和菜地土壤中四氯、五氯、六氯的多氯联苯平均含量分别占各自多氯联苯总量的58.2%、74.5%和76.7%，这主要是由于我国生产的多氯联苯主要是以高氯同系物为主，占总多氯联苯产量的80%，且基本上都作为变压器的浸渍液，而在测定的17种同系物中，五氯同系物在三种土地利用方式的土壤中分别占多氯联苯总量的24.7%、38.1%和32.3%，从而也说明了该地区的PCB污染与废旧变压器处理不当有很大关系，这也与我们现场调查的结果相吻合。

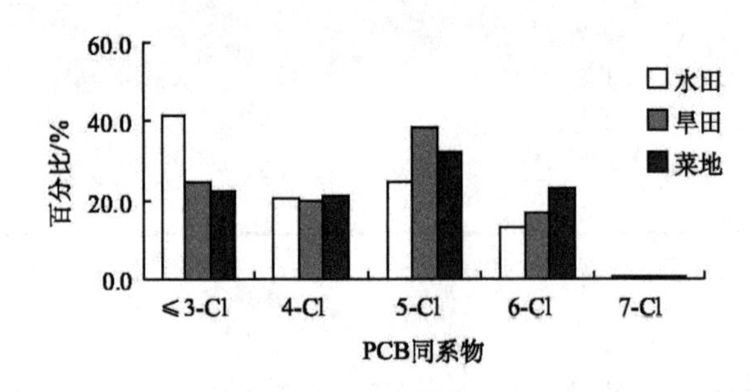

图1.5　PCB同系物在三种不同利用方式土壤中的组成比例

该典型城郊区土壤剖面中的PCB同系物含量和总量如表1.6所示。随土壤深度的增加，PCB总含量迅速下降，最高浓度出现在0～15 cm的表层土壤中，占0～45 cm土壤剖面中多氯联苯总量的88.6%，而在15～30 cm和30～45 cm的剖面土壤中PCB分别占11.0%和0.5%。毕新慧等（2001）也发现PCB在0～10 cm的表层土壤中含量是366 μg/kg，而到30～50 cm的土壤层中含量仅为5 μg/kg，浓度降低了95%以上。这主要是由于PCB对土壤颗粒，尤其是土壤有机质具有很强的吸附作用，而在表层土壤中有机质含量往往较高。

从土壤剖面中还可以看出，PCB同系物的分布有两个特点：首先，表层土壤中含量接近的同系物，氯化程度低的在亚表层或深层土壤中容易检出。例如，PCB101，PCB118和PCB138，PCB153含量接近，但PCB138，PCB153在30～45 cm土壤层中未检出，而PCB101，PCB118均检测到。究其原因，主要是因为PCB的氯化程度对其在水中的溶解性有较大的影响。在25℃时，PCB在水中的溶解度为$1\times10^{-5}\sim1\times10^{-13}$ mol/L，相差8个数量级（Hawker and Connell，1998）。其次，表层土壤中含量高的同系物在亚表层和深层土壤中容易检测到，如PCB87，PCB99与PCB101，PCB118均为五氯同系物，PCB87，PCB99在表层土壤中含量不到PCB101，PCB118的一半，因而在30～45 cm的土层中，后两种均被检测出。由此看来，PCB在土壤中向下迁移，从PCB本身来看，取决于两个因素，一个是其氯化程度，另一个是其在土壤表层中的含量。

为了能更清楚地反映调查区污染源的情况，选取了土壤PCB含量在

100 μg/kg以上的样品，对其同系物组成比例进行主成分分析，结果见图 1.6。从图中很清楚地看出多数点隶属于两个区域，其中土壤编号在 242～246，以及 143、154、151 等为一区，而 2、15、17、22、50、101、153 为另一区。对照 PCB 同系物组成比例数据，前一区中低氯代同系物占 PCB 总量的比例明显高于后一区，相反，高氯代同系物占 PCB 的比例小于后一区，说明在前一区的这些位点有新的 PCB 输入土壤中。结合采样时的实地调查，尤其在 242～246 的位点，各种塑料垃圾随意堆放在露天环境中，据当地居民透露仍然有一些人焚烧这些电子塑料垃圾，而我们对焚烧后的灰分进行了采样分析，发现其中 17 种 PCB 的总浓度达到 4.3 mg/kg 以上，说明这些电子塑料垃圾的随意堆放与露天焚烧已经成为新的 PCB 污染源。

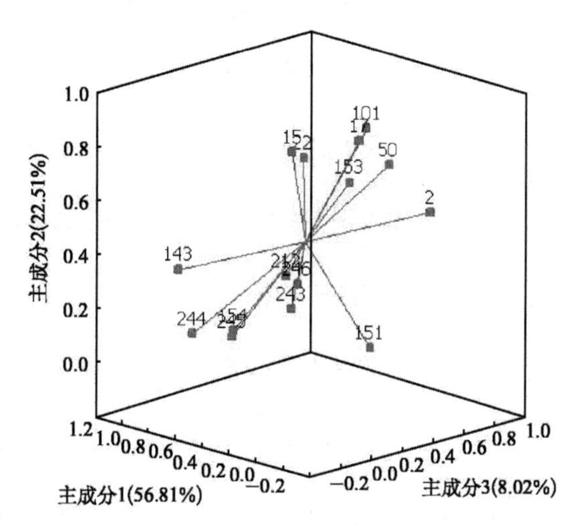

图 1.6　废旧电子垃圾拆解场污染区农田土壤 PCB 的主成分分析

总之，废旧电子垃圾拆解场周边农田土壤受到较为严重的 PCB 污染，土壤中 PCB 的同系物以四氯、五氯、六氯同系物为主，平均占 PCB 总量的 65% 以上。水田土壤中 PCB 含量显著高于旱田和菜地土壤，且低氯同系物的比例也显著高于旱田和菜地土壤中相应比例。PCB 主要存在于表层土壤中，约占 PCB 总量的 88.6% 。其污染来源，不仅存在废旧电力设备管理不善而导致的 PCB 污染，还有电子塑料垃圾的焚烧而引起的 PCB 污染。

参考文献

安琼，董元华，王辉，等. 2004. 苏南农田土壤有机氯农药残留规律. 土壤学报，41 (3)：414-419.

安琼，董元华，王辉，等. 2005. 南京地区土壤中有机氯农药残留及其分布特征. 环境科学学报，25 (4)：

470-474.
毕新慧，储少岗，徐晓白.2001.多氯联苯在土壤中的吸附行为.中国环境科学，21 (3)：284-288.
蔡全英，莫测辉，李云辉，等.2005.广州、深圳地区蔬菜生产基地土壤中邻苯二甲酸酯（PAEs）研究.生态学报，25 (2)：283-288.
陈建军，张乃明，秦丽，等.2004.昆明地区土壤重金属与农药残留分析.农村生态环境，20 (4)：1-5.
陈静，王学军，陶澍，等.2004.天津地区土壤多环芳烃在剖面中的纵向分布特征.环境科学学报，24 (2)：286-290.
陈静，王学军，陶澍，等.2003.天津污灌区耕作土壤中多环芳烃的纵向分布.城市环境与城市生态，16 (6)：272-274.
陈向红，胡迪琴，廖义军，等.2009.广州地区农田土壤中有机氯农药残留分布特征.环境科学与管理，34 (6)：117-120.
储少岗，杨春。徐晓白，等.1995.典型污染地区底泥和土壤中残留氯联苯（PCB）的情况调查.中国环境科学.15 (3)：199-203.
丁爱芳，潘根兴.2003.南京城郊零散菜地土壤与蔬菜重金属含量及健康风险分析.生态环境，19 (04)：409-411.
丁爱芳.2007.江苏省部分地区农田土壤中多环芳烃（PAH）的分布与生态风险.南京农业大学博士学位论文.
段永红，陶澍，王学军，等.2005.天津表土中多环芳烃含量的空间分布特征与来源.土壤学报，42 (6)：942-947.
樊燕，武伟，刘洪斌.2007.土壤重金属与土壤理化性质的空间变异及研究.西南师范大学学报（自然科学版），32 (4)：58-63
方志青，秦樊鑫，吴迪，等.2009.黔南地区表层土壤中酞酸酯类的分布及特征.贵州农业科学，37 (12)：92-93.
葛成军，安琼，董元华，等.2006.南京某地农业土壤中有机污染分布状况研究.长江流域资源与环境，15 (3)：361-365.
龚钟明，曹军，李本纲，等.2003.天津地区土壤中六六六（HCH）的残留及分布特征.中国环境科学，23 (3)：311-314.
郭淑文.2002.白银市郊区土壤与主要粮食作物污染情况调查.甘肃农业科技，(12)：32-33.
郭亚文，张晓岚，钱光人，等.2009.城市污泥中合成麝香的分布特征.环境科学，(30)：1493-1498.
郭子武，陈双林，张刚华，等.2008.浙江省商品竹林土壤有机农药污染评价.生态学杂志，27 (3)：434-438.
国彬.2009.农用畜禽废物抗生素的污染特征和环境归宿研究.暨南大学硕士学位论文.
何江涛，金爱芳，陈素暖，等.2009.北京东南郊污灌区PAH垂向分布规律.环境科学，(5)：1260-1266.
何文清，严昌荣，赵彩霞，等.2009.我国地膜应用污染现状及其防治途径研究.农业环境科学学报，28 (3)：533-538.
胡克林，张风荣，吕贻忠，等.2004.北京市大兴区土壤重金属含量的空间分布特征.环境科学学报，24 (3)：463-468
姜永海，韦尚正，席北斗，等.2009.PAH在我国土壤中的污染现状及其研究进展.生态环境学报，18 (3)：1176-1181.
蒋煜峰.2009.上海地区土壤中持久性有机污染物污染特征、分布及来源初步研究.上海大学博士学位论文.

李天杰．1995．土壤环境学．北京：高等教育出版社．

李伟华 袁仲 张慎举．2007．农业面源污染现状与控制措施．安徽农业科学，35 (33)：10784-10786．

李彦文，莫测辉，赵娜，等．2009．菜地土壤中磺胺类和四环素类抗生素污染特征研究．环境科学，(6)：1762-1766．

刘晨，陈家玮，杨忠芳．2008．北京郊区农田土壤中滴滴涕和六六六地球化学特征研究．地学前缘，15 (5)：82-89．

刘世友．2010．农药污染现状与环境保护措施．河北化工，33 (1)：74-75．

刘宗斌．2007．黄河三角洲地区农业环境现状与污染防治措施．环境科学与管理，32 (2)：149-150．

骆永明，滕应，李志博，等．2006．长江三角洲地区土壤环境质量与修复研究：Ⅱ．典型污染区农田生态系统中二噁英/呋喃 (PCDD/Fs) 的生物积累及其健康风险．土壤学报，43 (4)：563-570．

马辉，梅旭荣，严昌荣，等．2008．华北典型农区棉田土壤中地膜残留点研究．农业环境科学学报，27 (2)：570-573．

梅惠．2004．城郊部分菜地土壤重金属污染简述．地质科技情报，23 (01)：89-93．

孟平蕊，王西奎．1996．济南市土壤中酞酸酯的分析与分布．环境化学，15 (5)：427-432．

南忠仁，李吉均．2001．城郊土壤共存元素对土壤作物系统 Cd、Pb 迁移的影响分析——以白银市城郊区为例．城市环境与城市生态，14 (02)：44-46．

聂志强，李卫建，刘潇威，等．2008．土壤环境中 POPs 污染现状及治理技术研究进展．安徽农业科学，36 (15)：6478-6480．

普锦成，章明奎．2009．泰乐菌素和土霉素在农业土壤中的消解和运移．中国生态农业学报，17 (5)：954-959．

邱黎敏，张建英．2005．浙北农田土壤中 HCH 和 DDT 的残留及其风险．农业环境科学学报，24 (6)：1161-1165．

申剑，王宣，刘丹，等．2006．河南省典型农业区域土壤中有机磷、有机氯农药污染状况初探．环境研究与监测，19 (3)：35-36．

沈燕，封超年，范琦，等．2004．苏中地区小麦籽粒和土壤中有机磷农药残留分析．扬州大学学报 (农业与生命科学版)，25 (4)：30-34．

盛姣，柏连阳，李小娟．2006．土壤中农药残留现状及其治理．湖南环境生物职业技术学院学报，12 (4)：368-371．

史双昕，卢婉云，邵丁丁，等．2008．茶园土壤中有机氯杀虫剂的残留状况研究．土壤通报，39 (2)：388-392．

史双昕，周丽，邵丁丁，等．2007．北京地区土壤中有机氯农药类 POPs 残留状况研究．环境科学研究，20 (1)：20-29．

孙维湘，陈荣莉，孙安强．1986．南迦巴瓦峰地区有机氯化合物的污染．环境科学，7 (6)：64-69．

滕应，郑茂坤，骆永明，等．2008．长江三角洲典型地区农田土壤多氯联苯空间分布特征．环境科学，29 (12)：3477-3482．

田秀红．2009．我国城郊蔬菜重金属污染研究进展．食品科学，30 (21)：449-453．

汪庆华，董岩翔，周国华，等．2007．浙江省土壤地球化学基准值与环境背景值．生态与农村环境学报，23 (2)：81-88．

王亮，蒋志明，谢拾冰，等．2000．温州市城郊污灌对土壤和蔬菜品质的影响．温州农业科技，40 (04)：20-23．

王伟，李兴红，陆海，等．2008．银川城市土壤中有机氯农药残留及其潜在风险．温州大学学报 (自然科学版)，29 (2)：32-37．
王震．2007．辽宁地区土壤中多环芳烃的污染特征、来源及致癌风险．大连理工大学博士学位论文．
魏淑花，孙海霞，沈娟．2009．宁夏枸杞产区土壤中有机磷农药残留现状分析．中国农学通报，25 (24)：488-490．
夏家淇．1996．土壤环境质量标准详解．北京：中国环境科学出版社．
肖汝，汪群慧，杜晓明，等．2006．典型污灌区土壤中多环芳烃的垂直分布特征．环境科学研究，19 (6)：49-53．
肖小平，彭科林，周孟辉．2008．城市郊区水稻土重金属污染状况调查与评价——以湘潭市郊响水乡为例．中国生态农业学报，16 (03)：680-685．
杨冬雪，潘敏，马玉凤．2009．茶园土壤中有机氯农药残留调查及评价．茶叶科学技术，(4)：27-30．
杨国义，万开，张天彬，等．2007a．广东省典型区域农业土壤中有机氯农药含量及其分布特征．农业环境科学学报，26 (5)：1619-1623．
杨国义，张天彬，高淑涛，等．2007b．广东省典型区域农业土壤中邻苯二甲酸酯含量的分布特征．应用生态学报，18 (10)：2308-2312．
杨国义，张天彬，高淑涛，等．2007c．珠江三角洲典型区域农业土壤中多环芳烃的含量分布特征及其污染来源．环境科学，28 (10)：2350-2354．
余刚，黄俊，张彭义．2001．持久性有机污染物．环境保护，(4)：37-39．
张长波，李志博，姚春霞，等．2006．污染场地土壤重金属含量的空间变异特征及其污染源识别指示意义．土壤，38 (5)：525-533．
张海秀，蒋新，王芳，等．2007．南京市城郊蔬菜生产基地有机氯农药残留特征．生态与农村环境学报，23 (2)：76-80．
张红艳，高如泰，江树人，等．2006．北京市农田土壤中有机氯农药残留的空间分析．中国农业科学，39 (7)：1403-1410．
张惠兰，车宏宇．2001．辽宁省绿色食品生产基地土壤中有机氯农药残留分析．杂粮作物，21 (3)：44-45．
张慧，刘红玉，张利，等．2008．湖南省东北部蔬菜土壤中有机氯农药残留及其组成特征．农业环境科学学报，27 (2)：555-559．
张慧敏，章明奎，顾国平．2008．浙北地区畜禽粪便和农田土壤中四环素类抗生素残留．生态与农村环境学报，24 (3)：69-73．
张劲强，董元华，安琼，等．2006．不同种植方式下土壤和蔬菜中氨基甲酸酯类农药残留状况研究．土壤学报，43 (5)：772-779．
赵娜．2009．珠三角地区典型菜地土壤抗生素污染特征研究．暨南大学硕士学位论文．
赵胜利，杨国义，张天彬，等．2009．珠三角城市群典型城市土壤邻苯二甲酸酯污染特征．生态环境学报，18 (1)：128-133．
郑喜坤，鲁怀安，高翔，等．2002．土壤中重金属污染现状与防治方法．土壤与环境，11 (1)：79-84．
郑袁明，陈同斌，陈煌，等．2003．北京市近郊区土壤镍的空间结构及分布特征．地理学报，58 (3)：470-476．
周建利，陈同斌．2002．我国城郊菜地土壤和蔬菜重金属污染研究现状与展望．湖北农学院学报，22 (05)：476-480．
周启星，王美娥，范飞，等．2008．人工合成麝香的环境污染、生态行为与毒理效应研究进展．环境科学学报，(1)：1-11．

Bi X H, Chu S G, Meng Q Y, et al. 2002. Movement and retention of polychlorinated biphenyls in a paddy field of WenTai area in China. Agriculture, Ecosystems and Environment, 89: 241-252.

Bi X H, Thomas G, Jones K, et al. 2007. Exposure of electronics dismantling workers to polybrominated diphenyl ethers, polychlorinated biphenyls, and organochlorine pesticides in South China. Environ Sci Technol, 41 (16): 5647-5653.

Deng W J, Zheng J S, Bi X H, et al. 2007. Distribution of PBDEs in air particles from an electronic waste recycling site compared with Guangzhou and Hong Kong, South China. Environ Int, 33 (8): 1063-1069.

Hawker D W, Connell D W. 1998. Octanol-water partition coefficients of polychlorinated biphenyl congeners. Environmental Science and Technology, 22: 382-387.

Heberer T. 2002. Tracking persistent pharmaceutical residues from municipal sewage to drinking water. Journal of Hydrology, 266: 175-189.

Hofman J, Dusek L, Klanova J, et al. 2004. Monitoring microbial biomass and respiration in different soils from the Czech Republic—a summary of results. Environment International, 30: 19-30.

Houba V J G, van der Lee J J, Novozamsky I, et al. 1995. Soil analysis procedures: other procedures (soil and plant analysis part 5B). Agricultured University, Wageningen, the Netherlands.

Kannan N, Tanabe S, Tatsukawa R, et al. 1989. Persistency of highly toxic coplanar PCB in green-lipped mussel (Perna viridis L). Environmental Pollution, 56: 65-76.

Lead W A, Steinnes E, Bacon J R, et al. 1997. Polychlorinated biphenyls in UK and Norwegian soils: spatial and temporal trends. The Science of Total Environment, 196: 229-236.

Luo Q, Cai Z W, Wong M H. 2007. Polybrominated diphenyl ethers in fish and sediment from river polluted by electronic waste. Sci Total Environ, 383 (1-3): 115-127.

Motelay-Massei A, Ollivon D, Garban B, et al. 2004. Distribution and spatial trends of PAH and PCB in soils in the Seine River basin, France. Chemosphere, 55: 555-565.

Nakata H, Hirakawa Y, Kawazoe M, et al. 2005. Concentrations and compositions of organochlorine contaminants in sediments, soils, crustaceans, fishes and birds collected from Lake Tai, Hangzhou Bay and Shanghai city region, China. Environmental Pollution, 133: 415-429.

Ping L F, Luo Y M, Wu L H, et al. 2006. Phenanthrene adsorption by soils treated with humic substances under different pH and temperature conditions. Environmental Geochemistry and Health, (28): 189-195.

Pueyo M, López-Sánchez J F, Rauret G. 2004. Assessment of $CaCl_2$, $NaNO_3$ and NH_4NO_3 extraction procedures for the study of Cd, Cu, Pb and Zn extractability in contaminated soil. Analytica Chimica Acta, 504: 217-226.

Ylitalo G M, Buzitis J, Krhn M M. 1999. Analyses of tissues of eight marine species from Atlantic and Pacific coasts for Dioxin-like chlorobiphenyls (CBs) and total CBs. Archives of Environmental Contamination and Toxicology, 37: 205-219.

Yu X Z, GaoY, Wu S C, et al. 2006. Distribution of polycyclic aromatic hydrocarbons in soils at Guiyu area of China, affected by recycling of electronic waste using primitive technologies. Chemosphere, 65 (9): 1500-1509.

Zhang H B, Luo Y M, Wong M H, et al. 2006. Distributions and concentrations of PAH in Hong Kong Soils. Environmental Pollution, 141 (1): 107-114.

第2章 农田土壤重金属有效性及其有机-黏土矿物的钝化作用

高强度的人类活动，如矿山的开采冶炼、汽车尾气排放、肥料和农药大量使用等，使得城郊农田土壤的重金属污染日益加重。据农业部环境监测系统近年的调查，我国24个省（市）城郊、污水灌溉区、工矿等经济发展较快地区的320个重点污染区中，污染超标的大田农作物种植面积为60.6万hm^2，占监测调查总面积的20%；其中重金属含量超标的农产品产量与面积约占污染物超标农产品总量与总面积的80%以上，尤其是Pb、Cd、Hg、Cu及其复合污染最为突出(孙波，2003)。

重金属污染严重威胁环境以及人类健康（De Sousa，2003；陈怀满等，1996）。一方面，土壤中的重金属含量超过一定范围时，会影响植物生长。陶明煊等（2002）研究发现，在5 mg/L的$CdCl_2$培养液中，荇菜的光合、呼吸等作用短暂升高后，即呈明显的回落状态，且随处理时间的延长，受害损伤趋于明显。研究还表明，培养液中Cd浓度越大，植物毒害损伤的现象出现得越早（郑喜坤和鲁安怀，2002）。另一方面，重金属可以通过食物链进入人体。当体内蓄积浓度达到一定阈值时，就会对人体产生毒害，如发生在日本的因食用镉米而引起的“痛痛病”事件。Cu和Zn是植物生长必需元素，但在高浓度的情况下会对植物造成毒害（Gupta and Kalra，2006）。尽管Pb和Cd是植物生长的非必需元素，但是仍然可以被植物吸收并积累在可食部分，人类食用后对健康造成危害(Wang et al.，2006)。土壤重金属污染具有移动性差、滞留时间长、不能被微生物降解的特点，并可经水、植物等介质最终影响人类健康（陈怀满等，1996；Costa，2000；崔德杰和张玉龙，2004）。

目前，对重金属污染土壤的治理方法主要有物理工程治理法、生物治理法和化学治理法等。物理工程治理法包括客土法、换土法、翻土法等（Boisson et al.，1999），治理费用高，实施复杂，仅适用于小面积、重污染的地方；生物治理法是指利用生物的某些习性来适应、抑制和改良重金属污染。虽然费用低，实施方便，但效率不高，并且常具有专一性（骆永明，1999；冷鹃等，2002）；化学治理法是利用化学物质来降低土壤中重金属的迁移性和生物可利用率，从而达到污染土壤的治理和修复。化学治理法包括淋洗法、施用改良剂法等。化学淋洗法成本低、处理量大，但会导致土壤结构被破坏，土壤养分流失及地下水污染。

改良剂法是指通过添加某些改良剂（如有机物料、碱性物质、磷酸盐、黏土矿物等）进行离子交换、吸附、沉淀等钝化作用（Mule and Melis，2000；Roman et al.，2003），改变重金属在土壤中的存在形态，降低重金属在土壤中的移动性及生物有效性（Madejon et al.，2006）。

我国人多地少，现阶段很多农作物仍然种植于受到重金属污染的土壤上。尤其是在城郊结合部的城郊土壤，种植产生的农作物直接供应给附近的大中小城市居民食用，对城郊居民健康造成潜在的威胁。作物种间和种内不同基因型之间在重金属的吸收和积累上存在着自然变异（Wu and Zhang，2002；Grant et al.，2008）。针对耕地资源比较紧张，大范围内的一些重金属轻度、中度污染的土壤短时间内难以达到安全标准的现实情况，筛选重金属低积累作物品种就变得更加紧迫和具有应用前景。

我国黏土矿物资源丰富，黏土矿物来源广，价格低廉，具有比表面积及表面能大、孔隙率大、阳离子交换量高等特点，可以有效地吸附重金属，降低重金属的有效性。利用黏土矿物治理重金属污染，已经引起人们的关注。有机物料中的腐殖质是一种复杂的高分子芳香多聚物，带有如苯羧基、酚羟基等很多活性基团，活性基团之间以氢键相互结合，使得分子表面有许多孔，比表面积大，也是良好的吸附载体。近年来，有关凹凸棒土、腐殖酸吸附重金属离子的研究已有报道（Potgieter，2006；Alvarez-Ayuso and Garća-Sánchez A，2003；Clemente and Pilar Bernal，2006）。自然条件下，凹凸棒土常与土壤中的腐殖酸等有机物相互作用，形成有机-无机复合体从而改变其本身吸附重金属的性能（何为红等，2007）。施加有机物料、黏土矿物可以改善土壤结构，提高土壤养分，从而促进农作物生长。同时，还可减少农作物对重金属的吸收积累，缓解重金属通过食物链对人体健康的威胁。因此，研究有机物料、黏土矿物对重金属污染土壤的调控修复，为重金属污染土壤的农作物生产提供依据，具有一定的现实意义。

2.1 作物不同基因型对土壤重金属的吸收特性与低积累品种筛选

目前研究筛选重金属低积累水稻的基因型，创制和培育籽粒重金属低积累的环保型品种，可为轻度、中度重金属污染土壤上持续生产安全稻米提供一条经济、有效的途径（吴启堂等，1999；程旺大等，2006；Zeng et al.，2008）。以往对植物吸收积累重金属的研究主要集中于人为添加的污染土壤（Alexander et al.，2006）或者单一重金属污染（Xue and Harrison，1991；Grant et al.，2008）。而对于不同作物（包括蔬菜和芝麻）种植于自然状态下的重金属复合污染土壤上的研究资料较少。并且与单一重金属污染土壤相比较，植物在复合污染土壤上的适应能力不同。近年来对于广泛分布在城郊的菜地土壤上不同蔬菜重金属吸收情况进行了很多调查采样工作，也获得了一些初步结果（Liu et al.，2006；李秀兰和胡雪峰，2005；Hao et al.，2009），但由于土壤样品采样点之间重金属含量的差异性，在重金属污染程度相同的土壤上筛选不同品种蔬菜可食部位重金属吸收情况的工作研究得较少，本研究是一个有益的尝试。

随着消费水平的提高及消费观念的变化，居民对蔬菜等的消费需求也相应出现了新的变化，尤其对农作物品质安全更加重视。豆科作物具有固氮能力，对贫瘠土壤具有抗逆能力，并且菌根对土壤中因重金属的存在而形成对植物的危害也具有明显的抗御能力。在介质中重金属过量的情况下，丛枝菌根的侵染常能减少宿主对重金属的吸收，从而增强植物的抗性（齐国辉等，1999）。芝麻作为一种油料作物，营养价值高。同时，果实类蔬菜也是我国百姓喜欢吃的蔬菜。因此通过温室盆栽试验，对辣椒、芝麻、毛豆和菜豆四大类作物共 11 个品种分别在重金属高、低污染土壤上进行重金属吸收情况的比较研究，筛选出适合重金属污染地区种植的重金属低吸收作物品种，用于指导蔬菜安全生产。重金属高、低两种污染土壤重金属含量情况列于表 2.1。

表 2.1　高污染土壤和低污染土壤中重金属含量　（单位：mg/kg）

土壤	Cu	Zn	Pb	Cd
高污染土壤	568	4280	1010	6.46
低污染土壤	51.7	248	74.6	0.72

2.1.1　作物不同基因型对重金属的吸收特性差异

同一作物不同基因型作物吸收重金属情况列于表 2.2。对于辣椒来说，日本三樱椒无论在高污染还是在低污染土壤中对 Cu、Zn 和 Cd 的吸收均较高，而对于 Pb 的吸收却最少。而品种超汴椒一号在两种土壤上对 Cu、Zn、Pb 和 Cd 的吸收均在蔬菜卫生标准安全范围内。对于芝麻的三个基因型来说，特选黑珍珠对 Cu、Zn 和 Cd 的吸收较高，而太空一号对 Cu、Zn 和 Cd 的吸收较低，但在低污染土壤中，太空一号对 Pb 的吸收却显著高于其他两个品种。这说明同一作物的不同基因型对不同重金属的吸收能力不同；对某种重金属高吸收，但对另外一种重金属却表现出低吸收的特点。这点提醒我们在筛选重金属低吸收品种时，难以做到保证对所有的重金属都表现出低吸收，只能要求对大部分重金属吸收得相对较少，可食部分可达到国家食品卫生标准。

表 2.2　不同基因型作物吸收重金属比较（除芝麻外以鲜重计）（单位：mg/kg）

品种	基因型	高污染土壤				低污染土壤			
		Cu	Zn	Pb	Cd	Cu	Zn	Pb	Cd
辣椒	超汴椒一号	0.90b	4.91a	0.136b	0.037c	0.81c	2.24b	0.079a	0.023ab
	苏椒五号	0.79b	3.64a	0.156ab	0.092b	0.98b	2.81a	0.086a	0.027ab
	日本三樱椒	2.21a	4.98a	0.055c	0.218a	2.03a	3.22a	0.034b	0.034a
	杭椒一号	0.92b	3.98a	0.190a	0.080bc	0.91bc	2.15b	0.090a	0.020b
芝麻	特选黑珍珠	35.1a	171ab	0.932a	3.387a	26.4a	88.2a	0.104b	0.377a
	太空一号	16.8c	150b	0.741a	2.295b	15.3b	73.7b	0.520a	0.194b
	芝麻王 96-8	26.8b	181a	0.842a	2.622b	16.3b	85.5ab	0.105b	0.141b
菜用豆	地豆王	1.47a	14.5a	0.169a	0.087a	1.07a	5.76a	0.113a	0.003b
	无架豇豆	2.09a	20.4a	0.124a	0.020b	1.93a	9.33a	0.123a	0.004a
毛豆	292 毛豆	5.10b	45.0a	0.303b	0.806a	6.33a	28.7a	0.013b	0.025a
	辽鲜一号	6.36a	52.6a	0.362a	0.878a	6.79a	29.9a	0.297a	0.031a

注：同一品种内显著性比较（a，b，c，d）。

无论是高污染土壤还是低污染土壤，两种菜用豆对重金属 Cu、Zn、Pb、Cd 的吸收没有表现出规律性差异。对于 Pb 的吸收方面，毛豆品种辽鲜一号显著强于 292 毛豆。

2.1.2　同一作物品种不同可食部分的重金属含量

表 2.3 为同一作物品种壮果、老果重金属含量情况。从表中可以看出，除高污染土壤上日本三樱椒老果（红）较壮果（绿）的 Cd 含量显著低外，其他老果中各重金属含量接近或高于壮果。尤其对于四季豆品种——地豆王，老果重金属含量显著高于壮果。虽然表 2.2 中两种土壤上地豆王果实 Zn 和 Pb 的平均含量在食品安全范围内，却掩盖了老果中 Zn 和 Pb 含量超过食品卫生标准的事实，食用后对人类健康产生风险。因此，在污染土壤上生长的作物壮果较老果的食用风险要小得多。

表 2.3　同一品种内壮、老果重金属含量比较（以鲜重计）　（单位：mg/kg）

品种	基因型	高污染土壤（ZH）				低污染土壤（FL）			
		Cu	Zn	Pb	Cd	Cu	Zn	Pb	Cd
日本三樱椒	绿	1.76	3.63	0.044	0.248*	1.62	2.49	0.035	0.044
	红	3.89**	10.4*	0.122*	0.129	2.13**	3.37*	0.036	0.037
地豆王	壮	1.26	12.0	0.136	0.065	0.91	4.95	0.094	0.002

续表

品种	基因型	高污染土壤（ZH）				低污染土壤（FL）			
		Cu	Zn	Pb	Cd	Cu	Zn	Pb	Cd
无架豇豆	老	1.97*	20.2**	0.253*	0.137**	1.48*	7.32**	0.153*	0.004*
	壮	1.37	15.1	0.090	0.017	1.46	7.43	0.110	0.004
	老	2.46*	22.6	0.145	0.020	2.75*	12.9	0.107	0.004

* 表示差异显著，$P<0.05$；** 表示差异极显著，$P<0.01$，表 2.4 同。

注：表中数据以平均值表示。

2.1.3 作物体内重金属吸收特性之间的相关性分析

土壤中的重金属往往是几种甚至多种元素共存，而植物对某一金属元素的吸收往往是在与其他金属元素相互作用下进行的，表现出多种金属元素共存的复合污染效应——加和作用、协同作用和拮抗作用。从表 2.4 可看出，在高污染土壤上，11 种作物吸收重金属 Cu、Zn、Pb 和 Cd 之间均存在显著正相关；而在低污染土壤上，Cu-Zn、Cu-Cd 和 Zn-Cd 之间存在显著正相关，而 Pb 与其他 3 种元素无相关性。这说明在我们试验中 11 种作物对 Cu、Zn 和 Cd 的吸收表现出协同作用，这更加重了食用此类土壤上的农作物给人类带来的健康风险。

表 2.4 作物体内 Cu、Zn、Pb 和 Cd 含量之间的相关性 （$n=11$）

元素	高污染土壤（ZH）			低污染土壤（FL）		
	Cu	Zn	Pb	Cu	Zn	Pb
Zn	0.955**	1		0.963**	1	
Pb	0.964**	0.987**	1	0.321	0.415	1
Cd	0.982**	0.979**	0.987**	0.955**	0.862**	0.283

2.2 凹凸棒土-腐殖酸复合体对重金属铅的吸附特性及机理

凹凸棒土（attapulgite），又称为坡缕石（paly-gorskite），化学式 $Mg_5Si_8O_{20}(OH)_2(OH_2)_4 \cdot 4H_2O$，它的比表面积大，同时晶体类质同象置换使层面带有负电荷，从而具有较强的离子交换吸附能力，被广泛应用于污水及土壤重金属、有机磷农药、甲苯、醇类的治理（刘琴等，2008；Shariatmadari et al.，1999；王意锟等，2009）。Sauve 等（2003）研究发现，土壤中的有机物质对重金属的吸附能力是黏土矿物的 30 倍，因此有机物质含量高的土壤对重金属的吸附量也大，可有效减弱土壤中重金属的迁移性。有机物料本身以及施入土壤后分解所产生的羟基、羧基、酚羟基等活性基团，可以和土壤中的重金属形成络合物，而络合物的稳定性会影响重金属的有效性及植物对重金属的吸收量。金属络合物的稳定性取决于多种因素，包括金属离子的特性、有机质分子活性基团与金属离子成键的数目、所形成环的数目以及 pH 等。此外，有机物料在矿质化过程中会产生 CO_2，在腐殖化过程中会产生有机酸，这些都会导致土壤 pH 的降低，从而影响土壤重金属的生物有效性。腐殖酸是芳香族化合物与含氮化合物的缩合体，含有大量羧基、酚羟基、醇羟基、羰基等官能团，对重金属有较强的络合性、吸附性，可有效控制重金属在环境中的迁移（何雨帆等，2006）。

通过等温吸附实验，研究了吸附材料（凹凸棒土、热改性凹凸棒土、腐殖酸、1∶1 的凹凸棒土-腐殖酸复合体）对 Pb（II）的吸附特征。从图 2.1 可以看到，Pb（II）初始浓度较低时，各吸附剂均能向 Pb（II）提供足够的吸附位点，因此吸附量差异不大，且均随 Pb（II）初始浓度的增加而增加。当 Pb（II）初始浓度较高时，凹凸棒土-腐殖酸复合体的吸附量显著高于各自单一材料的吸附量，且随着 Pb（II）浓度的增加，这种趋势更为明显。凹凸棒土热改性后可以显著提高其吸附性能，但从图 2.1 中可见，凹凸棒土-腐殖酸复合体的吸附量和吸附效率显著高于热改性凹凸棒土。

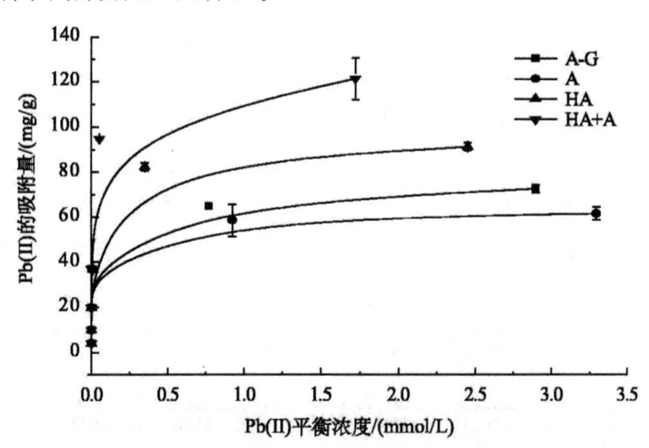

图 2.1　四种不同吸附剂对 Pb（II）的吸附等温线

A-G. 高温处理凹凸棒土；A. 凹凸棒土；HA. 腐殖酸；HA＋A. 凹凸棒土-腐殖酸复合体

使用 Freundlich 方程和 Langmuir 方程对试验结果进行了拟合，见表 2.5。Pb（II）在几种吸附剂上的吸附用 Langmuir 方程较 Freundlich 方程拟合程度均优，相关系数都在 0.99 以上，说明 Pb（II）在各吸附剂表面以单分子层吸附为主。腐殖酸的存在显著增加了凹凸棒土对 Pb（II）的吸附，主要可能是凹凸棒土与腐殖酸形成复合体，然后再与重金属结合，进而增加了对 Pb（II）的吸附量。

表 2.5　等温吸附的 Freundlich 方程和 Langmuir 方程拟合参数

处理	Freundlich 方程	R^2	稳定常数	Langmuir 方程	R^2	稳定常数
A	$S=56.947C^{0.0895}$	0.9869	56.947	$S=62.112C/(C+1/5.26)$	0.9998	11.82
A-G	$S=66.345C^{0.1962}$	0.6299	66.345	$S=73.529C/(C+1/8.8)$	0.9988	8.35
HA	$S=95.541C^{0.2857}$	0.8514	95.541	$S=91.743C/(C+1/2.57)$	0.9998	35.71
A＋HA	$S=123.3C^{0.1452}$	0.9492	123.3	$S=121.951C/(C+1/1.66)$	0.9999	73.53

注：S 为吸附量，C 为平衡浓度。

由图 2.2 可以看到，凹凸棒土-腐殖酸复合体的特征谱线虽与腐殖酸的特征谱线更为接近，却仍然保持了凹凸棒土的一些特征谱线，如 1000～1200 cm^{-1}处的羟基峰，说明腐殖酸在凹凸棒土表面并未形成完全包裹的膜状物，而是通过一些基团在凹凸棒土表面部分覆盖。在复合体特征谱线 3400～3500 cm^{-1}处出现氢键，表明凹凸棒土与腐殖酸主要通过羟基、羧基进行结合。腐殖酸含有大量的羟基（摇摆振动 920 cm^{-1}）、缔合羟基（3200 cm^{-1}）、酚羟基（1040 cm^{-1}）、苯环与羧基（1250 cm^{-1}）。因此凹凸棒土-腐殖酸复合体吸附量大于凹凸棒土。

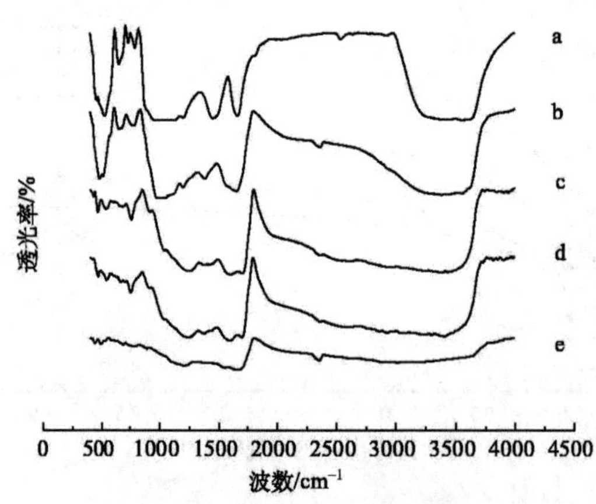

图 2.2　Pb 吸附前后矿物和腐殖酸红外光谱图

a. 凹凸棒土；b. 凹凸棒土＋腐殖酸；c. 腐殖酸；d. 腐殖酸＋2.5 mmol/L Pb（II）；
e. 凹凸棒土＋腐殖酸＋2.5 mmol/L Pb（II）

凹凸棒土-腐殖酸复合体在吸附 Pb（II）后，大量特征峰变宽或消失，如 3200～3500 cm^{-1}和 1000～1200 cm^{-1}羟基特征峰均消失，而腐殖酸吸附 Pb（II）后在 3500 cm^{-1}和 1000～1200 cm^{-1}仍可发现羟基特征峰，说明腐殖酸、凹凸棒土-腐殖酸复合体的某些表面基团虽然相同，但混合物的基团更易与 Pb（II）结合，这可能是因为吸附在凹凸棒土上的腐殖酸表面性质发生改变，表面电荷的负电性增加，从而使混合体表面对 Pb（II）的吸附位点增加。

2.3　有机物料、黏土矿物对土壤重金属有效性的影响

通过室内培养实验，研究了添加黏土矿物和有机物料对土壤重金属有效性的影响。重金属污染供试土壤基本理化性质见表 2.6。A6、A15 表示凹凸棒土，其用量分别为 2%、5%；N6、N15 表示泥炭，其用量分别为 2%、5%；AN6 表示 2% 的凹凸棒土和 2% 的泥炭混合施用；AN15 表示 5% 的凹凸棒土和 5% 泥炭混合施用；NB6、NB15 表示泥炭施用于土壤表面，其用量分别为 2%、5%。研究结果发现，添加凹凸棒土、泥炭均对土壤 pH 产生较大影响。凹凸棒土可使土壤 pH 显著增高，这可能是凹凸棒土吸附 H^+ 导致的，但随着凹凸棒土施用量的增高，土壤 pH 又会有所下降。泥炭可使土壤 pH 略有下降，且随着泥炭施用量的增加，这种现象更为明显，这是因为泥炭中含有有机酸，从而降低了土壤 pH。凹凸棒土与泥炭混合后，土壤 pH 最低，但混合物施用量高时，土壤 pH 有所增加。从图 2.3 中可以看到，泥炭表施处理对土壤 pH 影响不大。

表 2.6　供试土壤基本理化性质

土壤	pH	O. M. /(g/kg)	Cu/(mg/kg)	Zn/(mg/kg)	Pb/(mg/kg)	Cd/(mg/kg)
富阳土	7.3	38.0	559	4000	1011	6.21

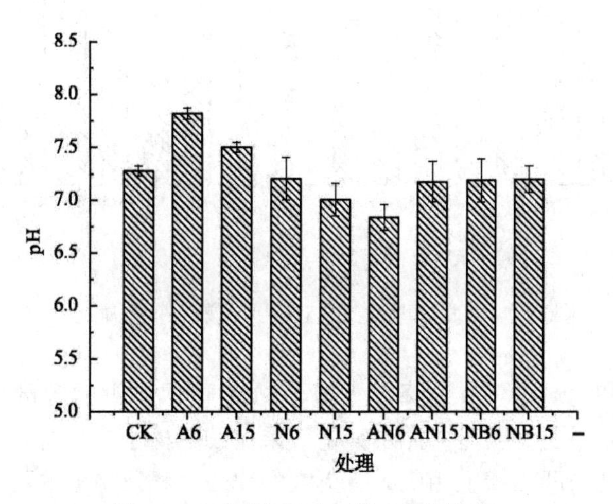

图 2.3　不同处理对土壤 pH 的影响

由于供试土壤 pH 为 7.34，因此采用二乙烯三胺五乙酸（DTPA）提取剂。从图 2.4 中可以看出，各处理使土壤中的 DTPA 提取态铅含量均有所下降。泥炭、凹凸棒土与泥炭混合、泥炭表施三个处理高施用量下的钝化效果均优于低施用量。但凹凸棒土在施用量较高时，其钝化效果下降。泥炭对土壤 DTPA 提取态铅的钝化作用较好。混施处理并不能对 DTPA 提取态铅的钝化效果有所增强；在低施用量时，其土壤 DTPA 提取态铅的量反而显著增加。

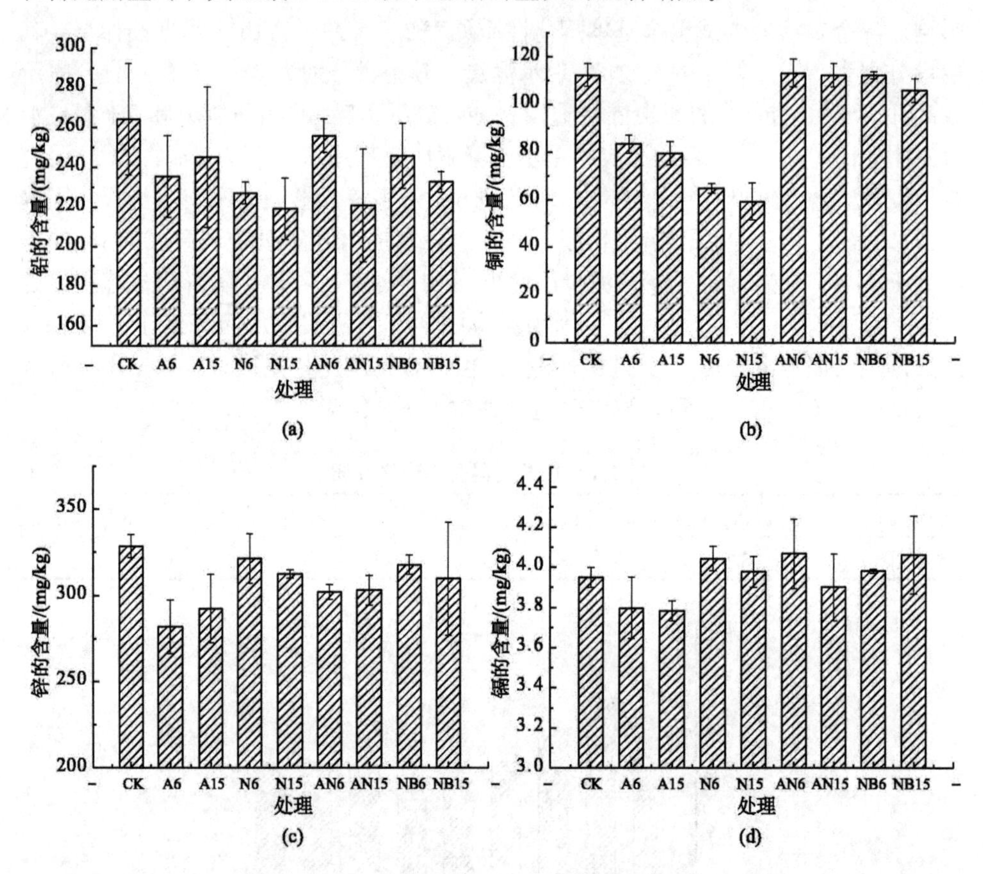

图 2.4　不同处理对土壤 DTPA 提取态重金属的影响

凹凸棒土和泥炭均可有效降低土壤 DTPA 提取态铜的含量，且随着施用量的增加，这种效果更为明显。泥炭钝化效果比凹凸棒土好，这是因为泥炭含有大量腐殖质，因此与凹凸棒土相比，有更大的比表面积及更多的可与铜离子发生络合配位的基团。从图 2.4 中可以看到，混合处理、表施处理对土壤 DTPA 提取态铜的钝化效果并不明显。凹凸棒土对土壤锌的钝化作用最好，但凹凸棒土施用量过大时，会出现钝化作用减弱的现象。

2.4　有机物料、黏土矿物对豆科植物生长生理特性及重金属吸收的影响

2.4.1　土壤溶液性质

研究了凹凸棒土、硅藻土、泥炭和腐殖酸对重金属污染土壤的修复作用，包括豆科植物的生长和重金属吸收等。表2.7表示不同时期土壤溶液pH变化。苗期时，添加硅藻土、泥炭、腐殖酸后，土壤溶液pH均有所升高，而凹凸棒土对土壤溶液pH影响不大。凹凸棒土、硅藻土处理后，随着时间推移，在花期和豆粒成熟期，土壤溶液pH呈不断上升趋势。泥炭、腐殖酸处理后，土壤溶液pH也呈上升趋势，但随着时间推移pH又有所下降，这可能是因为泥炭、腐殖酸的矿质化作用产生有机酸导致的。种植毛豆后，土壤溶液pH在苗期时比种植豇豆的高，但这种差异在花期和豆粒成熟期并不明显。

表2.7　不同时期土壤溶液pH变化后

	处理	苗期土壤	花期土壤	豆粒成熟期土壤
豇豆	CK	7.76±0.07	7.77±0.16	7.83±0.14
	A	7.77±0.10	7.93±0.06	7.98±0.09
	G	7.93±0.11	8.02±0.03	7.94±0.06
	N	7.86±0.13	7.99±0.05	7.87±0.11
	F	7.92±0.11	7.98±0.07	7.85±0.04
毛豆	CK	7.82±0.06	7.81±0.06	7.88±0.11
	A	7.80±0.05	7.97±0.13	8.02±0.06
	G	7.97±0.06	8.01±0.06	8.00±0.07
	N	8.10±0.47	7.96±0.08	7.93±0.06
	F	7.92±0.04	7.97±0.02	7.86±0.05

注：处理包括对照（CK）；凹凸棒土（A，25 g/kg）；硅藻土（G，25 g/kg）；泥炭（N，25 g/kg）和腐殖酸（F，4 g/kg）。

图2.5显示两种豆科作物在不同生长时期土壤溶液电导率变化。在豇豆苗期，除硅藻土处理外，各处理土壤溶液电导率略有下降，而毛豆苗期各处理，除泥炭外，土壤溶液电导率也有所下降。

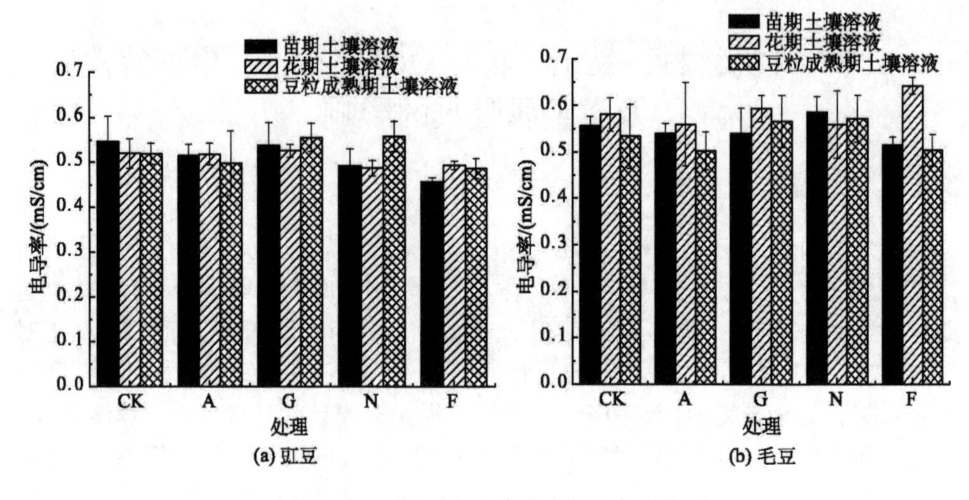

图 2.5 不同时期土壤溶液电导率变化

随着时间推移，土壤溶液电导率呈上升趋势，豇豆在豆粒成熟期，硅藻土、泥炭、腐殖酸处理土壤溶液电导率有所提高；毛豆在苗期，除泥炭外，各处理土壤溶液电导率也有所提高。这可能与土壤有机质矿质化、pH 变化、根系有机酸分泌等有关。

从图 2.6 和图 2.7 中可以看到，重金属污染土壤在种植豇豆、毛豆后，随着时间推移，土壤溶液中 Zn、Cu 浓度不断下降。黏土矿物对 Zn 的钝化作用并不明显（图 2.6）。在加入凹凸棒土后，豇豆各生长期土壤溶液 Zn 浓度略有下降，而毛豆各生长期土壤溶液中的 Zn 浓度和对照无明显差异。有机物料修复剂对 Zn 的钝化效果明显优于黏土矿物。与对照相比，土壤中加入泥炭和腐殖酸后，土壤溶液 Zn 浓度显著降低。

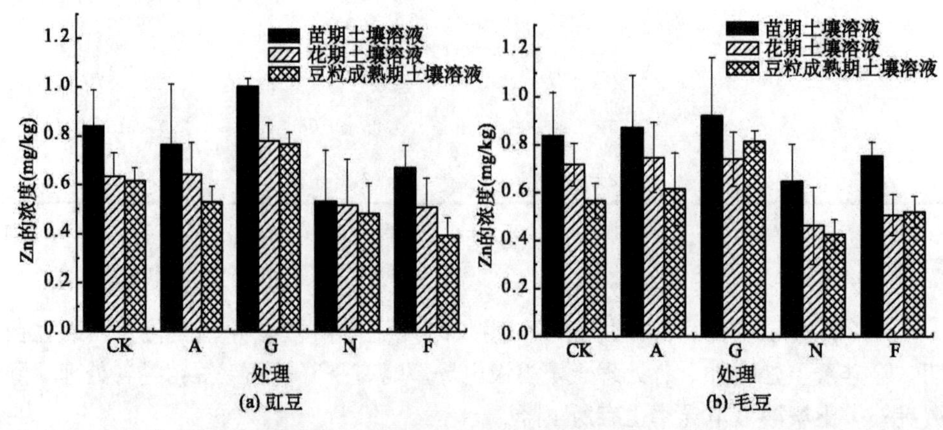

图 2.6 不同时期土壤溶液 Zn 浓度变化

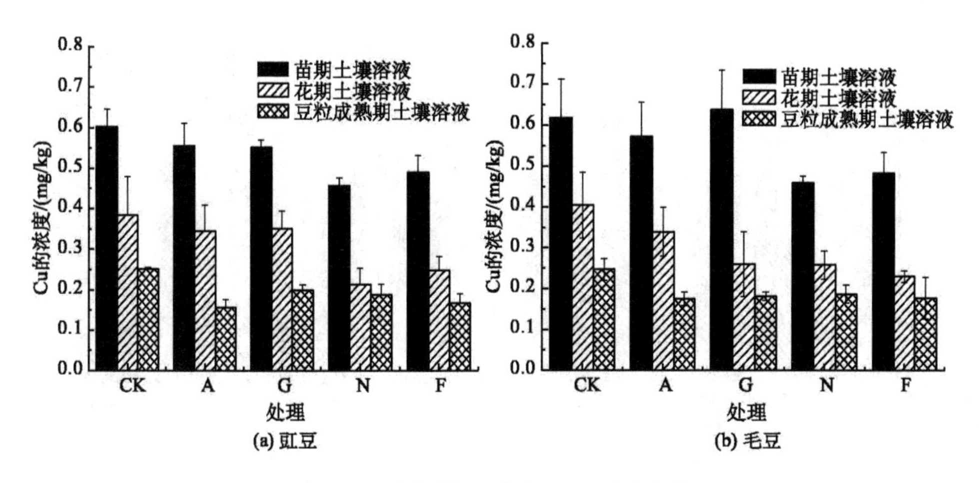

图 2.7　不同时期土壤溶液 Cu 浓度变化

从图 2.7 中可以看到，在豇豆、毛豆的苗期和花期，在泥炭、腐殖酸对 Cu 的吸附作用及络合作用下，土壤溶液中 Cu 浓度明显小于对照，与花期时溶液中 Cu 浓度相比，成熟期 Cu 浓度变化不大。说明有机物料在施用前、中期的效果较为明显，但后期这种作用减弱，可能与有机质分解有关。

凹凸棒土、硅藻土在作物苗期，对 Cu 的作用并不显著，硅藻土在毛豆苗期 Cu 浓度还高于对照，但随着时间推移，到成熟期时，均有效降低 Cu 浓度。说明黏土矿物对 Cu 的钝化需要一定时间，这可能与黏土矿物吸附 Cu 的机理有关。

从图 2.8 和图 2.9 中可以看出，土壤溶液中的 Pb、Cd 浓度很小，土壤 pH 较高，黏土矿物、有机物料对 Pb、Cd 的钝化作用并不显著。

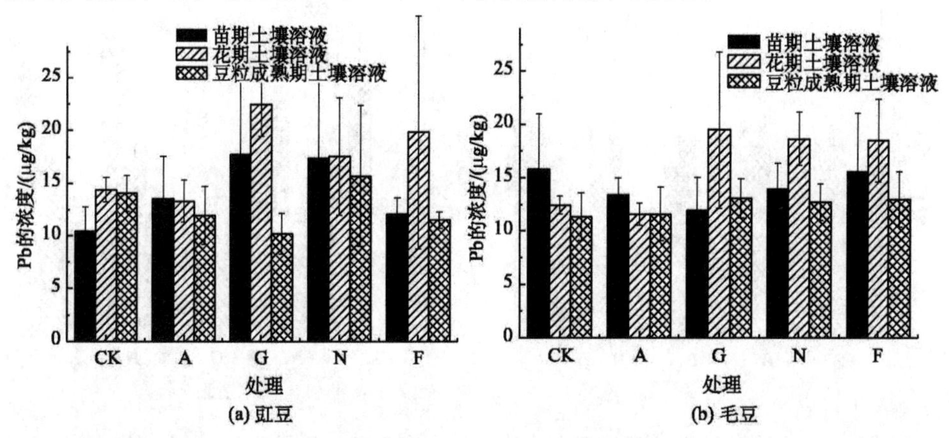

图 2.8　不同时期土壤溶液 Pb 浓度变化

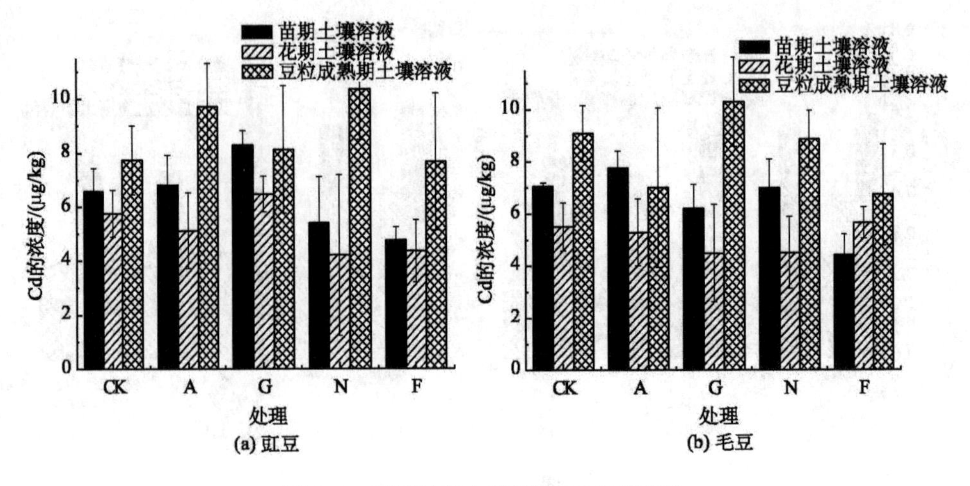

图 2.9 不同时期土壤溶液 Cd 浓度变化

2.4.2 生物量

从图 2.10 和图 2.11 可以看出，添加各种改良剂后，毛豆苗和毛豆成株生物量均有所增加。改良剂在毛豆生长初期对生物量影响并不明显，但毛豆成株生物量在改良剂作用下增加较为明显，生物量增加量依次是：泥炭＞凹凸棒土＞腐殖酸＞硅藻土。凹凸棒土处理的毛豆总生物量低于对照，硅藻土处理的毛豆总生物量与对照相比无显著差异。腐殖酸、泥炭对毛豆总生物量影响较大，可显著提高豆粒生物量，且豆粒饱满度也有所提高。

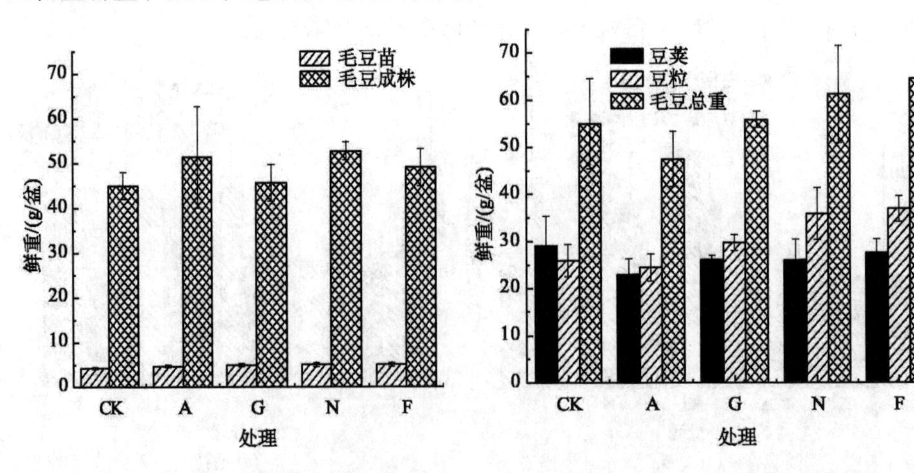

图 2.10 毛豆苗、毛豆成株生物量

图 2.11 毛豆豆荚、豆粒等生物量

从图 2.12 可以看到，在添加初期黏土矿物不利于豇豆生长，与对照相比，凹凸棒土、硅藻土使豇豆苗生物量分别降低了 0.85g、0.24 g，但豇豆成熟时，成株生物量明显比对照高。凹凸棒土使豇豆生物量增加了 14.7%。腐殖酸、泥炭可有效提高豇豆苗、豇豆成株、豇豆生物量，泥炭对成株生物量影响较大，而腐殖酸更有利于豇豆生长。

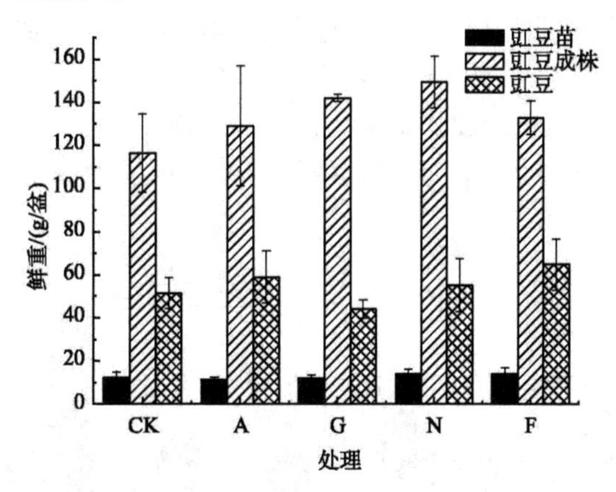

图 2.12　不同处理豇豆苗、豇豆成株和豇豆生物量

2.4.3　豆科作物植物生理性质

从图 2.13 中可以看出，在豇豆苗期、成熟期，泥炭、腐殖酸的加入均能明显提高叶片超氧化物酸化酶（SOD）的活性，并使之高于对照，这可能是因为对

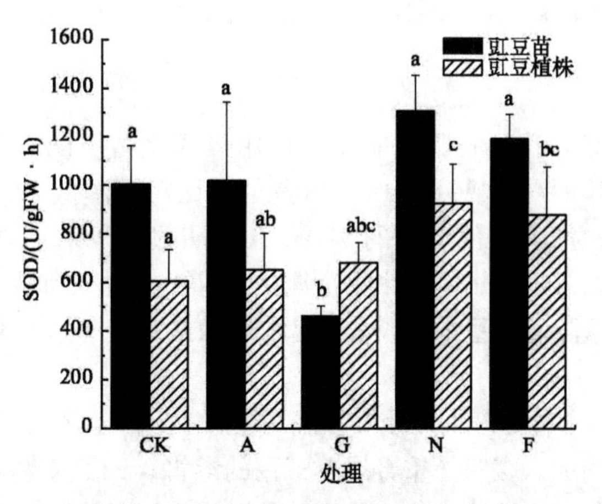

图 2.13　不同改良剂对 SOD 活性的影响

同一生长期进行各处理比较，字母若有相同，则表示无显著差异；A. 凹凸棒土；G. 硅藻土；N. 泥炭；F. 腐殖酸，下同

照在较高浓度重金属的胁迫下，随着毒害时间的延长，酶系统受到损害，SOD 活性有所降低，而泥炭、腐殖酸的加入缓解了重金属的毒害。黏土矿物并不能明显提高豇豆叶片 SOD 活性。

过氧化物酶（POD）是一种含 Fe 金属蛋白质，能催化 H_2O_2 氧化酶类的反应，使细胞免于毒害。从图 2.14 中可以看到，凸凹棒土和腐殖酸均可使豇豆苗期叶片中的 POD 活性明显提高，而腐殖酸使 POD 的活性增加了近 1 倍。这是因为长期重金属胁迫使 POD 酶系统受到损害，其活性出现一个先升高后下降的变化，而改良剂的加入可以缓解酶系统的损伤，从而使 POD 活性高于对照。成熟期的 POD 活性显著低于苗期，且成熟期各处理 POD 活性差异不大，这可能与叶片的衰老有关。

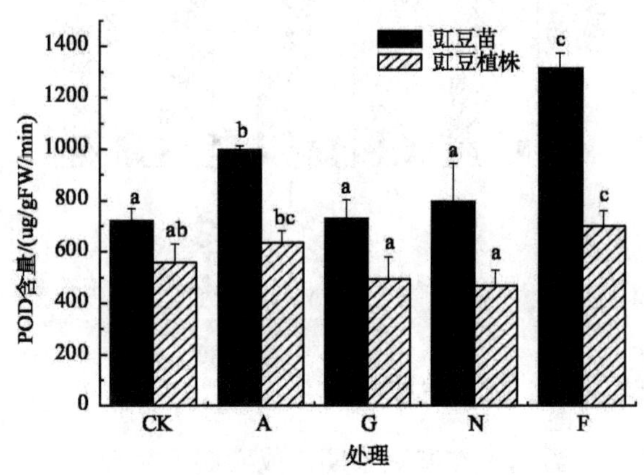

图 2.14 不同改良剂对 POD 活性的影响

同一生长期进行各处理比较，字母若有相同，则表示无显著差异；A. 凹凸棒土；G. 硅藻土；N. 泥炭；F. 腐殖酸，下同

腐殖酸缓解豇豆叶片膜脂过氧化的作用最为显著（图 2.15），在豇豆的苗期、成熟期可使叶片丙二醛（MDA）含量分别比对照降低 22.4%、26.8%。凹凸棒土、硅藻土的加入也使叶片的 MDA 含量明显低于对照，这是因为有机物料、黏土矿物的加入降低了土壤中重金属的活性。在泥炭加入初期叶片中 MDA 含量高于对照，但随着豇豆的生长，叶片中 MDA 含量迅速下降，至成熟期时显著低于对照。

在豇豆苗期，4 种处理均可使叶片脯氨酸（Pro）含量明显降低（图 2.16）。这是因为改良剂的加入缓解了重金属对豇豆的毒害。豇豆成熟期后，叶片脯氨酸的含量明显高于苗期，这应该与成熟期叶片的衰老有关，这种现象在硅藻土、凹凸棒土处理中最为明显。

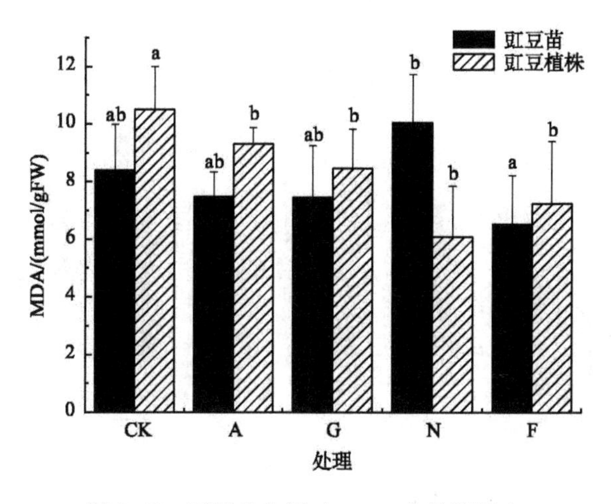

图 2.15　不同改良剂对 MDA 含量的影响

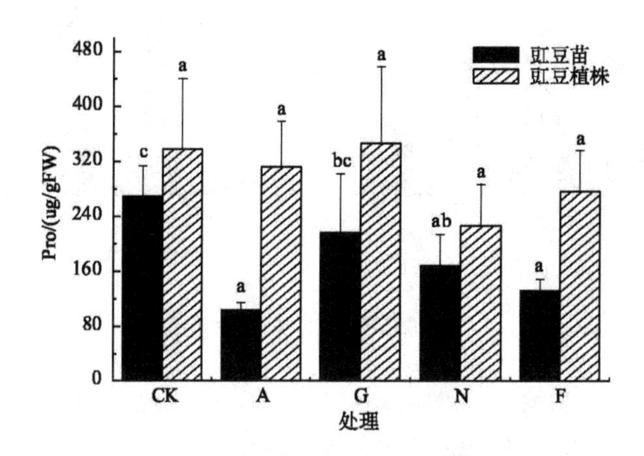

图 2.16　不同改良剂对 Pro 含量的影响

2.4.4　作物重金属含量

植株在不同生长时期对重金属的吸收差异较大（图 2.17）。毛豆植株在成熟期时，Cu、Pb、Cd 的含量显著高于毛豆苗。在毛豆植株对照处理中，Zn 的含量也有相似变化，但加入改良剂后，除泥炭处理外，植株中 Zn 的含量均显著小于毛豆苗。毛豆荚中 Zn、Pb、Cd 的含量介于植株与毛豆粒之间，添加黏土矿物可使植株中 Zn 含量有效下降，从而低于毛豆荚。毛豆荚中 Cu 含量高于植株与毛豆粒，但泥炭、腐殖酸可迅速降低毛豆荚中 Cu 含量，使之低于毛豆粒。

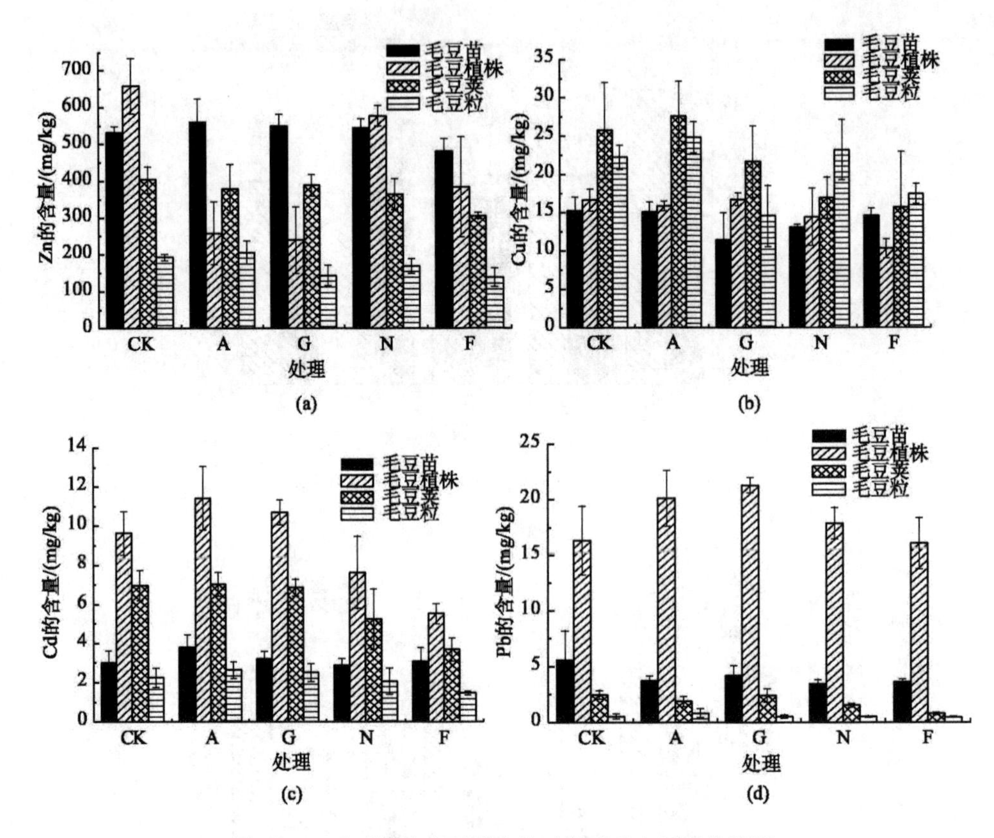

图 2.17 毛豆植株在不同生长时期对重金属吸收情况

从图 2.17 中可以看出，腐殖酸降低毛豆中重金属的效果最好，可使毛豆中 Cu、Zn、Pb、Cd 含量分别降低 21.6%、28.8%、12.5% 和 35.0%。硅藻土、泥炭处理也可使毛豆中重金属含量有所下降。

参考文献

陈怀满．1996．土壤-植物系统中的重金属污染．北京：科学出版社：1-2，7-12．

程旺大，张国平，姚海根，等．2006．晚粳稻籽粒中 As、Cd、Cr、Ni、Pb 等重金属含量的基因型与环境效应及其稳定性．作物学报，32（4）：573-579．

崔德杰，张玉龙．2004．土壤重金属污染现状与修复技术研究进展．土壤通报，35（3）：366-370．

何为红，李福春，吴志强，等．2007．重金属离子在胡敏酸-高岭石复合体上的吸附．岩石矿物学杂志，26（4）：359-365．

何雨帆，刘宝庆，吴明文，等．2006．腐殖酸对小白菜吸收 Cd 的影响．农业环境科学学报，25（增刊）：84-86．

冷鹏，揭雨成，许英．2002．植物治理重金属污染土壤的研究现状及展望．土壤通报，33（6）：467-470．

李秀兰，胡雪峰．2005．上海郊区蔬菜重金属污染现状及累积规律研究．化学工程师，（5）：36-38，59．

刘琴，乔显亮，王宜成，等. 2008. Zn/Cd 污染土壤的化学钝化修复. 土壤，40 (1)：78-82.

骆永明. 1999. 金属污染土壤的植物修复. 土壤，5：261-265.

齐国辉，刘素台，吴会军. 1999. VA 菌根真菌与植物共生的生理效应研究现状及进展. 河北林果研究，14 (2)：180-183.

孙波. 2003. 基于空间变异分析的土壤重金属复合污染研究. 农业环境科学学报，22 (2)：248-251.

陶明煊，吴国荣，顾龚平，等. 2002. Cd 对荇菜光合、呼吸速率和 ATPase 活性的毒害影响. 南京师范大学学报，25 (3)：94-98.

王意锟，郝秀珍，王玉军，等. 2009. 凹凸棒土-腐殖酸复合体对 Pb (II) 的吸附特性及机理研究. 农业环境科学学报，28 (11)：2324-2327.

吴启堂，陈卢，王广寿. 1999. 水稻不同品种对 Cd 吸收累积的差异和机理研究. 生态学报，19 (1)：104-107.

郑喜珅，鲁安怀. 2002. 土壤中重金属污染现状与防治方法. 土壤与环境，11 (1)：79-84.

Alexander P D, Alloway B J, Dourado A M. 2006. Genotypic variations in the accumulation of Cd, Cu, Pb and Zn exhibited by six commonly grown vegetables. Environ Pollut, 144: 736-745.

Boisson J, Ruttens A, Mench M, et al. 1999. Immobilization of trace metals and arsenic by different soil additives: evaluation by means of chemical extractions. Commun Soil Sci Plant Anal, 30: 365-387.

Clemente R, Pilar Bernal M. 2006. Fractionation of heavy metals and distribution of organic carbon in two contaminated soils amended with humic acids. Chemosphere, 24: 1264-1273.

Costa M. 2000. Chromium and nickel. *In*: Zalups R K, Koropatnick J, Molecular Biology and Toxicology of Metals. Taylor and Francis, New York: 113-114.

De Sousa C A. 2003. Turning brownfields into green space in the City of Toronto. Landscape Urban Plan, 62: 181-198.

Grant C A, Clarke J M, Duguid S, et al. 2008. Selection and breeding of plant cultivars to minimize cadmium accumulation. Sci Total Environ, 390: 301-310.

Gupta U C, Kalra Y P. 2006. Residual effect of copper and zinc from fertilizers on plant concentration, phytotoxicity, and crop yield response. Commun Soil Sci Plant Anal, 37: 15-20.

Hao X Z, Zhou D M, Huang D Q, et al. 2009. Heavy metal transfer from soil to vegetable in southern Jiangsu province, China. Pedosphere, 19 (3): 305-311.

Liu W X, Li H H, Li S R, et al. 2006. Heavy metal accumulation of edible vegetables cultivated in agricultural soil in the suburb of Zhengzhou city, People's Republic of China. Bull Environ Contam Toxicol, 76: 163-170.

Madejon E, Mora A P, Felipe E, et al. 2006. Soil amendments reduce trace element solubility in a contaminated soil and allow regrowth of natural vegetation Environ Pollut, 139: 40-52.

Mule P, Melis P. 2000. Methods for remediation of metal-contaminated soils: preliminary results. Commun Soil Sci Plant Anal, 2000, 31: 3193-3204.

Potgieter J H. 2006. Heavy metals removal from solution by palygorskite clay. Miner Eng, 19: 463-470.

Roman R, Fortun C, De Sa M, et al. 2003. Successful soil remediation and reforestation of a calcic regosol amended with composted urban waste. Arid Land Res and Manag, 17: 297-311.

Sauve S, Manna S, Turmel M C, et al. 2003. Solid solution partitioning of Cd, Cu, Ni, Pb, and Zn in the organic horizons of a forest soil. Environ Sci Technol, 37: 5191-5196.

Shariatmadari H, Mermut A R, Benke M B. 1999. Sorption of selected cationic and neutral organic molecules on palygorskite and sepiolite. Clays Clay Miner, 47 (1): 44.

Wang G, Su Y M, Chen Y H, et al. 2006. Transfer characteristics of cadmium and lead from soil to the edible parts of six vegetable species in Southeast China. Environ Pollut, 144: 127-135.

Wu F B, Zhang G P. 2002. Genotypic variation in kernel heavy metal concentrations in barley and as affected by soil factors. J Plant Nutr, 25: 1163-1173.

Xue Q, Harrison H C. 1991. Effect of soil zinc, pH, and cultivar on cadmium uptake in leaf lettuce (*Lactuca sativa* L. var. *crispa*). Commun Soil Sci Plant Anal, 22: 975-991.

Zeng F R, Mao Y, Cheng W D, et al. 2008. Genotypic and environmental variation in chromium, cadmium and lead concentrations in rice. Environ Pollut, 153: 309-314.

Álvarez-Ayuso E, García-Sánchez A. 2003. Palygorskite as a feasible amendment to stabilize heavy metal polluted soils. Environ Pollut, 125: 337-344.

第 3 章　有机络合物对农田土壤重金属的强化植物修复作用

人类活动如农业、交通、采矿等导致重金属在城郊农田土壤中的积累，引起全球范围内的关注。据研究，我国至少 2000 万 hm^2 土壤受到重金属的污染（陈怀满等，2004）。植物修复作为一种经济有效、环境友好、适用于大面积轻度到中度污染土壤的生物修复技术被广泛研究（Chaney et al.，1997；Cunningham and Ow，1996；Marchiol et al.，2004）。很多学者对利用重金属超富集野生植物实现重金属污染土壤的吸收修复进行了深入的研究（Zhao et al.，2003；Fayiga and Ma，2005）。为提高植物修复的效率，克服土壤重金属溶解度低、迁移能力差等限制因素，化学修复与生物修复相结合的化学强化植物修复便应运而生。强化植物修复土壤重金属主要有两个过程：①土壤中重金属活化进入土壤溶液；②根系对土壤溶液中重金属的吸收及根系吸收的重金属向地上部位的运转和富集。研究表明，影响重金属污染土壤植物修复效率的限制因素主要包括土壤重金属的溶解度低、迁移能力差以及重金属从植物根系向地上部转运的效率低（Mcgrath and Zhao，2000）。向土壤中施入人工合成化学活化剂以解吸与土壤固定结合的重金属，增加土壤溶液中的重金属浓度是克服上述瓶颈效应的重要途径之一（Huang et al.，1997）。因此研究不同化学活化剂对土壤重金属的活化能力，有助于筛选适合于特定土壤的重金属活化剂及适宜的施用剂量。

在化学修复中，表面活性剂和螯合剂以其特有的增溶、增流、螯合、络合等特性而备受人们青睐。研究发现，螯合剂 EDTA 对修复土壤重金属有很好的效果（陈玉成等，2004；Kulli et al.，1999）。但由于 EDTA 在土壤中难降解，对金属离子有很高的螯合能力的同时，也增加了土壤中重金属淋溶的风险（王莉玮等，2004；吴虹等，2007）。

表面活性剂是指少量加入就能显著降低溶剂表面张力，并具有亲水、亲油和特殊吸附等特性的物质，表面活性剂分子的结构中含有极性的亲水基和非极性的疏水基两部分，表面活性剂的亲油基一般由烷基构成，而亲水基则是由各种极性基团组成，种类繁多。因此，表面活性剂在性质上的差异，除了与烷基的大小和形状有关外，主要与亲水基团的类型有关。生物表面活性剂是由植物、动物或微生物产生，除具有表面活性剂相同的性质如降低表面张力、湿润和穿透、分散性外，生物表面活性剂还具有化学结构多样、无毒或低毒、生产成本低廉、能在极限条件下起作用等优点（孟佑婷等，2005）。

鼠李糖脂是由铜绿假单胞菌（*Pseudomonas aeruginosa*）利用不同碳源生成的一种阴离子生物表面活性剂，具有显著降低水的表面张力、低毒性、易降解等优点，逐渐引起人们的注意（Stacey et al.，2008）。鼠李糖脂作为一种低成本的生物表面活性剂应用于淋溶土壤重金属在国外已经有所研究（Torrens et al.，1998；Juwarkar et al.，2007），但应用于强化植物修复土壤重金属的研究较少。Neilson等（2003）用鼠李糖脂淋洗被铅污染多年的土壤，土样A（铅含量3780 mg/kg）和土样B（铅含量23 900 mg/kg）中铅的去除率分别为14.2%和15.3%。乙二胺二琥珀酸（EDDS）作为一种可被生物降解且高效的螯合剂在修复重金属污染土壤中应用广泛（Torrens et al.，1998；Dermont et al.，2008），但EDDS使用成本较高。将鼠李糖脂和EDDS共同施加，既可以降低土壤修复成本，又能提高修复效率，对应用于强化植物修复重金属污染土壤具有重要的现实意义（石福贵等，2009）。

3.1 土壤中重金属活化的表面活性剂筛选

采用浙江省富阳市某城郊重金属复合污染区农田土壤，其土壤重金属含量分别是：铜（Cu）197 mg/kg；锌(Zn）1550 mg/kg；铝(Pb）342 mg/kg；镉(Cd）2.2 mg/kg。表面活性剂包括鼠李糖脂、EDDS三钠盐［(*S*,*S*）-ethylenediamine-*N*,*N'*-disuccinic acid trisodium］、皂角苷（saponin)、吐温80、环糊精。图3.1是不同表面活性剂处理对土壤Cu、Zn、Pb和Cd解吸的影响。与对照相比，皂角苷处理、吐温80处理和环糊精处理均未增加土壤Cu、Zn、Pb和Cd的解吸，而鼠李糖脂增

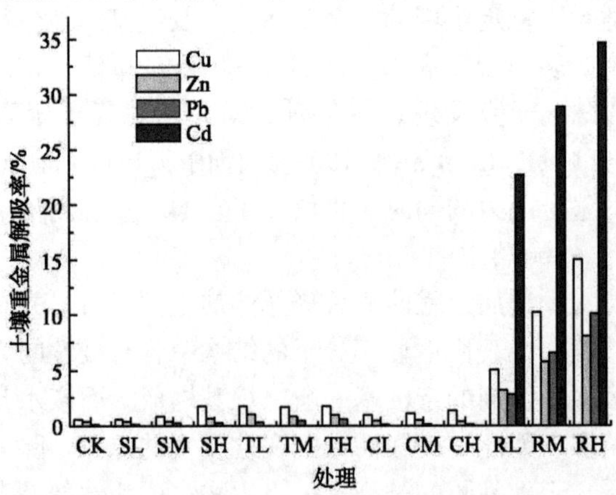

图3.1 不同表面活性剂对土壤Cu、Zn、Pb和Cd的解吸

SL、SM、SH，TL、TM、TH，CL、CM、CH处理分别表示皂角苷，吐温80，环糊精浓度为10 g/L、20 g/L和30 g/L，RL、RM和RH分别表示鼠李糖脂浓度为2 g/L、3 g/L和5 g/L

加了土壤Cu、Zn、Pb和Cd的解吸量。鼠李糖脂对土壤Cu、Zn、Pb和Cd的解吸能力强于皂角苷、吐温80、环糊精等表面活性剂。随着鼠李糖脂施用量的增加，土壤Cu、Zn、Pb和Cd的解吸量增加。Cd最易被鼠李糖脂解吸，其次是Cu，这可能是与鼠李糖脂与重金属的络合稳定常数有关。鼠李糖脂碳链比较长，分子结构中亲水基和疏水基结构复杂，也增强了对土壤重金属的解吸。鼠李糖脂表现出对土壤重金属的解吸能力强于其他表面活性剂的特性将作为筛选的重要研究内容，将开展进一步研究。

从图3.2可看出，EDDS对土壤中Cu、Zn、Pb和Cd具有较高的解吸率，对土壤重金属解吸能力强于鼠李糖脂。并且EDDS和鼠李糖脂复合对解吸土壤Cu、Zn、Pb和Cd具有协同作用。

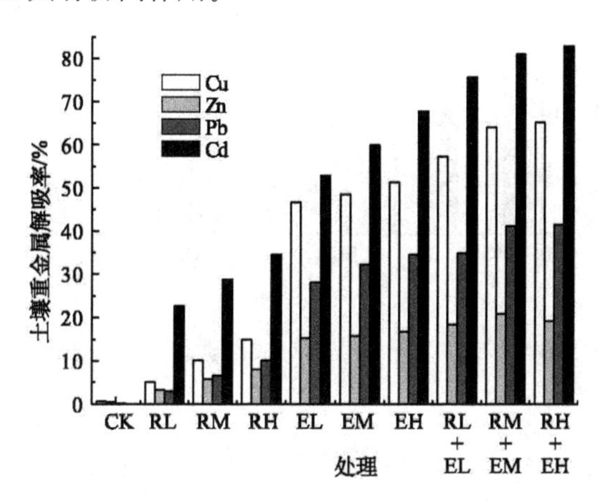

图3.2　鼠李糖脂/EDDS对土壤Cu、Zn、Pb和Cd的解吸

RL、RM、RH分别表示鼠李糖脂浓度为2 g/L、3 g/L和5 g/L，EL、EM、EH分别表示EDDS浓度为0.4 g/L、0.8 g/L和2 g/L

3.2　EDDS、柠檬酸、味精对重金属复合污染土壤植物修复的强化作用

采用工业废液EDDS、柠檬酸和味精，络合强化作物修复重金属复合污染土壤（所用土壤与3.1部分相同），分析了不同处理之间的效果。供试植物为双子叶的中油杂2号和茼蒿。幼苗生长70天后，分别进行7个处理。①对照：加100 mL的去离子水（CK）；②EDDS处理：EL 1 g/kg 、EH 2 g/kg；③味精处理：GL 2.5 g/kg、GH 5 g/kg；④柠檬酸处理：CAL 1 g/kg、CAH 2 g/kg。

3.2.1　施加化学强化剂对植物地上部生物量的影响

施加 EDDS 对两种植物都产生了一定的毒害作用（图 3.3）。与对照相比，施加 EDDS 处理显著降低了茼蒿地上部生物量，中油杂 2 号地上部生物量没有显著差异，中油杂 2 号对土壤重金属具有一定耐性。

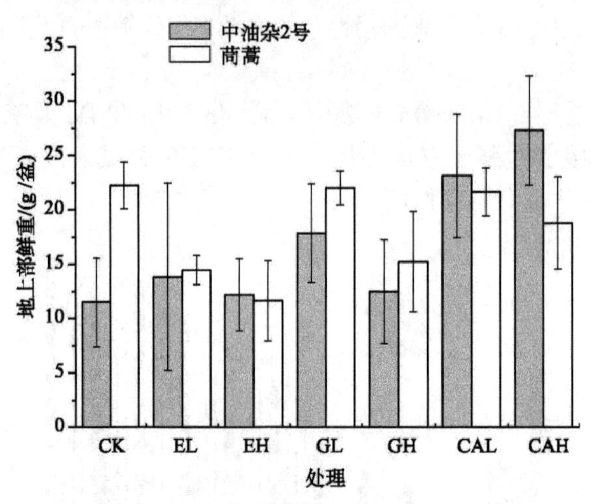

图 3.3　施加化学强化剂对植物地上部鲜重的影响

3.2.2　施加化学强化剂对植物吸收土壤重金属的影响

施加 EDDS 处理和施加味精的 GH 处理均显著增加了两种植物地上部 Cu 的含量，EDDS 对 Cu 活化能力强于味精和柠檬酸（图 3.4）。高浓度 EDDS 处理显著增加了两种植物地上部 Zn 的含量，Zn 在土壤和植物体系中比 Cu 有着更高的活性（图 3.5）。

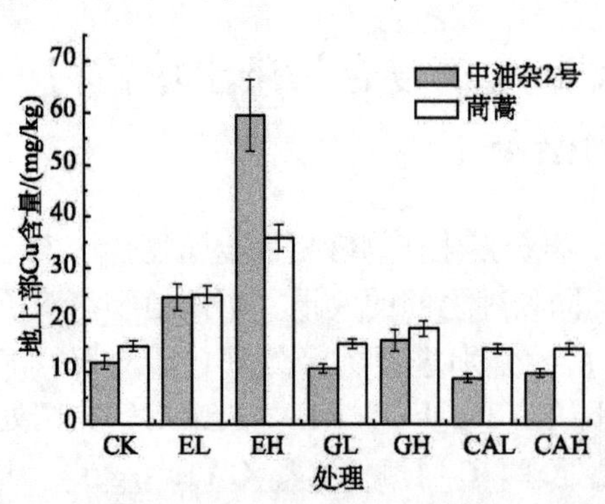

图 3.4　植物地上部 Cu 含量

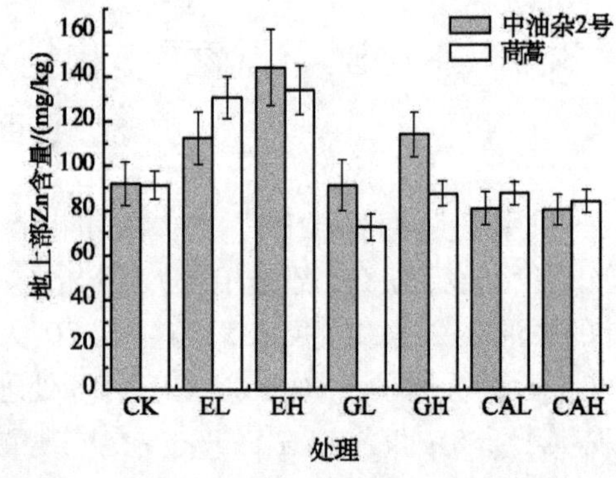

图 3.5　植物地上部 Zn 含量

3.3　EDDS、鼠李糖脂对黑麦草修复重金属复合污染土壤的影响

3.3.1　鼠李糖脂/EDDS对黑麦草地上部生物量的影响

试验设计单独施加鼠李糖脂（R）处理、单独施加EDDS（E）处理和共同施加鼠李糖脂和EDDS（RE）处理。由图3.6可看出，在不施加鼠李糖脂和EDDS的对照处理中，黑麦草地上部生长正常，没有表现出明显的中毒症状。单独施加EDDS（EL、EM）处理黑麦草均未产生明显中毒症状。单独施加高浓度鼠李糖脂（RH）、高浓度EDDS（EH）、共同施加高浓度鼠李糖脂和EDDS（REH）处理均对黑麦草产生了明显毒害作用，主要表现为叶片失绿。高浓度鼠李糖脂（RH）对黑麦草的毒害作用，有研究指出表面活性剂可以破坏植物细胞膜透性，导致植物组织内重金属含量显著增加，对植物产生毒害。

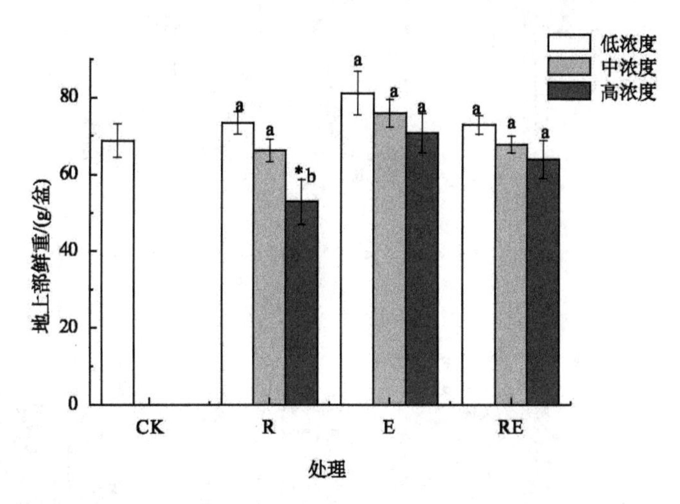

图3.6　施加鼠李糖脂/EDDS对黑麦草地上部鲜重的影响

*表示施加活化剂与对照存在显著性差异，不同字母表示同种活化剂处理间显著性差异；下同

3.3.2　鼠李糖脂/EDDS对黑麦草叶片酶活性的影响

POD、SOD和CAT共同组成植物体内一个有效的活性氧清除系统，三者协调一致，能有效清除植物体内自由基和过氧化物。在一定范围之内，SOD和CAT共同作用能把O_2^-和H_2O_2转化为H_2O和O_2，并能起到减少具有毒性和高活性的・OH的生成，POD和CAT则可催化H_2O_2生成H_2O，从而有效阻止O_2^-和H_2O_2的积累，限制这些自由基对膜脂过氧化的启动。

图 3.7 和图 3.8 显示当土壤重金属进入植物体内后，黑麦草叶片活性氧清除系统遭到破坏，与对照相比，施加高浓度鼠李糖脂处理和施加高浓度 EDDS 处理黑麦草叶片 SOD 和 CAT 酶活性显著降低。与对照相比，施加高浓度鼠李糖脂处理和施加高浓度 EDDS 处理黑麦草叶片 POD 酶活性有所升高，但影响不显著。施加高浓度鼠李糖脂处理和施加高浓度 EDDS 处理造成黑麦草叶片细胞内保护酶 POD、SOD 和 CAT 活性比例失调，使黑麦草体内活性氧的产生和清除系统失调，并有利于活性氧的产生，这将导致植物生理代谢紊乱，从而加速黑麦草的衰老和死亡。

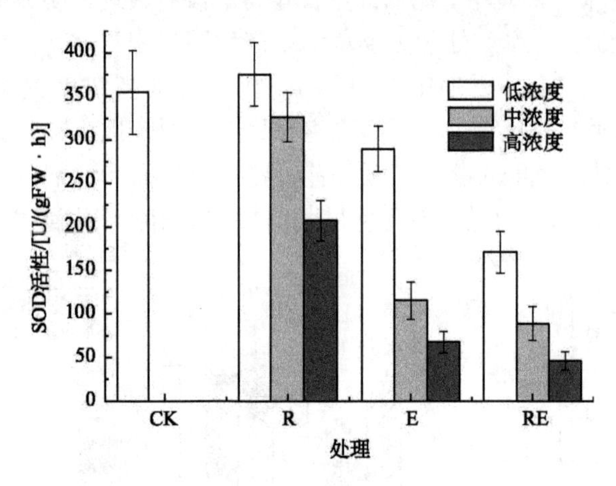

图 3.7 施加鼠李糖脂/EDDS 对黑麦草叶片 SOD 酶活性的影响

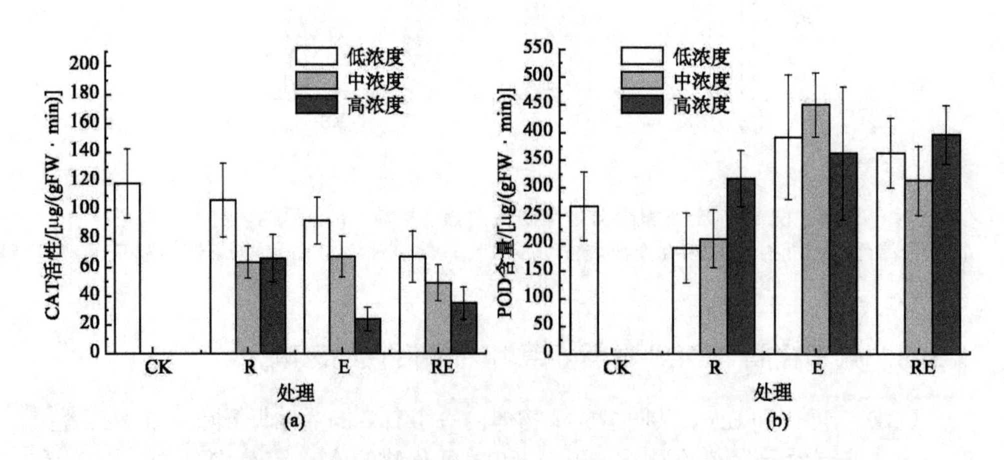

图 3.8 施加鼠李糖脂/EDDS 对黑麦草叶片 CAT 和 POD 酶活性的影响

3.3.3　鼠李糖脂/EDDS 对土壤酶活性的影响

由图 3.9 可看出，与对照相比，单独施加鼠李糖脂的（RM、RH）处理、单独施加高浓度 EDDS 的（EH）处理、共同施加高浓度鼠李糖脂和 EDDS 的（REH）处理土壤脲酶活性均显著增加。

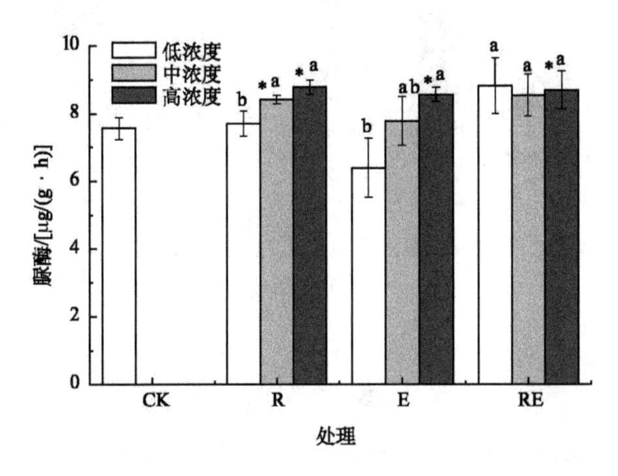

图 3.9　鼠李糖脂/EDDS 对土壤脲酶活性的影响

3.3.4　鼠李糖脂/EDDS 对黑麦草吸收重金属的影响

图 3.10 显示了黑麦草地上部对 Cu、Zn、Pb、Cd 的积累情况。施加高浓度鼠李糖脂和 EDDS 均显著增加了黑麦草对铜的吸收。与对照相比，共同施加高浓度鼠李糖脂和 EDDS 的处理（REH）显著增加了黑麦草地上部 Zn、Pb、Cd 浓度。各处理黑麦草地上部 Zn 浓度都达到 360 mg/kg 以上，Zn 在土壤和黑麦草这个体系中比 Cu 有着更高活性。

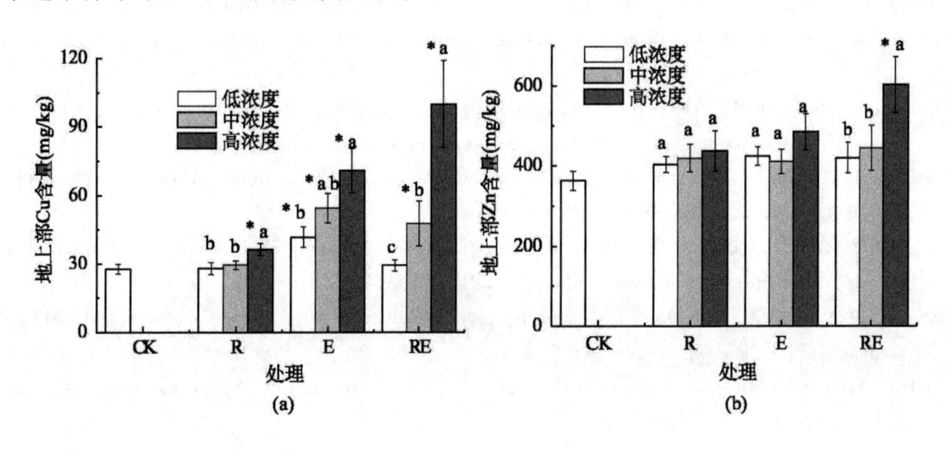

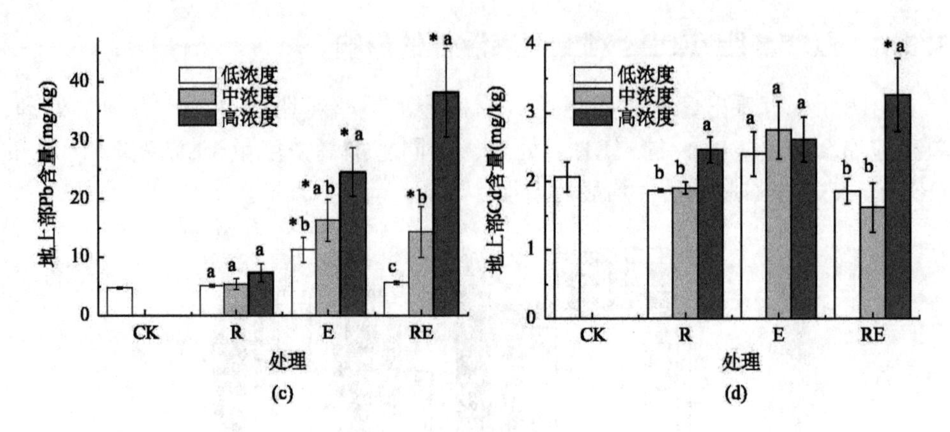

图 3.10　鼠李糖脂/EDDS对黑麦草地上部Cu（a）、Zn（b）、Pb（c）和Cd（d）含量的影响

参考文献

陈怀满，郑春荣，周东美，等. 2004. 关于我国土壤环境保护研究中一些值得关注的问题. 农业环境科学学报，2：1244-1245.

陈玉成，董姗燕，熊治廷. 2004. 表面活性剂与EDTA对雪菜吸收镉的影响. 植物营养与肥料学报，(10)：651-656.

孟佑婷，袁兴中，曾光明，等. 2005. 生物表面活性剂修复重金属污染研究进展. 生态学杂志，24（6）：677-680.

石福贵，郝秀珍，周东美，等. 2009. 鼠李糖脂与EDDS强化黑麦草修复重金属复合污染土壤. 农业环境科学学报，28（9）：1818-1823.

王莉玮，陈玉成，董姗燕. 2004. 表面活性剂与螯合剂对植物吸收Cd及Cu的影响. 西南农业大学学报（自然科学版），26（6）：745-749.

吴虹，汪薇，韩双艳. 2007. 鼠李糖脂生物表面活性剂的研究进展. 微生物学通报，34（1）：148-152.

Chaney R L，Malik M，Li Y M. 1997. Phytoremediation of soil metals. Curr Opin Biotechnol，8：278-284.

Cunningham S D，Ow D W. 1996. Promises and prospects of phytoremediation. plant physiol，110：718-719.

Dermont G，Bergeron M，Mercier G，et al. 2008. Soil washing for metal removal：a review of physical/chemical technologies and field applications. J Hazard Mater，152：1-31.

Fayiga A O，Ma L Q. 2005. Arsenic uptake by two hyperaccumulator ferns from four arsenic contaminated soil. Water Air Soil Pollut，168：71-89.

Huang J W，Chen J J，Berti W R. 1997. Phytoremediation of lead-contaminated soils：role of synthetic chelates in lead phytoextraction. Environ Sci Technol，3：800-805.

Juwarkar A A，Nair A，Dubey K. 2007. Biosurfactant technology for remediation of cadmium and lead contaminated soils. Chemosphere，68：1996-2002.

Kulli B，Balmer M，Krebs R，et al. 1999. The influence of nitrilotriacetate on heavy metal uptake of lettuce and ryegrass. J Environ Qual，(28)：1699-1705.

Leštan, Luo C L, Li X D. 2008. The use of chelating agents in the remediation of metal-contaminated soils: a review. Environ Pollut, 153: 3-13.

Marchiol L, Sacco P, Assolari S. 2004. Reclamation of polluted soil: phytoremediation potential of crop-related Brassica species. Water Air Soil Pollut, 158: 345-356.

Mcgrath S P, Zhao F J. 2000. Phytoextraction of metals and metalloids from contaminated soils. Curr Opin Biotechnol, 14: 1-6.

Neilson J W, Janick F A, Raina M M. 2003. Characterization of lead removal from contaminated soils by non-toxic soil washing agents. J Environ Qual, 32: 899-908.

Stacey S P, McLaughlin M J, Cakmak I. 2008. Root uptake of lipophilic zinc-rhamnolipid complexes. J Agric Food Chem, 56: 2112-2117.

Torrens J L, Herman D C, Miller-Maier R M. 1998. Biosurfactant (rhamnolipid) sorption and the impact on rhamnolipid-facilitated removal of cadium from various soils under saturated flow conditions. Environ Sci Technol, 32: 776-781.

Zhao F J, Lombi E, McGrath S P. 2003. Assessing the potential for zinc and cadmium phytoremediation with the pyperaccumulator *Thlaspi caerulescens*. Plant Soil, 249: 37-43.

第4章 重金属污染农田土壤的电动-植物联合修复效应与机制

重金属污染土壤的植物修复是目前污染土壤修复技术研究的热点。但由于植物生长缓慢，修复效率较低，而目前所发现的重金属超积累植物大多生物量较小，且一般仅对一种或两种重金属存在超积累作用，而对其他重金属有较强敏感性（Mulligan et al.，2001；Puschenreiter et al.，2001）。因此针对环境中普遍存在的重金属复合污染城郊农田土壤的修复成为重金属污染土壤修复的难点之一。

由于植物修复普遍存在着生长缓慢、修复效率低等缺点，因此通过选择多种增强方式来增加植物对重金属的吸收和提高植物将重金属从地下部向地上部转移的能力成为研究的热点。主要的增强方式有螯合诱导植物修复（Blaylock et al.，1997；Kulli et al.，1999；Grěman et al.，2003）、表面活性剂诱导植物修复（陈玉成等，2004）、无机盐诱导植物修复（Xiong and Feng，2001）和热处理诱导植物修复（Chen et al.，2008；Luo et al.，2008）等。近年来，利用电场诱导植物修复重金属污染土壤的方法逐步发展起来。该方法在植物生长的同时施加电场，诱导植物对土壤中重金属的吸收增加（O′Connor et al.，2003；Lim et al.，2004；Zhou et al.，2007）。但该项研究目前尚处于起步阶段，不同的电场类型和施加方式以及不同植物在电场下的耐性及重金属积累特性等研究甚少。

在电动-植物联合修复中，在电场作用下阳极和阴极会发生电极反应，导致土壤中距离电极不同距离的土壤 pH、EC 等发生相应变化，重金属形态及生物有效性也会发生相应变化。同时电流作用和土壤 pH 等环境的变化等都会影响到植物生长及其对重金属的吸收和积累（O′Connor et al.，2003；Lim et al.，2004），特别是在植物存在的情况下，由于植物根系分泌的有机酸等物质也会对土壤重金属形态产生影响（Römkens et al.，1999；Zhao et al.，2007），因此在电动-植物联合修复中土壤重金属形态的变化，其对植物吸收重金属的影响还有待进一步研究。另外，现有研究中电场施加强度也不一致，施加电压梯度从1.0～5 V/cm不等（陈海峰等，2007；O′Connor et al.，2003；Lim et al.，2004；Zhou et al.，2007），而不同强度电场对植物吸收重金属的影响以及高电流密度电场是否对植物生长产生不利影响等并不清楚。

污染土壤修复不仅要求对土壤中的污染物有降解、去除等修复作用，还希望修复技术对土壤本身的理化性质和生物学性质的负面影响较小（Meier et al.，

1997；Plaza et al.，2005；Wang et al.，2009），因此评估处理后土壤基本性质的变化不仅是污染土壤修复技术研究中必须要考虑的问题，同时也是土壤修复评估中重要的组成部分。在单一直流电场作用下，阳极和阴极处的电极反应，导致阳极附近土壤变酸，阴极附近土壤变碱，整个土壤 pH 发生相应变化（Zhou et al.，2004；2006）。由于土壤酸化和碱化，土壤中可溶盐总量、氮磷钾等养分含量以及土壤微生物学性质也会同时发生变化（罗启仕等，2004；Chen et al.，2006；句炳新等，2006；Lear et al.，2004；2007）。然而在电动-植物联合修复中，植物生长也会对土壤性质产生一定影响。通常认为植物生长能够增加土壤微生物活性，改善土壤理化性质，有利于土壤性质向有益方向变化。因此在两者共同作用下，电场和植物这两种因素对土壤性质的影响程度究竟怎样还并不清楚。

4.1　不同电场施加方式与植物的联合修复效应

4.1.1　不同电场处理对植物生物量的影响

采用浙江省富阳市某典型城郊污染农田土壤，其基本性质为 pH 7.96，EC 0.28 mS/cm，阳离子交换容量 18.7 cmol（+）/kg，有机碳含量 20.3 g/kg，重金属含量分别为 Cd 27.2 mg/kg，Cu 838 mg/kg，Pb 225 mg/kg，Zn 1360 mg/kg。试验共设4种植物（黑麦草、雪里蕻、溜溜菜和竹芥菜），每种植物设4个不同的电场施加方式处理，分别为对照（CK，未施加电场）、固定直流电场（FDC）、交换直流电场（EDC）和交流电场（AC）。图4.1是不同电场处理对植物地上和地下部生物量影响。在CK处理中，不同植物生物量之间存在明显差异。雪里蕻地上部生物量大于黑麦草，且两者均大于溜溜菜和竹芥菜。而从地下部生物量来看，则以黑麦草最高，雪里蕻其次，竹芥菜和溜溜菜居后。不同植物生物量大小一方面反映了植物本身所特有的生物产量，另一方面也反映了在重金属复合污染土壤中不同植物对重金属的耐性差异。

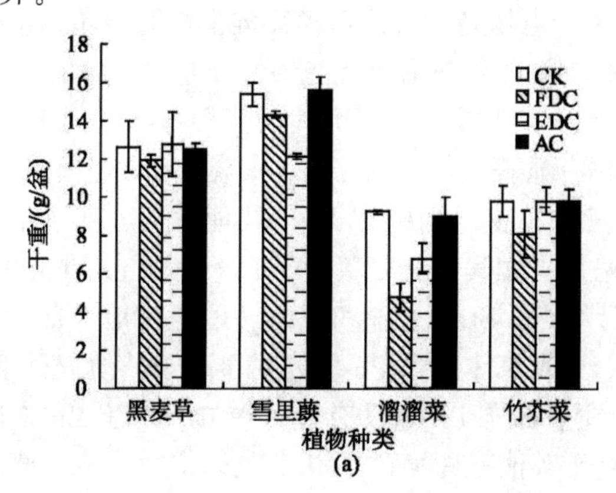

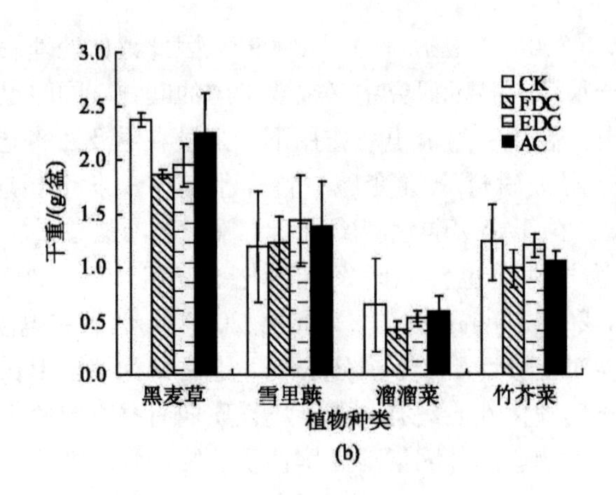

图 4.1　不同电场施加方式对不同植物地上部（a）和地下部（b）生物量的影响

不同电场处理对不同植物生物量的影响存在着明显差异。从图 4.1 可以看出，不同电场处理对植物地上部生物量的影响要大于对地下部生物量的影响。对于植物地上部生物量［图 4.1（a）］，不同电场处理对黑麦草地上部生物量没有显著影响，但 FDC 和 EDC 处理显著减小了其他几种植物地上部生物量，而 AC 处理对其地上部生物量无明显影响。这表明直流电场处理对植物地上部生物量的影响要大于交流电。从图 4.1（b）可以看出，电场对植物地下部生物量的影响不明显，仅黑麦草在直流电场处理中地下部生物量要显著小于 CK 和 AC 处理，其余植物的不同电场处理间差异不显著。这表明电场对植物根系生物量的影响并不明显，但可能通过改变土壤 pH、EC 等一些基本性质和改变植物对重金属吸收及地上和地下分配来影响植物地上部的生物量。

4.1.2　不同电场处理对不同植物吸收重金属的影响

图 4.2 表明了不同电场施加方式对植物地上部重金属含量的影响。不同植物对不同重金属元素的吸收存在着明显差异。对于 Cd 而言，未施加电场处理（CK）的溜溜菜地上部浓度要显著高于其余三种植物，但 FDC 处理后黑麦草和雪里蕻对 Cd 的吸收有显著增加。对于 Cu 来说，CK 处理中竹芥菜地上部含 Cu 量要显著低于其余三种植物。当施加 FDC 处理后，黑麦草、溜溜菜、竹芥菜地上部含 Cu 量明显增加，尤其是黑麦草含 Cu 量从 31 mg/kg 增加到 61 mg/kg 左右，升高幅度为 97%，而 EDC 处理和 AC 处理植物地上部含 Cu 量没有显著增加。对于 Pb 来说，黑麦草体内含 Pb 量要明显高于其他三种植物，施加 FDC 处理与 CK 相比植物地上部含 Pb 量没有显著差异。对于 Zn 来说，黑麦草的地上部含 Zn 量要明显高于其他三种植物，FDC 处理中植物地上部 Zn 含量均高于 CK

处理，增加幅度为 33%～69%。EDC 处理和 AC 处理中植物地上部含 Zn 量与 CK 比较差异不显著。

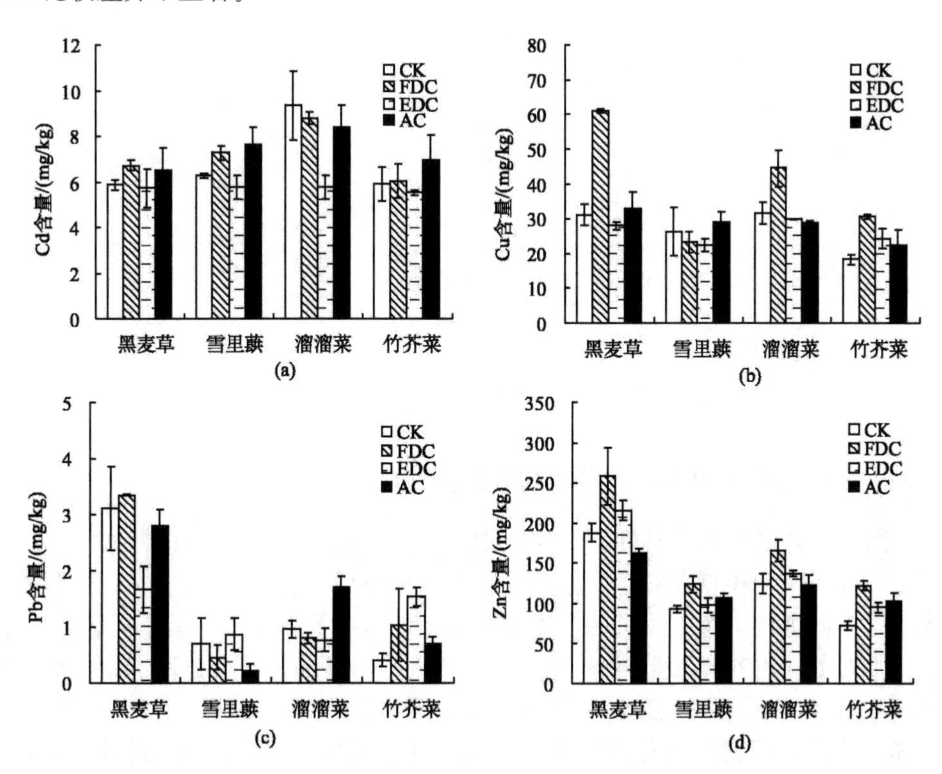

图 4.2　不同电场处理对不同植物地上部 Cd（a）、Cu（b）、Pb（c）和 Zn（d）含量的影响

因此，黑麦草对 Cu、Pb 和 Zn 的积累能力均高于其余三种植物。在三种不同电场处理中，以 FDC 处理对植物吸收重金属的促进作用最为明显。

4.2　固定直流电场对植物吸收重金属的影响机制

试验所用土壤、塑料盆、电极同 4.1 部分。选用的植物种类包括小麦、雪里蕻和印度芥菜。每种植物均设未加电场处理为对照，小麦和雪里蕻同时设施加 2 V/cm 的电场处理，印度芥菜设 1 V/cm、2 V/cm、4 V/cm 三个电场处理，所加电场均为水平固定直流电场，另外设无植物对照，施加电场为 2 V/cm。具体试验处理见表 4.1。

表 4.1 试验处理设计处

处理	植物种类	施加电压梯度/（V/cm）
CK-2 V	无植物	2
CK-XM	小麦	0
XM-2 V	小麦	2
CK-J	雪里蕻	0
J-2 V	雪里蕻	2
CK-Y	印度芥菜	0
Y-1 V	印度芥菜	1
Y-2 V	印度芥菜	2
Y-4 V	印度芥菜	4

4.2.1 各处理植物地上部重金属含量变化

图 4.3 是电场处理条件下不同植物地上部重金属浓度。不同种类植物对不同重金属吸收和积累存在着明显差异。施加电场后，小麦对 Cd 和 Zn 的吸收下降，且不同区域土壤中生长的小麦体内 Cd 和 Zn 差异不明显；但不同区域土壤中小麦对 Cu 和 Pb 的吸收明显不同，表现为阳极附近小麦 Cu 和 Pb 含量下降且低于对照，但阴极附近小麦 Cu 和 Pb 含量升高且高于对照。雪里蕻在施加电场后其地上部重金属含量均明显升高，其中尤以 Pb 含量的升高最为明显，增加 2～3 倍；不同部分土壤中雪里蕻对重金属的吸收之间差异不明显，仅中间和阴极部分土壤中雪里蕻对 Cu 的吸收要显著高于阳极部分土壤中的雪里蕻对 Cu 的吸收。

对于印度芥菜而言，不同施加电压对其吸收重金属的影响是不一致的。低电压（1 V/cm）的电场处理对印度芥菜地上部 Cd、Cu 和 Zn 含量影响不大，但却显著增加了阳极土壤中印度芥菜对 Pb 的吸收。而高电压（4 V/cm）的电场处理中，印度芥菜对 Cd、Cu 和 Zn 的吸收均明显下降，仅对 Pb 的吸收仍有增加，但差异不显著，表明施加电压太大可能对植物产生不利影响，从而减少了对重金属的吸收。在 2 V/cm 的电场处理中，印度芥菜地上部 Cd、Pb 和 Zn 含量均明显增加，对 Cu 的吸收也有所增加，而阳极附近土壤中印度芥菜对 Pb 的吸收增加非常明显。从这些结果来看，2 V/cm 的电场处理是比较合适的电场强度，其对增加印度芥菜吸收重金属的效果也最为明显。

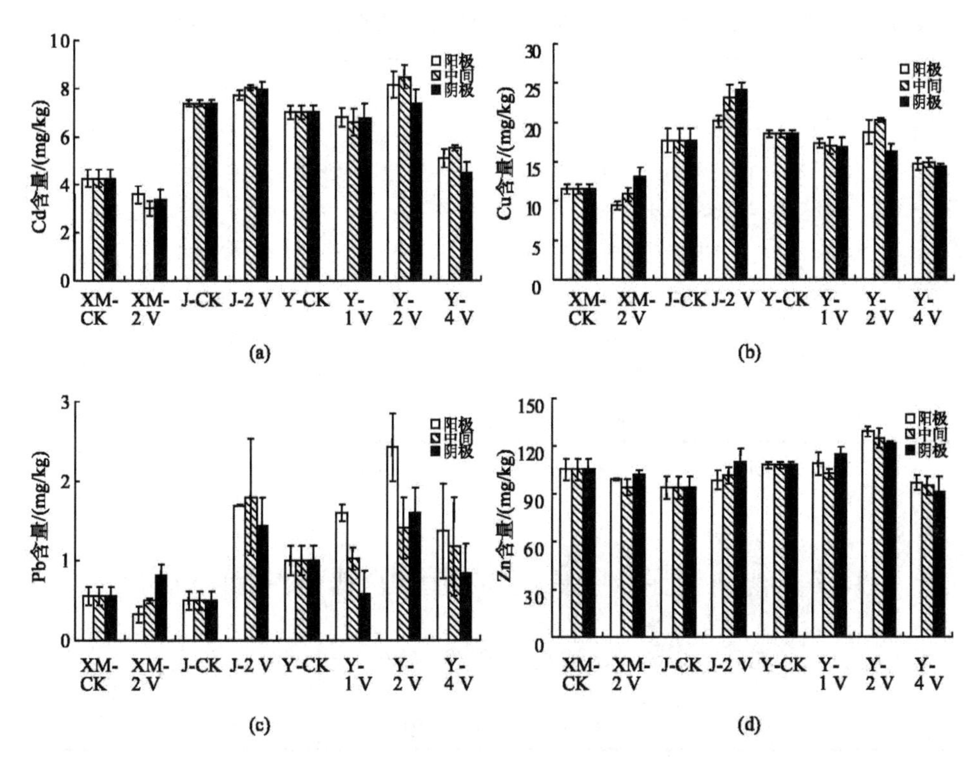

图4.3　各处理中植物地上部重金属Cd (a)、Cu (b)、Pb (c) 和Zn (d) 变化

4.2.2　土壤中重金属有效态含量与印度芥菜体内重金属含量的关系

印度芥菜地上和地下部重金属含量与土壤重金属有效态等的相关系数见表4.2。印度芥菜地上部Cd含量仅与BCR1提取态有显著正相关，Pb含量与NH_4NO_3提取态有显著负相关，地上部重金属含量与pH、EC均没有相关性，但Cd、Cu和Zn含量均与电流强度呈负相关，表明高电场强度对印度芥菜地上部吸收重金属有负面影响。印度芥菜地下部Cd含量与NH_4NO_3提取态呈显著正相关，Pb含量与BCR1提取态和EC呈显著正相关，而与pH呈显著负相关。土壤DTPA提取态含量与地下部Cd、Cu和Pb含量均表现为负相关，但Zn含量与各种因素均无相关性。这些结果表明在电场作用下土壤重金属有效态在土壤中重新发生了分布，但植物体内重金属含量与土壤中有效态重金属含量之间仍有一定相关性。

表 4.2 土壤重金属有效态与印度芥菜地上部和地下部重金属含量的线性相关系数（r）

		NH_4NO_3	RHIZO	BCR1	DTPA	pH	EC	电流
地上部	Cd	0.241	0.215	0.442*	0.171	0.047	−0.243	−0.525**
	Cu	−0.293	0.284	0.250	0.257	−0.247	0.095	−0.408*
	Pb	−0.390*	−0.096	0.324	0.036	−0.249	0.189	−0.026
	Zn	−0.328	0.261	0.304	0.311	−0.092	−0.162	−0.704**
地下部	Cd	0.428*	−0.345	−0.276	−0.458*	0.355	−0.243	0.233
	Cu	−0.108	0.074	0.126	−0.368*	−0.092	0.216	0.233
	Pb	0.216	−0.067	0.415*	−0.817**	−0.599**	0.676**	0.373*
	Zn	0.094	0.054	−0.052	0.055	0.012	0.029	−0.105

* 表示差异显著性水平 $P<0.05$；** 表示差异显著性水平 $P<0.01$（$n=39$）。

4.3 电动-植物修复技术对土壤基本性质的影响

土壤为 4.2 部分试验的土壤样品，其试验处理见表 4.3。

表 4.3 试验处理设计

处理编号	植物种类	电压梯度/（V/cm）
CK-2 V（无植物对照）	无植物	2
CK-Y（无电场对照）	印度芥菜	0
Y-1 V	印度芥菜	1
Y-2 V	印度芥菜	2
Y-4 V	印度芥菜	4

4.3.1 土壤速效养分的变化

电动-植物修复对土壤速效养分含量的影响见图 4.4。从图中可以看出不同处理的速效养分在土壤中的分布存在着明显不同，且不同养分分布也有差异。CK-2 V 和 Y-4 V 处理的硝态氮含量要显著高于其他三个处理［图 4.4（a）］，表明高电压梯度明显提高了土壤中硝态氮的含量，这可能是因为土壤中有机氮在电场中的水解作用以及微生物矿化作用将有机氮转化为简单有机态氮或无机氮。另外，施加高电压处理也对硝态氮分布产生影响。由于硝态氮的主要成分是硝酸根阴离子，而硝酸根在直流电场中向阳极移动，因此大量硝态氮积累在阳极附近。施加较低电压的处理 Y-1 V、Y-2 V 和未施加电压处理 CK-Y 中硝态氮含量没有显著差异，且不同部位土壤硝态氮含量也没有明显差异，表明较低电压处理和仅种植植物对土壤硝态氮的含量没有明显影响。

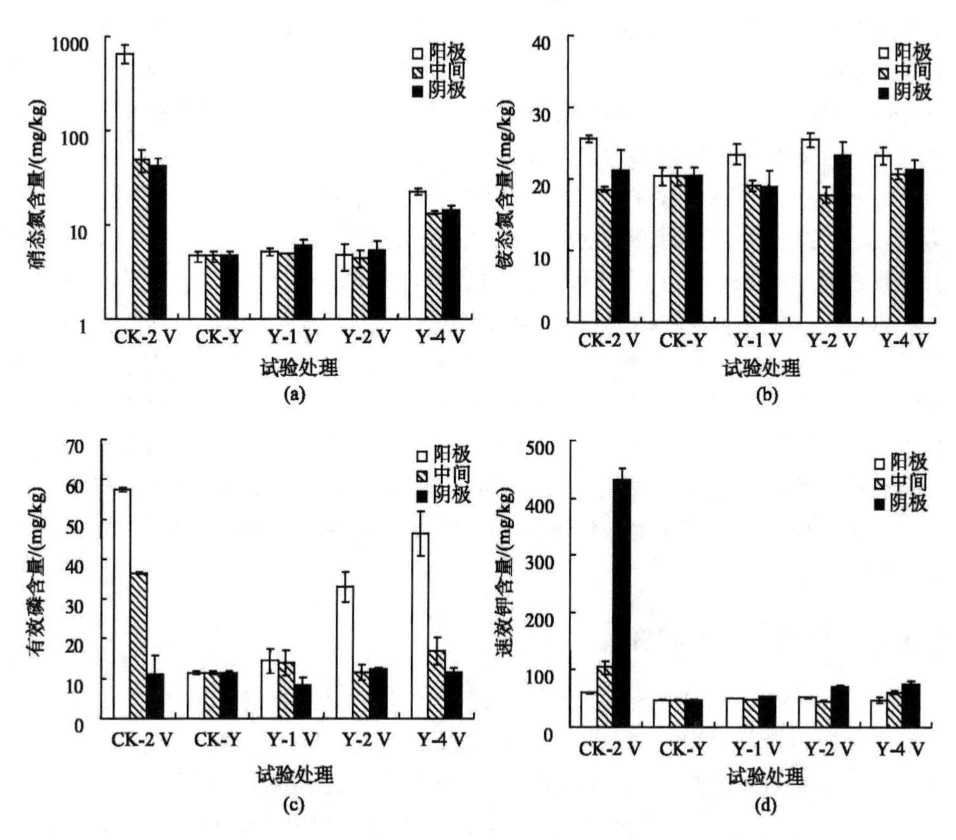

图 4.4　电动-植物处理对土壤硝态氮（a）、铵态氮（b）、有效磷（c）和速效钾（d）含量的影响

铵态氮也是土壤无机态氮的主要成分之一，一般是由土壤含氮有机物通过微生物的铵化作用而生成的。图 4.4（b）显示的铵态氮分布规律与硝态氮不尽相同。在电动-植物修复后，Y-2 V 和 Y-4 V 处理中阳极和阴极附近土壤铵态氮含量要明显高于 CK-Y 处理，而中间部分土壤铵态氮含量则变化不大，表明电场处理同样提高了土壤中铵态氮含量。由于铵根离子带正电荷，因此在直流电场中向阴极移动，但阳极附近土壤也积累了一部分铵态氮，甚至含量要高于阴极土壤中的铵态氮，其原因还有待进一步研究。

图 4.4（c）为处理后土壤有效磷的变化情况。从图中可以看出，施加较低电压的处理 Y-1 V 土壤有效磷含量略高于未施加电场的 CK-Y，而施加较高电压

处理的CK-2 V、Y-2 V和Y-4 V中阳极和中间部分土壤有效磷含量均有显著性提高，且电压越高阳极部分有效磷含量越高，这可能与阳极附近土壤酸化有关。土壤有效磷一般来自于无机磷，无机磷则包括铝磷、铁磷、钙磷和闭蓄态磷。当土壤酸度增大时，土壤中可溶性磷活性将大大增强。另外pH降低会影响土壤磷的解吸，酸度增加，铁铝化合物的溶蚀作用随之增强，土壤pH对磷的专性吸附受到破坏，从而导致有效磷含量的增加。

与土壤中有效磷的规律相反，土壤中速效钾则主要积累在阴极附近土壤，尤其是CK-2 V处理，其阴极附近土壤积累的速效钾含量高达431 mg/kg，远远高于其他处理［图4.4（d）］。这可能是因为在电动修复过程中，土壤体系中产生大量的H^+，由于水合氢离子的大小与钾相似，因此H^+有机会进入到土壤矿物晶层中取代K^+，使K^+释放到土壤中。另外，土壤pH的降低促进了土壤中难溶性含钾矿物的溶解，提高了土壤中钾的有效性。土壤速效钾包括水溶性钾和交换性钾，一般以K^+形态存在，在电场作用下K^+向阴极移动，这也是阴极附近土壤积累速效钾的原因。施加不同电压的三个处理中，土壤速效钾的含量随施加电压的增加而增加，但增加的幅度不大，速效钾的分布也同样表现出阳极到阴极逐渐增加的趋势。

4.3.2 土壤酶活性的变化

图4.5是电场-植物联合修复后土壤酶活性的变化情况。从图中可以看出，与施加电场的处理相比未施加电场仅种植植物的CK-Y处理的土壤脲酶、蔗糖酶和中性磷酸酶活性较高，表明植物根系活动促进了土壤酶的积累。

从图4.5（a）中可以看出，Y-1 V处理的中间部分土壤和Y-4 V处理的阳极附近土壤的脲酶活性最高，其次是未施加电场的CK-Y处理，而其余施加电场的处理土壤脲酶活性均较低，其中以CK-2 V处理的脲酶活性最低。图4.5（b）和（c）中蔗糖酶和中性磷酸酶活性均表现出CK-Y处理的酶活性最高，而仅有电场但无植物的处理CK-2 V的土壤酶活性最低，其可能是因为电场作用或电场引起的土壤性质变化对土壤酶活性存在着不利影响，或者是由于电场作用和重金属吸收影响到植物生长，导致植物产生的酶减少，从而使土壤酶活性降低。

土壤阳极、中间和阴极附近土壤酶活性没有明显规律性，表明土壤基本性质（pH、EC、速效养分含量等）的规律性变化并没有表现在土壤酶活性的规律性变化上，因此土壤酶活性的影响因素和变化规律是复杂的，可能与多种因素的相互作用有关，需进行进一步的研究。

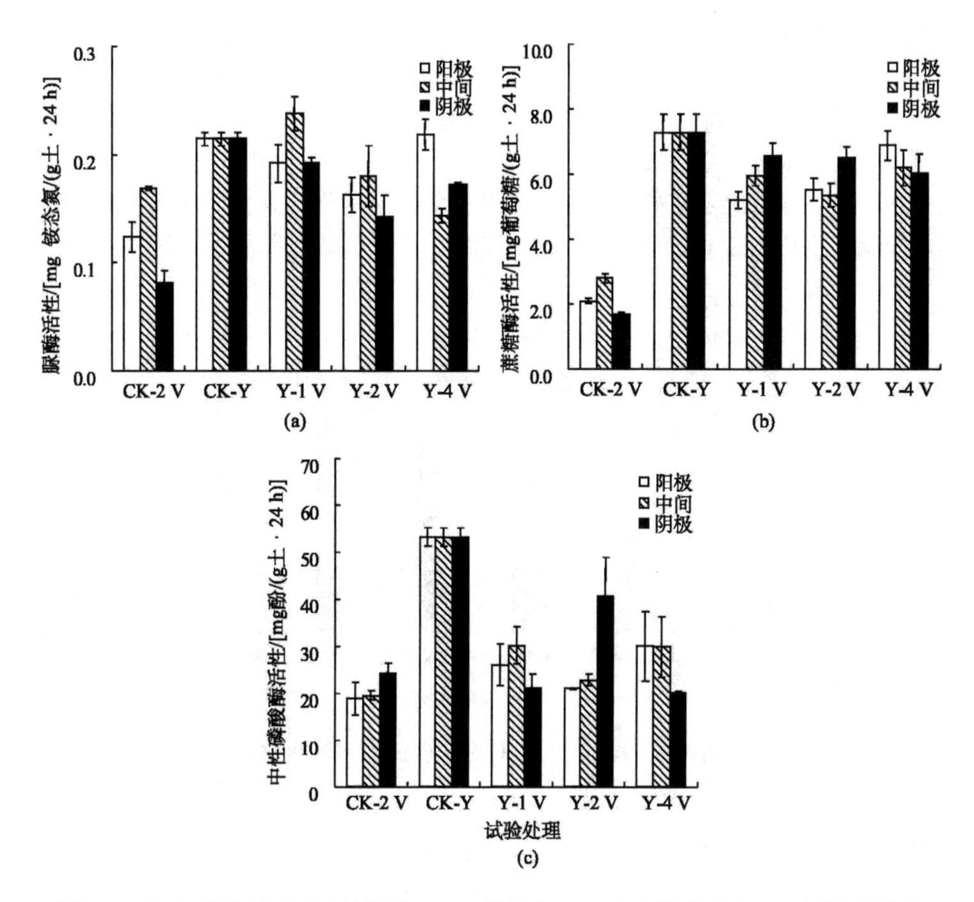

图 4.5　电动-植物处理对土壤脲酶（a）、蔗糖酶（b）和中性磷酸酶（c）活性的影响

4.3.3　土壤基础呼吸的变化

图 4.6 是电动-植物修复对基础土壤呼吸的影响。基础土壤呼吸能反映土壤中有机质的分解以及土壤有效养分的状况，也可作为土壤微生物总的活性指标或作为评价土壤肥力的尺度之一。由图 4.6 中可知，未施加电场的处理 CK-Y 的基础土壤呼吸要小于施加电场的处理，且施加电压越高则基础土壤呼吸越高。从阳极、中间和阴极不同部位的土壤基础呼吸来看，除 Y-1 V 处理因为施加电压较小各部分土壤的基础呼吸没有显著差异外，CK-2 V、Y-2 V 和 Y-4 V 处理的阳极和阴极土壤基础呼吸显著升高，而中间部分土壤基础呼吸与 CK-Y 处理相比没有明显增大。由于阳极和阴极附近土壤靠近电极，受电极上的化学反应影响较大，这可能是导致土壤基础呼吸明显升高的原因之一。Wang 等（2009）对电动修复中试后的铜污染土壤进行评价研究时发现，随着离阳极距离的不断增大，基

础土壤呼吸强度越来越高，这与本节中阳极和阴极处的土壤基础呼吸要强于中间部分土壤的结果并不一致。在该研究中，离阳极不同距离的土壤 pH 范围为 2.97～4.08（土壤原始 pH 为 4.81），土壤中铜含量为 55～481 mg/kg，这些因素可能导致了基础土壤呼吸除了与电极反应有关，还与土壤基本性质密切相关。而在本节中，虽然土壤一些基本性质也有变化，但变化不大，因此基础土壤呼吸与电极反应密切相关，但电极反应影响基础土壤呼吸的机制仍不清楚。

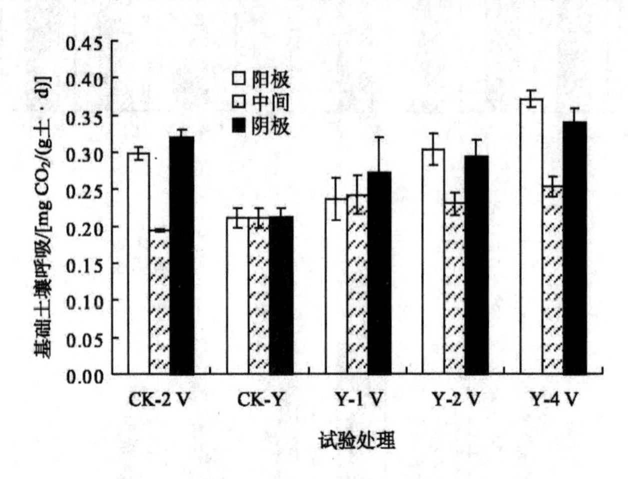

图 4.6　电动-植物处理对基础土壤呼吸的影响

参 考 文 献

陈海峰，周东美，仓龙. 2007. 垂直电场对 EDTA 络合诱导铜锌植物吸收及其迁移风险的影响. 土壤学报，44（1）：174-178.

陈玉成，董姗燕，熊治廷. 2004. 表面活性剂与 EDTA 对雪菜吸收镉的影响. 植物营养学报，10（6）：651-656.

句炳新，申哲民，吴旦，等. 2006. 电动修复对 Cd 污染土壤肥力的影响. 农业环境科学学报，25（2）：340-344.

罗启仕，张锡辉，王慧，等. 2004. 非均匀电动力学修复技术对土壤性质的影响. 环境污染治理技术与设备，5（4）：40-45.

Blaylock M J, Salt D E, Dushenkov S, et al. 1997. Enhanced accumulation of Pb in Indian mustard by soil-applied chelating agents. Environ Sci Technol, 31: 860-865.

Chen X J, Shen Z M, Lei Y M, et al. 2006. Effects of electrokinetics on bioavailability of soil nutrients. Soil Sci, 171（8）: 638-647.

Chen Y H, Wang C C, Wang G P, et al. 2008. Heating treatment schemes for enhancing chelant-assisted phytoextraction of heavy metals from contaminated soils. Environ Toxicol Chem, 27（4）: 888-896.

Grĕman H, Vodnik D, Velikonja-Boltaš, et al. 2003. Ethylenediaminedissuccinate as a new chelate for environmentally safe enhanced lead phytoextraction. J Environ Qual, 32: 500-506.

Kulli B, Balmer M, Krebs R, et al. 1999. The influence of nitrilotriacetate on heavy metal uptake of lettuce and ryegrass. J Environ Qual, 28: 1699-1705.

Lear G, Harbottle M J, Gast C J, et al. 2004. The effect of electrokinetics on soil microbial communities. Soil Biol Biochem, 36: 1751-1760.

Lear G, Harbottle M J, Sills G, et al. 2007. Impact of electrokinetic remediation on microbial communities within PCP contaminated soil. Environ Pollut, 146: 139-146.

Lim J M, Salido A L, Butcher D J. 2004. Phytoremediation of lead using Indian mustard (Brassica juncea) with EDTA and electrodics. Microchem J, 76: 3-9.

Luo C L, Shen Z G, Li X D. 2008. Hot NTA application enhanced metal phytoextraction from contaminated soil. Water Air Soil Poll, 188: 127-137.

Meier J R, Chang L W, Jacobs S, et al. 1997. Use of plant and earthworm bioassays to evaluate remediation of soil from a site contaminated with polychlorinated biphenyls. Environ Toxicol Chem, 16 (5): 928-938.

Mulligan C N, Yong R N, Gibbs B F. 2001. Remediation technologies for metal-contaminated soils and groundwater: an evaluation. Eng Geol, 60: 193-207.

OConner C S, Lepp N W, Edwards R. 2003. The combined use of electrokinetic remediation and phytoremediation to decontaminated metal-polluted soils: a laboratory-scale feasibility study. Environ Monit Assess, 84 (1-2): 141-158.

Plaza G, Nalecz-Jawecki G, Ulfig K, et al. 2005. The application of bioassays as indicators of petroleum-contaminated soil remediation. Chemosphere, 59: 289-296.

Puschenreiter M, Stoger G, Lombi E, et al. 2001. Phytoextraction of heavy metal contaminated soils with Thlaspi goesingense and amaranthus hybridus: rhizosphere manipulation using EDTA and ammonium sulfate. J Plant Nutr Soil Sci, 164: 615-621.

Römkens P F A M, Bouwman L A, Boon G T. 1999. Effect of plant growth on copper solubility and speciation in soil solution samples. Environ Pollut, 106: 315-321.

Wang Q Y, Zhou D M, Cang L, et al. 2009. Application of bioassays to evaluate a copper contaminated soil before and after a pilot-scale electrokinetic remediation Environ Pollut, 157: 410-416.

Xiong Z T, Feng T. 2001. Enhanced accumulation of lead in Brassica pekinensis by siol-applied chloride salts. Bull Environ Contam Toxicol, 67: 67-74.

Zhao L Y L, Schulin R, Nowack B. 2007. The effects of plants on the mobilization of Cu and Zn in soil columns. Environ Sci Technol, 41: 2770-2775.

Zhou D M, Cang L, Alshawabkeh A N, et al. 2006. Pilot-scale electrokinetic treatment of a Cu contaminated red soil. Chemosphere, 63 (6): 964-971.

Zhou D M, Chen H F, Cang L, et al. 2007. Ryegrass uptake of soil Cu/Zn induced by EDTA/EDDS together with a vertical direct-current electrical field. Chemosphere, 67: 1671-1676.

Zhou D M, Deng C F, Cang L. 2004. Electrokinetic remediation of a Cu contaminated red soil by conditioning catholyte pH with different enhancing chemical reagents. Chemosphere, 56: 265-273.

第5章　农田土壤中有机氯农药的解吸动力学及生物有效性

城郊污染农田土壤中持久性有机污染物的生物有效性是环境领域研究的热点之一（Cornelissen et al.，1998；Hawthorne and Grabanski，2000；Harmsen，2007）。研究表明，只有有效态组分才能对环境受体产生效应（Alexander，2000；Harmsen，2007），因此，污染物生物有效态浓度应该贯穿于以保护目标生物（包括人）为宗旨的污染土壤风险评估的全过程，这样才能明确回答典型城郊污染农田管理中面临的诸如“有没有风险”、“该不该修复”、“修复是否彻底”等问题，直接影响着管理决策的制定（Alexander，2000）。因此，污染物生物有效性研究是土壤环境风险评估发展、完善的内在需求和必然趋势（Harmsen，2007）。土壤中有机污染物的解吸过程与生物有效性存在密切的联系，因此建立解吸动力学测定方法、寻找不同解吸组分与生物有效性之间存在的关联具有重要的指导意义。

5.1　土壤有机污染物解吸动力学方法

5.1.1　吸附于 Tenax TA 的有机氯农药的回收率

Tenax TA 是一种树脂，具有孔隙多、比表面积大、吸收容量大等性质，可以吸附溶解于水相中的有机污染物，促使污染物从沉积物或土壤固相中不断解吸，从而实现对污染物的解吸。Tenax TA 密度比水小，因此可以实现与水相以及土壤固体的分离。实验结果如表5.1所示，吸附在0.2 g Tenax TA 上的有机氯农药用30 mL 有机溶剂（正己烷∶丙酮=1∶1）提取5 min，就可以有效地提取和回收，表明提取溶剂以及提取时间等可以满足实验要求。

表5.1　吸附于 Tenax TA 的有机氯农药的回收率

	回收率						
	α-HCH	HCB	γ-HCH	o,p'-DDE	p,p'-DDE	p,p'-DDD	p,p'-DDT
回收率/%	105	78.9	109	87.1	81.7	88.3	106

5.1.2　Tenax TA 吸附容量

从表 5.2 中可以看出，在 0.2 g Tenax TA 存在下，加入体系中的 2000 μg/kg 的有机氯农药可以被 Tenax TA 有效吸附，充分反映了 Tenax TA 的吸附容量大的特点。因此考虑到目前土壤中有机氯农药的残留水平（一般都低于 2000 μg/kg），当用 Tenax TA 提取土壤中可解吸态有机氯农药时，采用土壤与 Tenax TA 的质量比例为 5∶1 就可以满足大多数的土壤样品的要求。当然，针对高污染土壤，则可以在该基础上灵活地增加树脂的比例。

表 5.2　Tenax TA 对不同含量有机氯农药的吸附率　(单位:%)

有机氯农药	吸附率				
	50 μg/kg	100 μg/kg	500 μg/kg	1000 μg/kg	2000 μg/kg
α-HCH	105	101	100	98	101
HCB	82	85	88	79	80
γ-HCH	102	100	97	95	102
o,*p*′-DDE	91	88	94	89	90
p,*p*′-DDE	85	79	86	90	92
p,*p*′-DDD	88	85	93	86	90
p,*p*′-DDT	106	100	95	99	102

5.1.3　人工污染土壤中有机氯农药解吸动力学

采用 Tenax TA 研究人工污染土壤中有机氯农药的解吸动力学结果如图 5.1 所示，从图可以获知：①解吸过程存在快反应和慢反应，快反应过程发生在解吸过程的初期。在解吸初期的 10 min 内，有机污染物的解吸比例存在显著的差异，从 *p*,*p*′-DDD 的 15% 到 α-HCH 的 75% 不等，这一差异显示了有机氯农药分子从土壤固相解吸的难易程度。②当解吸 360 min 后，所有研究的有机氯农药 70% 以上从土壤固相上解吸进入水相。

必须指出的是，以上实验测定的结果尚不能真实反映实际土壤环境中持久性有机污染物的解吸动力学特征，只能在某种程度上显示污染物从土壤固相上解吸的趋势，因为污染物加入后只平衡了 24 h，没有经历老化作用过程，而该过程又是有机污染物在土壤中普遍存在的重要过程。因此，要深入认识污染物的解吸动力学特征，必须以自然老化污染土壤为研究对象，这样才能将污染物的特定解吸组分与其生物有效性联系起来，才能发挥解吸动力学研究的内在价值。

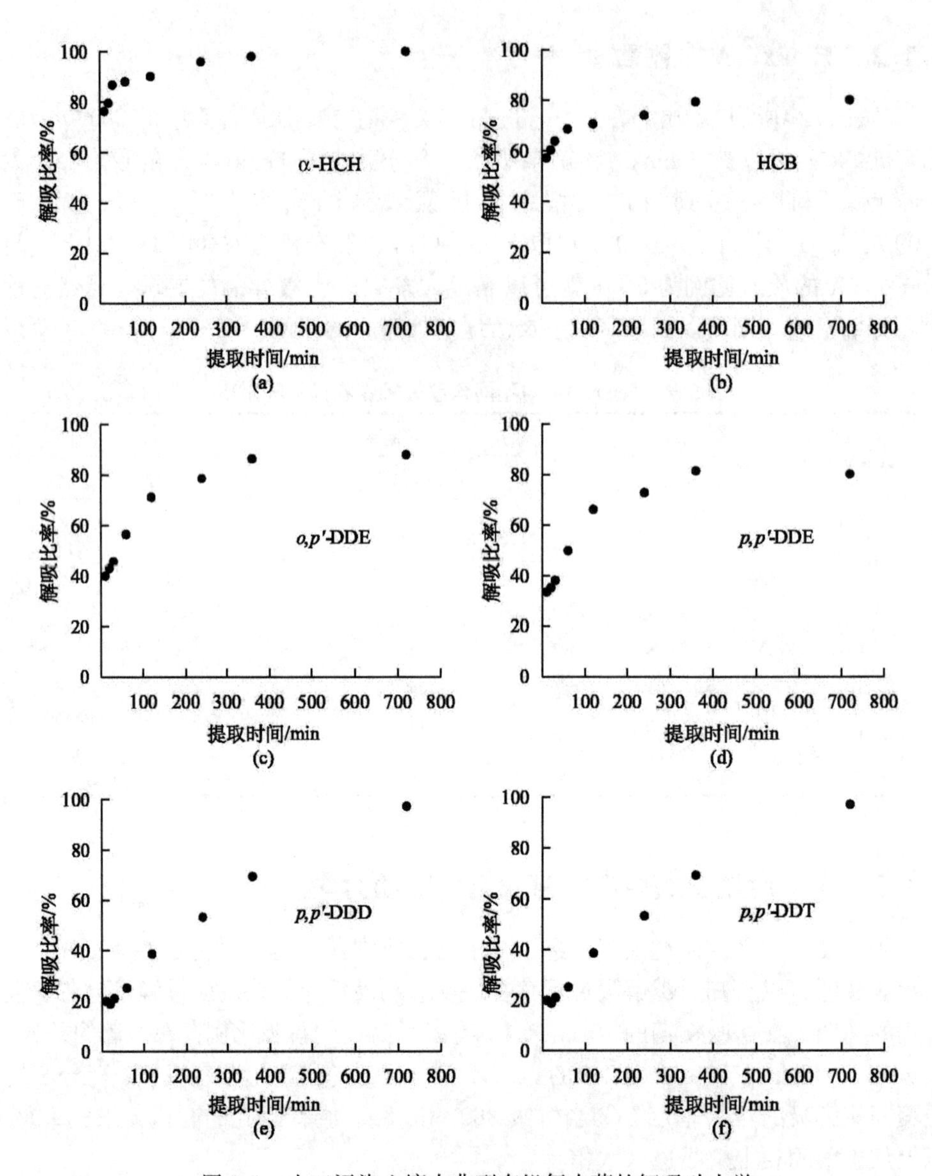

图 5.1 人工污染土壤中典型有机氯农药的解吸动力学

5.1.4 自然老化污染土壤中有机氯农药解吸动力学

大量研究表明，典型污染土壤中持久性有机污染物的解吸可以采用三段模型进行模拟（Cornelissen et al.，2001；Leppanen et al.，2003）。

$$\frac{S_t}{S_0}=F_r(e^{-k_r t})+F_{sl}(e^{-k_{sl} t})+F_{vl}(e^{-k_{vl} t}) \tag{5.1}$$

式中，S_t 表示土壤中污染物的最终浓度；S_0 表示土壤中污染物的初始浓度；F_r，F_{sl}，F_{vl}是快速、慢速和极慢速解吸组分占总量的比例；k_r，k_{sl}，k_{vl}（/h）是各组分的解吸速率常数。

由于长期大量施用含有 DDT 杂质的三氯杀螨醇，棉区土壤中 DDT 含量较高（表 5.3）。

表 5.3 棉地土壤样品中有机氯农药及降解产物含量

表层土	p,p′-DDE /(μg/kg)	p,p′-DDT /(μg/kg)	总和[a] /(μg/kg)	亚表层土	p,p′-DDE /(μg/kg)	p,p′-DDT /(μg/kg)	总和[a] /(μg/kg)
3 表层土	13.3	7.6	20.9	3 亚表层土	12.0	5.8	17.8
4 表层土	412.9	92.7	505.6	4 亚表层土	437.0	90.6	527.6
5 表层土	7.8	3.1	10.9	5 亚表层土	5.1	2.0	7.1
6 表层土	102.1	91.9	194.0	6 亚表层土	124.7	149.4	274.1
7 表层土	22.2	10.1	32.3	7 亚表层土	8.4	3.7	12.1
8 表层土	4.8	3.2	8.0	8 亚表层土	5.3	3.5	8.8
9 表层土	2.2	1.3	3.5	9 亚表层土	1.8	0.8	2.6
10 表层土	2.8	3.3	6.1	10 亚表层土	4.1	2.2	6.3
11 表层土	28.2	26.2	54.4	11 亚表层土	25.2	25.8	51.0
12 表层土	92.1	31.9	124.0	12 亚表层土	106.6	31.9	138.5
13 表层土	274.3	72.6	346.9	13 亚表层土	274.3	59.3	333.6
14 表层土	80.0	19.1	99.1	14 亚表层土	84.4	18.7	103.1
15 表层土	44.0	24.3	68.3	15 亚表层土	56.2	36.8	93.0
16 表层土	101.6	23.3	124.9	16 亚表层土	143.6	29.2	172.8
17 表层土	37.1	16.0	53.1	17 亚表层土	37.1	18.4	55.5
18 表层土	545.9	126.0	671.9	18 亚表层土	479.4	138.1	617.5
19 表层土	397.6	75.8	43.4	19 亚表层土	409.2	85.4	494.6
20 表层土	79.4	27.0	106.4	20 亚表层土	58.8	55.7	114.5
21 表层土	90.9	32.2	123.1	21 亚表层土	107.7	119.9	227.6
22 表层土	183.9	26.7	210.6	22 亚表层土	297.1	31.0	328.1
23 表层土	54.2	73.1	127.3	23 亚表层土	54.2	42.3	96.5
24 表层土	49.4	27.8	77.2	24 亚表层土	54.4	26.1	80.5
25 表层土	145.5	38.8	184.3	25 亚表层土	160.2	50.2	210.4
27 表层土	497.5	70.9	568.4	27 亚表层土	500.9	75.1	576.0

续表

表层土	p,p'-DDE /(μg/kg)	p,p'-DDT /(μg/kg)	总和[a] /(μg/kg)	亚表层土	p,p'-DDE /(μg/kg)	p,p'-DDT /(μg/kg)	总和[a] /(μg/kg)
28 表层土	135.9	42.6	178.5	28 亚表层土	152.2	43.8	195.9
29 表层土	91.4	45.6	137.0	29 亚表层土	89.0	49.0	138.0
30 表层土	205.1	46.8	251.9	30 亚表层土	211.2	56.9	268.1
31 表层土	181.3	58.0	239.3	31 亚表层土	254.8	66.3	321.1
平均值	138.7	39.9	178.6	平均值	148.4	47.1	195.5
SD[b]	152.5	31.9	179.5	SD[b]	153.2	40.4	181.8
范围	2.2～545.9	1.3～126	3.5～671.9	范围	1.8～500.9	0.8～149.4	2.6 617.5

注：a 为 p,p'-DDE 和 p,p'-DDT 浓度和；b 为标准偏差。

棉地土壤样品（编号为 18）中 DDT 的解吸动力学特征如图 5.2 所示。图中的实线是模型拟合线。从图可以看出，解吸 12 h 后，大约 70% 的 p,p'-DDE 和约 60% 的 p,p'-DDT 残留在土壤颗粒中；解吸 200 h 后，大约 55% 的 p,p'-DDE 和约 45% 的 p,p'-DDT 仍然未解吸；解吸 400 h 后，大约 52% 的 p,p'-DDE 和约 40% 的 p,p'-DDT 仍然残留在土壤颗粒中。自然污染土壤中 DDT 部分容易解吸而部分难以解吸是比较普遍的现象。通常的解释是吸附在土壤有机质或颗粒外围区域的组分容易解吸，而那些分配到有机质中以及迁移进入颗粒微结构孔隙中的组分则随着老化作用的进程逐渐难以解吸（Pignatello and Xing，1996）。

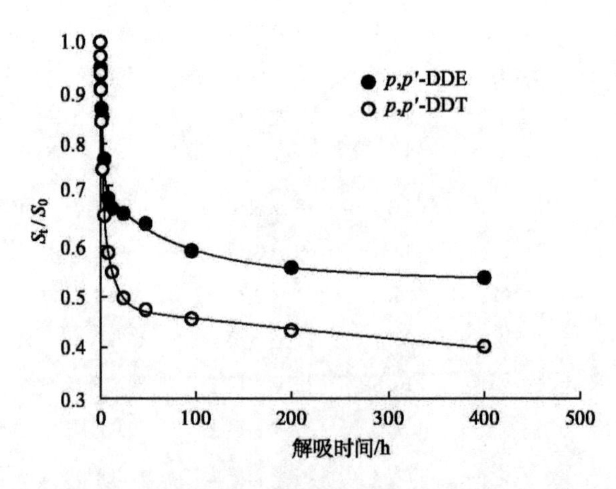

图 5.2 Tenax TA 连续提取表征棉地土壤中 DDT 的解吸动力学

通过模型模拟，计算获得 8 个棉地土壤样品中的各组分比例以及各组分的解吸速率常数（表 5.4），从表中可以看出，快解吸、慢解吸和极慢解吸组分的解吸速率常数分别在 10^{-1}、10^{-2}、10^{-4} 数量级范围内，在本研究所选定的污染土壤中，p,p'-DDE 的快速解吸、慢速解吸和极慢速解吸组分分别为 0.256～0.401、0.154～0.406 和 0.312～0.554，这些数据表明，在所研究的样品中大约 50% 的 DDT 不能从土壤中解吸。从模型计算出的组分可以反推各组分解吸完成所需要的时间，10 h 内以快速解吸组分为主，从 10～100 h，以慢速解吸组分为主，100 h 后，几乎为极慢速解析组分。解吸动力学特征参数可以反映出土壤污染特征，如表层土壤和亚表层土壤的解吸动力学统计分析无显著性差异，从而表明，该地区土壤受 DDT 污染有比较长的历史，通过长期人为翻耕、自然淋洗和迁移使表层和亚表层土壤中 DDT 的赋存状态趋于一致（Yang et al.，2008）。

表 5.4　部分棉地土壤样品（耗竭性提取浓度约 500 ng/g）中 DDT 的快速解吸、慢速解吸以及极慢速解吸组分和对应的解吸速率常数

样品名	F_r	k_r/h	F_{sl}	k_{sl}/h	F_{vs}	k_{vs}/h
p,p'-DDT						
4 表层土	0.283	0.155	0.363	0.074	0.354	0.0005
4 亚表层土	0.302	0.267	0.386	0.085	0.312	0.0005
18 表层土	0.293	0.626	0.229	0.094	0.478	0.0004
18 亚表层土	0.288	0.538	0.235	0.057	0.477	0.0003
19 表层土	0.378	0.122	0.259	0.062	0.363	0.0007
19 亚表层土	0.393	0.326	0.329	0.088	0.278	0.0006
27 表层土	0.313	0.539	0.126	0.030	0.561	0.0002
27 亚表层土	0.451	0.454	0.229	0.056	0.320	0.0009
p,p'-DDE						
4 表层土	0.256	0.855	0.390	0.053	0.354	0.0006
4 亚表层土	0.282	0.698	0.406	0.064	0.312	0.0008
18 表层土	0.291	0.451	0.154	0.013	0.554	0.0001
18 亚表层土	0.303	0.706	0.169	0.028	0.538	0.0002
19 表层土	0.274	0.216	0.311	0.078	0.415	0.0007
19 亚表层土	0.349	0.128	0.334	0.042	0.317	0.0008
27 表层土	0.358	0.237	0.323	0.078	0.319	0.0005
27 亚表层土	0.401	0.563	0.274	0.066	0.325	0.0009

注：F_r，F_{sl}，F_{vs}分别为快速解吸组分、慢速解吸组分和极慢速解吸组分。k_r，k_{sl}，k_{vs}（/h）是快速解吸、慢速解吸以及极慢速解吸速率常数。

快速解吸组分具有重要的意义，因为大量研究表明，生物有效性与快速解吸组分之间存在着显著的相关关系，因此快速解吸组分被作为土壤中持久性有机污染物生物有效性的预测因子之一（Cornelissen et al.，2001；Semple et al.，2004；Leppanen et al.，2003；Ten Hulscher et al.，2003；Kukkonen et al.，2004；Puglisi et al.，2007；You et al.，2007；De Weert et al.，2008；Trimble et al.，2008；You et al.，2008）。但是，从以上的动力学分析可以看出，要获得土壤中快速解吸组分往往需要花费上百小时，因此人们尝试尽力缩短该过程，并建立和发展出了单点提取技术（single-point extraction）（Cornelissen et al.，2001；Ten Hulscher et al.，2003；De Weert et al.，2008；van Noort et al.，2002；Landrum et al.，2007；Chai et al.，2007），研究表明，6 h 提取的量约为通过模型计算出的快速解吸组分的 1/2 倍，从而认为 Tenax TA 提取 6 h 所获得组分可以用来表征快速解吸组分。因为其快速、经济，在环境研究中有比较重要的价值和运用前景。表 5.5 是 22 个棉地土壤 Tenax TA 6 h 提取获得的组分。从表可以看出，表层土壤中 6 h 提取的 p,p'-DDE 和 p,p'-DDT 总和范围是 15.9～118.3 μg/kg，亚表层土壤中为 10.5～125.3 μg/kg，且统计分析表明，表层土壤和亚表层土壤中无显著性差异。

表 5.5 部分棉地土壤样品(耗竭性提取 DDT 浓度高于 50ng/g)Tenax TA 6 h 提取浓度

表层土	p,p'-DDE /(ng/g)	p,p'-DDT /(ng/g)	总和[a] /(ng/g)	亚表层土	p,p'-DDE /(ng/g)	p,p'-DDT /(ng/g)	总和[a] /(ng/g)
4 表层土	63.2	29.8	93.0	4 亚表层土	62.1	31.1	92.2
6 表层土	20.4	14.9	35.3	6 亚表层土	24.1	30.5	54.6
11 表层土	10.2	6.1	16.3	11 亚表层土	7.8	6.9	14.7
12 表层土	15.0	10.2	25.2	12 亚表层土	25.2	11.9	37.1
13 表层土	47.3	24.5	71.8	13 亚表层土	55.5	19.8	75.3
14 表层土	20.6	7.1	27.7	14 亚表层土	26.2	7.7	33.9
15 表层土	12.5	7.8	20.3	15 亚表层土	14.3	11.7	26.0
16 表层土	28.2	9.0	37.2	16 亚表层土	22.7	8.8	31.5
17 表层土	10.2	6.0	16.2	17 亚表层土	11.0	7.2	18.2
18 表层土	87.3	31.0	118.3	18 亚表层土	81.0	33.6	114.6
19 表层土	59.6	23.1	82.7	19 亚表层土	74.5	22.7	97.2
20 表层土	21.9	9.8	31.7	20 亚表层土	34.5	23.9	58.4
21 表层土	21.1	10.8	31.9	21 亚表层土	24.2	19.7	43.9
22 表层土	23.6	9.3	32.9	22 亚表层土	32.9	11.6	44.5

续表

表层土	p,p'-DDE /(ng/g)	p,p'-DDT /(ng/g)	总和[a] /(ng/g)	亚表层土	p,p'-DDE /(ng/g)	p,p'-DDT /(ng/g)	总和[a] /(ng/g)
23 表层土	7.5	8.4	15.9	23 亚表层土	7.5	9.9	17.4
24 表层土	14.6	9.8	24.4	24 亚表层土	1.2	9.3	10.5
25 表层土	33.5	10.1	43.6	25 亚表层土	23.1	18.2	41.3
27 表层土	98.0	16.5	114.5	27 亚表层土	101.2	24.1	125.3
28 表层土	22.2	14.5	36.7	28 亚表层土	25.6	12.5	38.1
29 表层土	15.2	11.7	26.8	29 亚表层土	17.0	13.7	30.7
30 表层土	30.8	15.9	46.7	30 亚表层土	32.7	18.3	51.0
31 表层土	22.5	21.3	43.8	31 亚表层土	29.3	21.4	50.7
平均值	31.2	14.0	45.1	平均值	33.3	17.0	50.5
SD[b]	24.8	7.5	30.8	SD[b]	25.8	8.2	32.3
范围	7.5～98.0	6.0～31.0	15.9～118.3	范围	1.2～101.2	6.9～33.6	10.5～125.3

注：a 为 Tenax TA 6 h 提取的 p,p'-DDE 和 p,p'-DDT 浓度之和；b 为标准偏差。

统计分析表明，Tenax TA 6 h 提取 DDT 含量与常规耗竭性提取的土壤中 DDT 含量之间存在显著的正相关关系（R^2＝0.91）［图 5.3（c)］。统计分析也表明，Tenax TA 6 h 提取的 p,p'-DDE 和 p,p'-DDT 组分与通过连续提取(400 h)计算获得的快速解吸组分之间存在限制的正相关关系（R^2＝0.82 和 0.74）［图 5.3（a)、（b)］。从回归曲线的斜率（0.54 和 0.47）有理由大致认为，Tenax TA 6 h 提取 DDT 含量约为快速解吸组分的 1/2 倍，结果与其他研究基本一致，从而再次表明，Tenax TA 6 h 提取方法可以作为快速简单测定土壤中持久性有机污染物快速解吸组分的可靠方法。

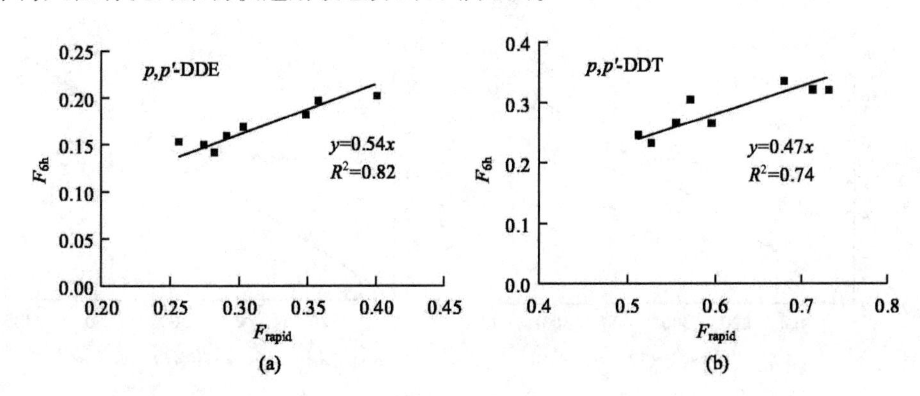

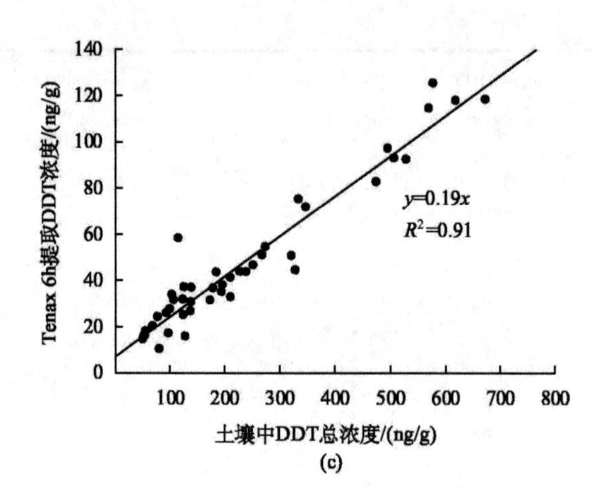

图 5.3 Tenax 6 h 提取组分与快速解吸组分之间的关系（a）、（b）；Tenax 6 h 提取的 DDT 浓度与耗竭性提取 DDT 浓度之间的相关性分析（c）

5.2 土壤中有机氯农药的解吸特征及生物有效性

常规耗竭性提取浓度、Tenax 6 h 提取浓度与胡萝卜中污染物浓度的相关性研究结果如图 5.4 所示。结果显示，Tenax 6 h 提取浓度与胡萝卜中污染物的累积浓度之间存在显著的正相关关系（p,p'-DDE $r^2=0.91$；p,p'-DDT $r^2=0.61$）。虽然 p,p'-DDE 的常规耗竭性提取浓度与胡萝卜中的污染物富集浓度之间也存在相关性，但 p,p'-DDT 的常规耗竭性提取浓度与胡萝卜中的污染物富集浓度之间不存在显著相关关系。表明采用树脂 6 h 提取组分来表征土壤中有机污染物的生物有效性比采用全量更具有科学性，即表明树脂 6 h 提取可以在一定程度上作为污染物的生物有效性的预测指标之一。

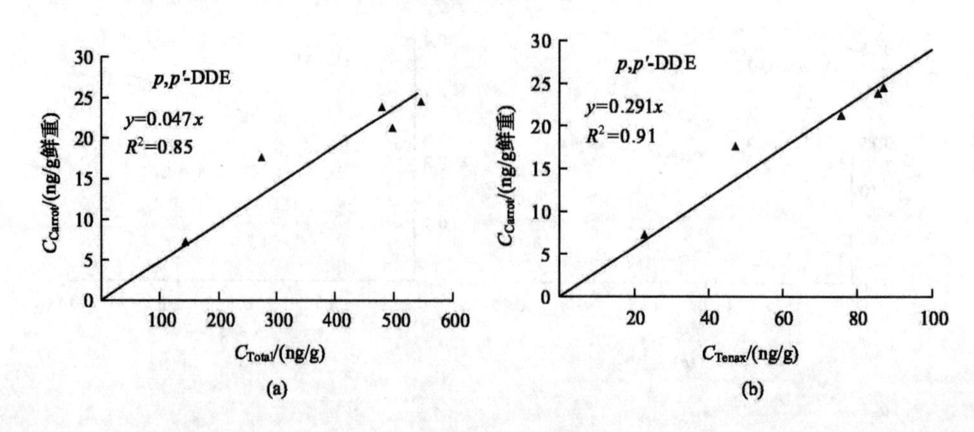

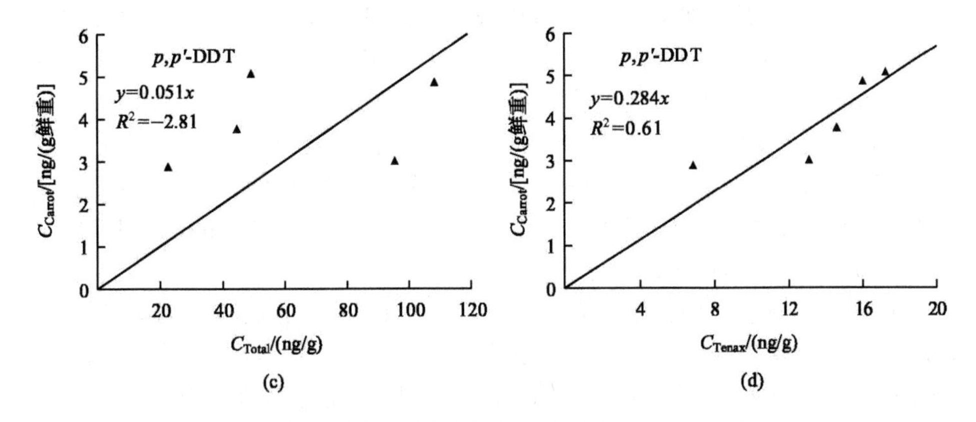

图 5.4　胡萝卜累积浓度分别与耗竭性提取浓度（a、c）以及 Tenax 6 h 提取浓度之间的相关性分析（b、d）

既然采用树脂 6 h 提取组分表征土壤中有机污染物的生物有效性比采用全量更具有科学性，那么，以树脂 6 h 提取浓度为基础计算胡萝卜的生物富集因子（BAF）比以耗竭性提取浓度为基础计算更具有科学性。从表 5.6 可以看出，以树脂 6 h 提取浓度计算的 BAF 比以总量计算的 BAF 大，前者约为后者的6 倍。理论上认为，若以生物有效态浓度为基准计算生物富集因子，在各浓度环境下计算的生物富集因子应该保持不变，因为在同一温度下同一物质在两个介质中的分配应该保持不变（Leppanen et al.，2003；Morrison et al.，1996）。从表 5.6 可以看出，基于树脂 6 h 提取浓度计算的 BAF 在各浓度下的变异小于基于全量计算的 BAF，p,p'-DDT 表现最为明显。因此，有理由认为采用树脂 6 h 提取浓度计算胡萝卜对土壤中 DDT 的生物富集因子更科学。

表 5.6　盆栽实验中胡萝卜对 DDT 的生物富集因子（BAF）

样品名	基于耗竭提取浓度的 BAF（C_{Aarrot}/C_{Total}）		基于 Tenax 6 h 提取浓度的 BAF（C_{Aarrot}/C_{Tenax}）	
	p,p'-DDE	p,p'-DDT	p,p'-DDE	p,p'-DDT
13 表层土	0.06	0.08	0.37	0.26
16 表层土	0.05	0.13	0.32	0.42
18 表层土	0.05	0.03	0.28	0.23
18 亚表层土	0.05	0.04	0.28	0.30
27 表层土	0.04	0.10	0.28	0.29
平均值	0.05	0.08	0.31	0.30

Tenax TA 提取快速解吸组分可以较好地表征土壤中 DDT 的生物有效性，因此尝试着将 Tenax TA 提取的快速解吸浓度运用于污染土壤的风险评价当中，图 5.5 是耗竭性提取浓度、快速解吸浓度以及 Tenax TA 6 h 提取浓度［采用商值法（以土壤环境质量标准为基础）评价］棉区土壤污染程度的结果。由图可以看出，若采用全量浓度，56 个样品中，有 12 个样品中的 DDT 在 50 ng/g 以下，40 个样品中的 DDT 在 50～500 ng/kg，有 4 个样品中的 DDT 浓度超过 500 ng/g，即约 74.1% 的土壤样品遭受中度污染，7.1% 的土壤遭受重度污染。然而，若采用快速解吸浓度，则有 75% 受中度污染，无样品受重度污染；若采用 Tenax TA 6 h 提取浓度，则只有 17.9% 的土壤受中度污染，无样品受重度污染。通过比较可以初步获知，采用全量进行风险评价，可能高估了风险。而采用与生物有效性密切相关的解吸浓度获得的评价结果可能更能反映真实的风险。

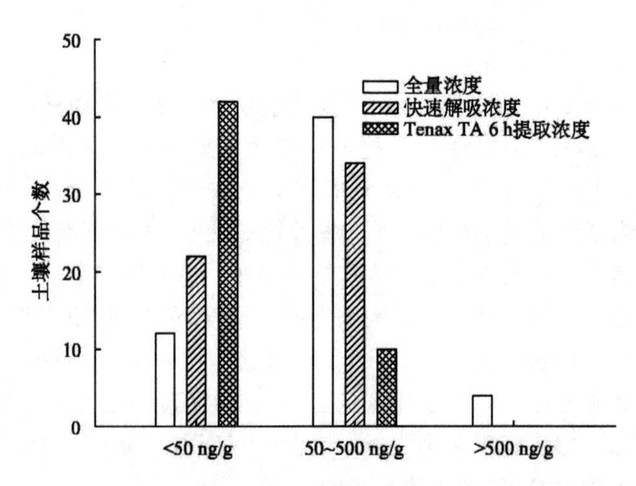

图 5.5 基于耗竭性提取 DDT 浓度、快速解吸浓度以及 Tenax TA 6 h 提取浓度的风险评价比较

但是，必须强调的是，采用解吸浓度进行的评价只是一种尝试，初衷是展示采用与生物有效态密切相关的浓度可能的结果，但该种比较还缺乏相关权威机构的认可，并且树脂提取的准确性还有待改善。采用解吸浓度替代传统的耗竭性提取浓度进行风险评价还有很长的路要走。

5.3 土壤中有机氯农药的温和提取及其生物有效性

温和溶剂提取（mild extraction）是研究土壤中持久性有机污染物的生物有效性的方法之一（Chung and Alexander，1998；Tang et al.，1999；Reid et al.，2000；Tao et al.，2006）。为了寻找能表征六氯苯（HCB）的生物有效性的方

法，将体积比为 3∶1 的正己烷/丙酮、乙醇、正己烷、水 4 种溶剂提取的土壤中 HCB 浓度（水稻生长始末土壤中 HCB 浓度的平均值）与水稻根中 HCB 的浓度进行相关性分析，结果如图 5.6 所示。各溶剂对土壤中 HCB 的提取能力依次为正己烷/丙酮＞乙醇＞正己烷＞水。4 种提取溶剂中，仅乙醇提取的土壤中 HCB 浓度与水稻根中 HCB 浓度显著正相关（r 为 0.829*），采用正己烷/丙酮和正己烷提取时，该相关性不显著（r 为 0.732、0.631），而水提取时该相关性最差（r 为 0.315）。表明采用乙醇提取的土壤中 HCB 含量能够较好地反映 HCB 在水稻根中的富集能力。

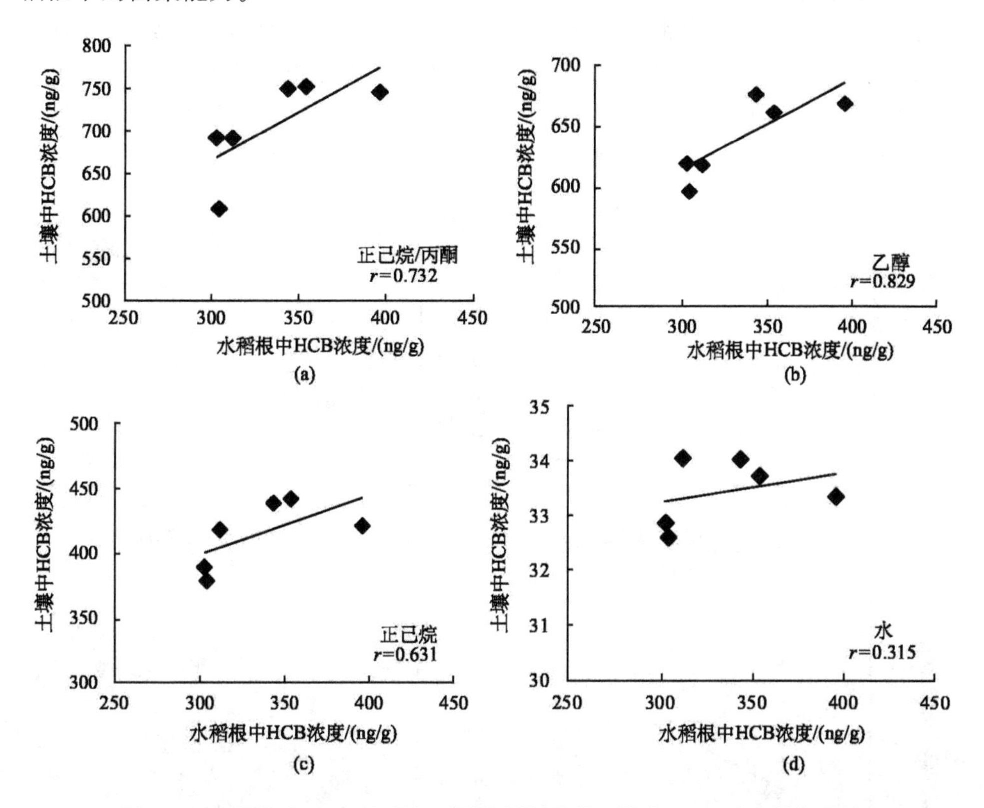

图 5.6　水稻根中 HCB 浓度与不同溶剂提取的土壤中 HCB 浓度的相关性

研究表明，持久性有机污染物（POP）的有效态组分包括溶于土壤溶液组分和与土壤松散结合的组分，因此，水稻根也可能吸收溶于土壤溶液和与土壤松散结合的 HCB。正己烷∶丙酮＝3∶1（体积比）作为一种耗竭性提取溶剂，能够提取出除与土壤紧密结合的土壤中的其他所有 HCB，因此不能反映 HCB 对水稻根的有效性。而乙醇作为一种温和溶剂，正好可能提取出溶于土壤溶液和与土壤松散结合的 HCB，因此能够较好地反映 HCB 在水稻根中的有效性。正己烷作为一种非极性溶剂，可能仅提取出部分有效态的 HCB，因此不能较好地反映水稻根对 HCB 的富集能力。而水仅能够提取出溶于土壤溶液和少部分与土壤松散结合的 HCB，因此也不能反映 HCB 在水稻根中的有效性。研究表明，高温高压下水的性质类似于有机溶剂，能够提取出非极性的有机污染物。本研究未能得出较好的结果，可能由于温度和气压不够高。

图 5.7 为水稻根中富集的 PeCB 与正己烷/丙酮（体积比为 3∶1）、乙醇、正己烷、水 4 种溶剂提取的土壤中 PeCB 量的相关分析结果。4 种溶剂对土壤中 PeCB 的提取能力为正己烷/丙酮＞乙醇＞正己烷＞水。乙醇提取的土壤中 PeCB 与水稻根中 PeCB 浓度的相关性最好（r 为 0.960**），其次为正己烷/丙酮和正己烷（r 为 0.940**、0.932**），仅水提取时该相关性未达到显著正相关水平（r 为 0.728）。表明正己烷∶丙酮＝3∶1（体积比）、乙醇、正己烷提取的土壤中 PeCB 含量均能反映 PeCB 在水稻根中的富集能力，其中乙醇的效果最佳。

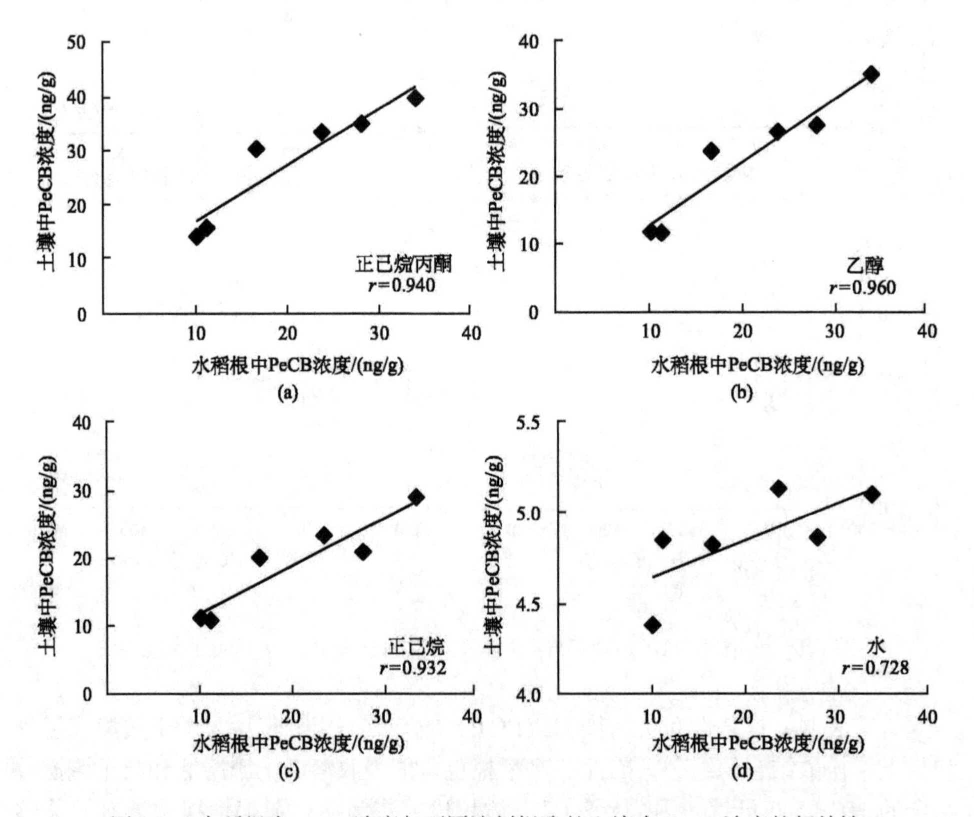

图 5.7 水稻根中 PeCB 浓度与不同溶剂提取的土壤中 PeCB 浓度的相关性

水稻根中 HCB、PeCB 浓度与 4 种溶剂提取的土壤中 HCB、PeCB 浓度的相关系数大小次序均为乙醇＞正己烷/丙酮＞正己烷＞水。而水稻根中 PeCB 浓度与各溶剂提取土壤中 PeCB 浓度的相关性均优于 HCB，其原因可能是：①乙醇作为温和溶剂，可能正好提取出土壤中有效态的 PeCB，因此能够评价 PeCB 在水稻根中的有效性；②由于 PeCB 的辛醇/水分配系数（K_{ow}=5.03）小于 HCB（K_{ow}=6.18），而 PeCB 的水溶解度（0.80 mg/L）大于 HCB（0.02 mg/L），因此土壤中结合态的 PeCB 较少，大部分 PeCB 为生物可利用的，因此耗竭性溶剂正己烷/丙酮提取的土壤中 PeCB 与水稻根中 PeCB 量呈显著正相关；③由于土壤中 PeCB 含量较少，正己烷能够提取出土壤中大部分有效态 PeCB，因此正己烷提取时该相关性也达到显著正相关水平；④水仅能提取出溶于土壤溶液和部分与土壤松散结合的 PeCB，因此不能反映水稻根对 PeCB 的富集能力。

采用溶剂提取方法评价同类污染物的生物有效性和生态风险具有一定的可行性。然而，本研究仅选择了 4 种提取溶剂，针对水稻根吸收富集 HCB 和 PeCB 来评价其生物有效性，且仅选择在红壤性水稻土和乌栅土中进行实验，对于其他类型的生物、土壤或污染物，甚至是同种条件下不同浓度的污染物，其结果都可能与本研究结果不一致，因为化学和生物因素均可能影响土壤中污染物的生物有效性。采用溶剂萃取的方法评价土壤中 POP 生物有效性方面的研究工作，目前还处于探索阶段，有必要进行深入系统的研究。

参考文献

Alexander M. 2000. Aging, bioavailability, and overestimation of risk from environmental pollutants. Environmental Science & Technology, 34: 4259-4265.

Chai Y Z, Qiu X J, Davis J W, et al. 2007. Effects of black carbon and montmorillonite clay on multiphasic hexachlorobenzene desorption from sediments. Chemosphere, 69: 1204-1212.

Chung N H, Alexander M. 1998. Differences in sequestration and bioavailability of organic compounds aged in dissimilar soils. Environmental Science & Technology, 32: 855-860.

Cornelissen G, Rigterink H, Ferdinandy M M A, et al. 1998. Rapidly desorbing fractions of PAH in contaminated sediments as a predictor of the extent of bioremediation. Environmental Science & Technology, 32: 966-970.

Cornelissen G, Rigterink H, ten Hulscher D E M, et al. 2001. A simple Tenax (R) extraction method to determine the availability of sediment-sorbed organic compounds. Environmental Toxicology and Chemistry, 20: 706-711.

De Weert J, De La Cal A, Van den Berg H, et al. 2008. Bioavailability and biodegradation of nonylphenol in sediment determined with chemical and bioanalysis. Environmental Toxicology and Chemistry, 27: 778-785.

Harmsen J, 2007. Measuring bioavailability: from a scientific approach to standard methods. Journal of Environmental Quality, 36: 1420-1428.

Hawthorne S B, Grabanski C B. 2000. Correlating selective supercritical fluid extraction with bioremediation behavior of PAH in a field treatment plot. Environmental Science & Technology, 34: 4103-4110.

Kukkonen J V K, Landrum P F, Mitra S, et al. 2004. The role of desorption for describing the bioavailability of select polycyclic aromatic hydrocarbon and polychlorinated biphenyl congeners for seven laboratory-spiked sediments. Environmental Toxicology and Chemistry, 23: 1842-1851.

Landrum P F, Robinson S D, Gossiaux D C, et al. 2007. Predicting bioavailability of sediment-associated organic contaminants for Diporeia spp. and Oligochaetes. Environmental Science & Technology, 41: 6442-6447.

Leppanen M T, Landrum P F, Kukkonen J V K, et al. 2003. Investigating the role of desorption on the bioavailability of sediment-associated 343′4′-tetrachlorobiphenyl in benthic invertebrates. Environmental Toxicology and Chemistry, 22: 2861-2871.

Morrison H A, Gobas F A P C, Lazar R, et al. 1996. Development and verification of a bioaccumulation model for organic contaminants in benthic invertebrates. Environmental Science & Technology, 30: 3377-3384.

Pignatello J J, Xing B S. 1996. Mechanisms of slow sorption of organic chemicals to natural particles. Environmental Science & Technology, 30: 1-11.

Puglisi E, Murk A J, van den Bergt H J, et al. 2007. Extraction and bioanalysis of the ecotoxicologically relevant fraction of contaminants in sediments. Environmental Toxicology and Chemistry, 26: 2122-2128.

Reid B J, Stokes J D, Jones K C, et al. 2000. Nonexhaustive cyclodextrin-based extraction technique for the evaluation of PAH bioavailability. Environmental Science & Technology, 34: 3174-3179.

Semple K T, Doick K J, Jones K C, et al. 2004. Defining bioavailability and bioaccessibility of contaminated soil and sediment is complicated. Environmental Science & Technology, 38: 228a-231a.

Tang J X, Robertson B K, Alexander M. 1999. Chemical-extraction methods to estimate bioavailability of DDT DDE and DDD in soil. Environmental Science & Technology, 33: 4346-4351.

Tao S, Jiao X C, Chen S H, et al. 2006. Accumulation and distribution of polycyclic aromatic hydrocarbons in rice (Oryza sativa). Environmental Pollution, 140: 406-415.

Ten Hulscher T E M, Postma J, Den Besten P J, et al. 2003. Tenax extraction mimics benthic and terrestrial bioavailability of organic compounds. Environmental Toxicology and Chemistry, 22: 2258-2265.

Trimble T A, You J, Lydy M J. 2008. Bioavailability of PCBs from field-collected sediments: application of Tenax extraction and matrix-SPME techniques. Chemosphere, 71: 337-344.

van Noort P C M, Cornelissen G, ten Hulscher T E M, et al. 2002. Influence of sorbate planarity on the magnitude of rapidly desorbing fractions of organic compounds in sediment. Environmental Toxicology and Chemistry, 21: 2326-2330.

Yang X L, Wang S S, Bian Y R, et al. 2008. Dicofol application resulted in high DDTs residue in cotton fields from northern Jiangsu province China. Journal of Hazardous Materials, 150: 92-98.

You I, Pehkonen S, Landrum P F, et al. 2007. Desorption of hydrophobic compounds from laboratory-spiked Sediments measured by tenax absorbent and matrix solid-phase microextraction. Environmental Science & Technology, 41: 5672-5678.

You J, Pehkonen S, Weston D P, et al. 2008. Chemical availability and sediment toxicity of pyrethroid insecticides to Hyalella azteca: application to field sediment with unexpectedly low toxicity. Environmental Toxicology and Chemistry, 27: 2124-2130.

第6章　农田土壤-大气-蔬菜系统中有机氯农药污染界面过程与机制

在我国，由于人口众多，农田的高度集约化生产导致大量的农药施用，其中不少是持久性有机氯农药，从而导致诸如城郊蔬菜地土壤中有机氯农药残留普遍。有机污染物在农田系统各介质界面进行着的迁移，使得土壤-大气-植物的途径成为有机污染物进入食物链的重要途径。在该途径中，有机污染物的迁移包括三种界面过程，即大气-蔬菜界面过程、土壤-大气界面以及土壤-作物根系界面过程。

持久性有机污染物在大气-植物界面上的迁移过程是导致蔬菜特别是叶菜污染的主要途径。研究工作主要围绕界面分配平衡（McLachlan et al.，1995；Thomas et al.，1998；Lee et al.，2000；Xu et al.，2003）、污染物在叶片中的累积部位开展（Komp and McLachlan，2000；Wild et al.，2004；2005）。有机污染物在土壤-大气界面的迁移也是导致作物污染的另一重要途径。作为持久性有机物的主要汇集场所以及整个生态系统物质交换和能量交换的中枢，土壤既是有机污染物的汇也是源（Harrad et al.，1994；Wild and Jones，1995；Duar-teDavidson et al.，1997）。土壤-大气界面上有机污染物的交换将导致作物污染（Hippelein and McLachlan，1998；Rippen，1995）。虽然大气沉降是持久性有机污染物进入植物的主要途径，但是在某些情况下，土壤-植物根系的途径占重要地位。例如，生长在土壤中的根系或块茎。这些残留的持久性有机污染物可能被土壤中的植物根系或块茎吸收，从而进入食物链，造成人类持久性有机污染物的暴露。

本章主要介绍持久性有机污染物在农田土壤-作物系统中的界面过程和农产品污染机制，为建立农产品污染阻控措施和安全生产规范、保护人体健康和环境安全提供重要的指导。

6.1　土壤-蔬菜界面有机氯农药的富集过程与机制

6.1.1　叶菜中污染物的富集特征

表6.1是两种土壤中有机氯农药通过土壤-大气界面过程在蔬菜叶片中的累积结果，通过非参数性检验的统计分析，可以分析各处理之间的差异性并从中寻找出富集特征信息。

表 6.1　各处理中蔬菜叶片中的污染物浓度

蔬菜品种	土壤类型	土中污染物浓度/(mg/kg)	蔬菜中污染物浓度/(ng/g)			
			α-HCH	HCB	p,p'-DDE	p,p'-DDT
油麦菜	红壤	0.5	61.30	50.63	36.00	133.57
		10	60.37	41.97	44.93	155.00
		50	451.47	56.00	64.73	138.67
	黄壤	0.5	52.67	15.97	20.83	129.60
		10	67.10	60.40	55.87	138.37
		50	1144.07	65.47	210.27	220.33
菠菜	红壤	0.5	381.73	111.77	112.10	140.00
		10	350.12	100.36	105.95	125.70
		50	1329.63	189.57	127.80	140.32
	黄壤	0.5	235.39	105.58	123.27	159.87
		10	240.47	111.00	112.10	168.23
		50	2472.57	206.00	146.67	159.77
蒜苗	红壤	0.5	69.83	58.37	63.53	170.50
		10	269.83	61.70	70.20	173.57
		50	926.83	115.20	126.13	176.40
	黄壤	0.5	86.23	52.80	56.13	141.93
		10	344.50	103.87	66.60	146.17
		50	1639.67	126.40	154.87	161.67

通过统计分析表明，并非所有的有机氯化合物在土壤中的浓度越高就意味着其在蔬菜中的浓度就越高。例如，在不同污染浓度的红壤中的油麦菜，其叶片中的有机氯化合物只有α-HCH具有显著差异性（$P<0.05$），并且只有当土壤中污染物浓度为50 mg/kg时才显著高于0.5 mg/kg的土壤，而10 mg/kg土壤中油麦菜体内的含量与0.5 mg/kg的土壤并没表现出显著性差异。而黄壤中的油麦菜，只有α-HCH和HCB表现出显著差异，与在红壤中一样，只有当土壤中污染物浓度为50 mg/kg时才显著高于10 mg/kg和0.5 mg/kg的土壤，而10 mg/kg土壤中油麦菜体内的浓度与0.5 mg/kg的土壤并没表现出显著性差异。从所有结果来看，似乎α-HCH和p,p'-DDE通过土壤-大气-蔬菜的途径在蔬菜中的积累容易受到土壤中浓度的影响，而其他有机氯化合物在该迁移过程中并没表现出随土壤浓度增加而最终在蔬菜中明显增加的趋势。即土壤中有机氯农药浓度差异所带来的土壤-大气界面上的浓度梯度差异并没有表现出有

机氯化合物在蔬菜中增加的结果。从而表明，有机氯化合物的理化性质在土壤-大气-蔬菜迁移途径中发挥着重要作用。从污染土壤到蔬菜中有机污染物的含量将由两个界面过程最终决定：一是土壤-大气界面过程的热力学过程和动力学过程，二是大气-蔬菜界面的热力学和动力学过程。具体而言，若土-气界面的热力学平衡系数小，即不利于有机氯化合物从土壤中挥发出来，而在气-蔬菜界面过程热力学平衡系数大，有利于有机氯化合物从大气进入蔬菜叶片当中，两个界面过程的共同合力也可能很小。

6.1.2　叶菜中污染物富集的影响因素

1. 土壤类型的影响

统计分析表明，不同土壤类型对有机氯化合物在土壤-大气-蔬菜界面的迁移过程产生显著的影响，特别是当污染土浓度为 50 mg/kg 时，两种土壤类型上的 3 种蔬菜均表现出显著的差异性，而且，当污染土壤浓度为 10 mg/kg 时，α-HCH和 p,p'-DDT 在两种土壤上的菠菜和蒜苗当中的浓度也具有显著差异。在此，土壤类型对整个迁移过程的影响主要作用于土壤-大气界面的迁移，因此可以认为有机氯化合物在黄壤中的挥发大于在红壤中的挥发。

土壤-大气分配平衡常数可以表示为（Karickhoff，1981）

$$K_{SA} = 0.411 f_{OC} \rho_b K_{OA} \tag{6.1}$$

式中，K_{SA}表示土壤-大气分配常数；f_{OC}表示土壤有机质的质量百分比；ρ_b 表示土壤容重；K_{OA}表示污染物的正辛醇-大气分配系数。在大气湿度、土壤表面温度等因素在统计学上没有显著的差异的情况下，土壤-大气界面过程主要取决于土壤有机质含量和土壤容重。

2. 蔬菜品种的影响

品种不同，蔬菜叶片中的有机氯化合物浓度则可能存在差异，统计分析表明，α-HCH 在实验设计的所有处理当中，在三种蔬菜中的浓度存在显著性差异；p,p'-DDT 在实验设计的所有处理中都不存在显著性差异；而 HCB 和 p,p'-DDE 在部分实验处理中存在显著性差异。例如，在红壤污染土浓度为 50 mg/kg 的情况下，α-HCH 在油麦菜、菠菜和蒜苗中的浓度分别为 451.47 ng/g、1329.63 ng/g 和 926.83 ng/g，三个浓度彼此存在显著性差异。这与其他研究结果比较一致，即有机化合物从大气向植物迁移富集的过程中存在植物种间差异。造成这些种间差异的原因主要是植物叶片的理化性质的差异，这种差异可能来自于如蔬菜叶片角质层中蜡质层的厚度和组成、叶片厚度、叶片比表面积、内部叶肉细胞中类脂肪物质含量以及该脂肪物质的性质等诸多因素或这些因素的共同作用（Barber et al. , 2004; Barber et al. , 2003; Bohme et al. , 1999; Hung et al. , 2001)。例如，就角质层而言，就可以细分为蜡质层、胶质层、细胞壁等亚单元。角质层的厚度一般为不足 1 μm 到大于 10 μm 不等。它们的结构可能是晶体蜡质，或非结晶型蜡质，甚至极性蜡质，构成了有效的输运屏障，有理由认为物质通过该屏障是具有选择性的，分子质量越大的化合物，越难通过。而叶片表皮细胞或叶肉细胞中的细胞壁、细胞质、液泡以及其中类脂肪物质的“含量”和“质量”，都将影响有机化合物在叶片中的迁移和积累。

3. 有机物理化性质的影响

已有的研究表明，有机化合物的理化性质与其在土壤-大气界面的迁移的程度和快慢都有显著的联系。而在这些理化性质当中，亨利常数（H）、H/K_{OW} 以及辛醇-大气分配系数（K_{OA}）与其在土壤-大气界面上的迁移都有着密切的联系(Ryan et al. , 1988; Wild and Jones, 1992; Wang and Jones, 1994a; Harner et al. , 1995; Hippelein and McLachlan, 1998)。

当将蔬菜放置在相对封闭的培养箱中培养时，从土壤中挥发出的有机氯化合物则主要富集在蔬菜叶片中，这种“强制”吸收可以间接反映有机氯化合物的理化性质与其在土壤-大气界面上的平衡分配之间的相关关系。在本实验中，污染土壤浓度为 50 mg/kg，从表 6.2 可以看出，在相对密闭的培养条件下，蔬菜中的有机氯化合物的浓度显著高于在开放培养条件下蔬菜中的浓度。例如，在相对密闭条件下黄壤中的蒜苗叶片中的 α-HCH、HCB、p,p'-DDE 和 p,p'-DDT 的浓度为 5670 ng/g、22 365 ng/g、3948 ng/g 和 694 ng/g，而在开放培养体系中，对应的浓度分别为 1640 ng/g、126 ng/g、155 ng/g 和 162 ng/g，前一体系中蔬菜叶片的浓度是后一体系蔬菜叶片浓度的4～200倍不等，这种观测结果也不难解释，因为封闭体系阻碍了有机氯化合物从大气中被吸收到蔬菜再次从蔬菜挥发到大气，而在开放体系中，这种再次挥发不断进行；α-HCH、p,p'-DDE 和 p,p'-DDT 在两体系中的浓度只有4～25倍的差异，而 HCB 则在两体系中的浓度相差近 200 倍，说明蔬菜吸收的 HCB 非常容易挥发而重新进入大气，而 α-HCH、p,p'-DDE 和 p,p'-DDT 相对于 HCB 被蔬菜吸收要牢固得多。与此同时，相关分析表明，封闭体系中蔬菜中浓度与各有机氯化合物的辛醇-大气分配系数的对数有显著的负相关关系（$P<0.01$）（图 6.1），从而表明，有机氯化合物在土壤-大气界面上迁移的过程深受其理化性质的影响，而其辛醇-大气分配系数可以作为优秀的预测参数。

表 6.2　相对密闭条件下有机氯化合物在蔬菜中的富集浓度

土壤类型	蔬菜品种	蔬菜中有机氯化合物浓度/ng/g			
		α-HCH	HCB	p,p'-DDE	p,p'-DDT
黄壤	蒜苗	5669.50	2 2364.60	3948.33	694.20
	菠菜	5110.00	4 1949.97	6981.13	1207.50
	油麦菜	7131.33	3 5162.77	6591.90	1258.83
红壤	蒜苗	7303.00	2 8645.00	5579.63	942.97
	菠菜	6714.30	3 9305.27	9917.30	1566.77
	油麦菜	8833.03	3 3816.10	5406.43	1002.70

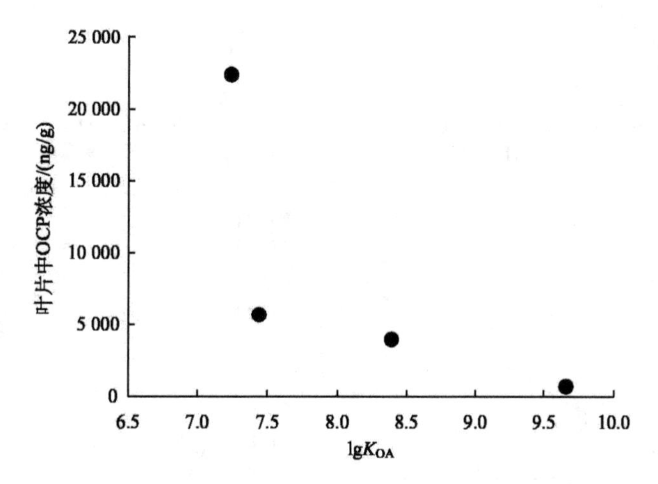

图 6.1　封闭体系中蔬菜中各有机氯化合物浓度与其辛醇-大气分配系数关系

6.2　大气-蔬菜界面有机氯农药的吸收过程与机制

6.2.1　吸收动力学特征

1. 吸收特征

植物-大气界面上持久性有机污染物的迁移过程通常采用一级吸收和消减动力学模型来描述（Paterson and Mackay，1991）

$$\frac{dC_L}{dt} = k_1 C_A - k_2 C_L \tag{6.2}$$

式中，C_L 表示叶片中有机污染物的浓度；C_A 表示有机污染物的大气浓度；t 为时间；k_1 和 k_2 分别表示吸收速率常数和消减速率常数。

在暴露的过程中，消减过程可以忽略，因此，暴露过程中吸收动力学模型为

$$C_L = k_1 C_A t \tag{6.3}$$

暴露箱中污染物的气态浓度可以看做保持不变，因此，在本实验的暴露时间内，蔬菜叶片中的浓度与暴露时间成正比，通过回归曲线的斜率，可以获得各化合物在蔬菜中的吸收速率常数。各有机氯化合物在蔬菜中的吸收动力学如图 6.2

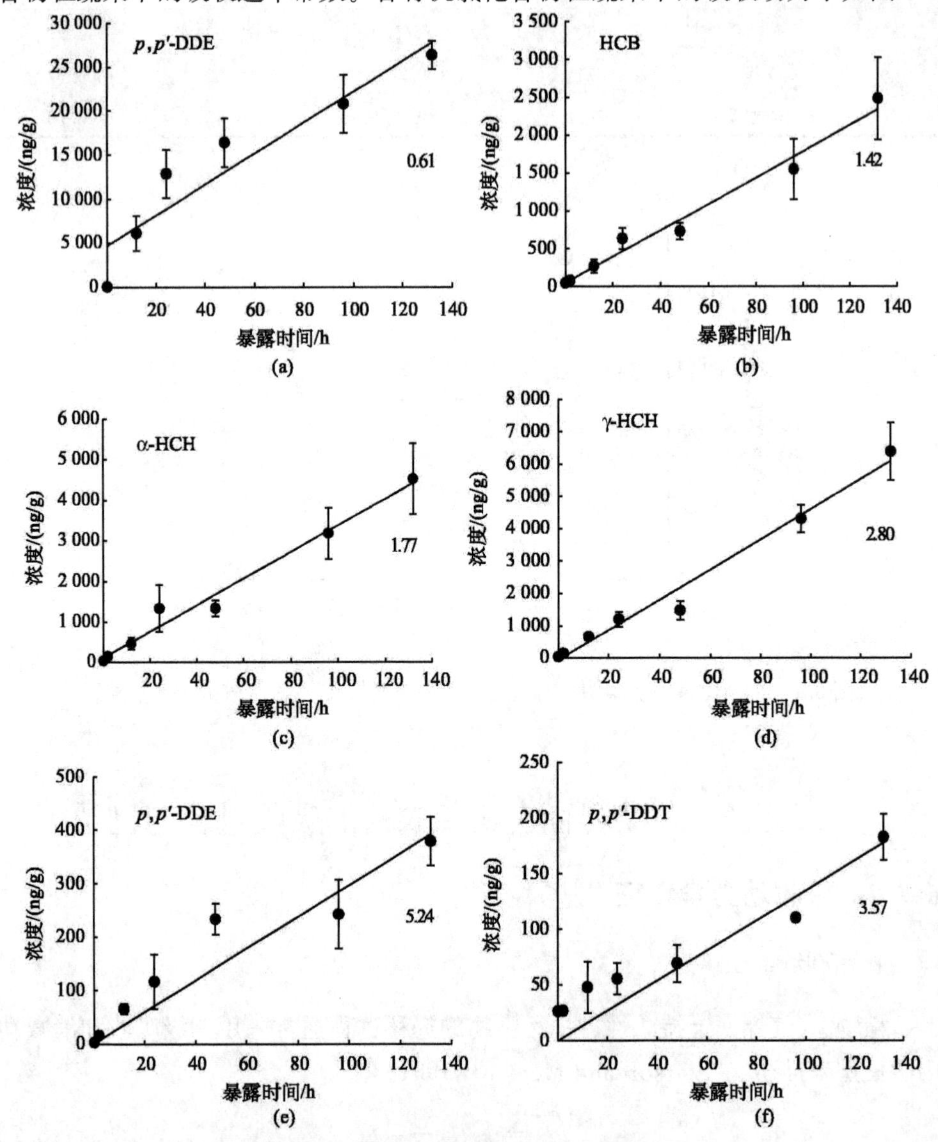

图 6.2　菜心对各有机氯农药（OCP）的吸收动力学

数据表示吸收速率常数

所示，从中不难看出，在同一蔬菜中，各有机氯化合物在蔬菜叶片上的吸收量以及吸收速率常数都存在一些规律。为了更直观比较，表6.3列出了各蔬菜对6种有机氯化合物的吸收速率常数。

表6.3 蔬菜对气态有机氯化合物的吸收速率常数

品种	化合物的吸收速率常数/(h)					
	QCB	α-HCH	HCB	γ-HCH	p,p'-DDE	p,p'-DDT
蒜苗	0.40	0.90	0.70	0.90	1.50	2.50
菜心	0.61	1.77	1.42	2.80	5.24	3.57
小白菜	1.20	1.98	1.55	2.58	4.76	2.33
木耳菜	0.34	0.63	0.69	0.92	2.46	0.87
菠菜	1.90	3.03	2.70	4.16	5.82	3.33
生菜	1.20	1.90	0.70	2.80	3.30	2.40
油麦菜	1.00	2.10	0.70	3.20	2.70	1.60

首先，各化合物在同一蔬菜中的吸收速率常数存在较大差异，如菜心中五氯苯（QCB）的吸收速率常数为0.61，而p,p'-DDT的吸收速率常数为3.57，二者相差约6倍。同时如图6.3所示，各化合物在蒜苗等蔬菜中的吸收速率常数与其辛醇-大气分配系数之间存在显著的相关性（$p<0.05$），而与其他的理化参数之间的相关性没达到显著水平，表明辛醇-大气分配系数可能是蔬菜-大气界面上有机氯化合物迁移行为的重要影响因素。但在所研究的7中蔬菜中，生菜和油麦菜中有机化合物的吸收速率常数与其辛醇-大气分配系数的相关性没达到显著性水平，可能的原因有待进一步研究。

其次，同一化合物在不同的蔬菜品种上的吸收速率常数存在差异。例如，α-HCH在木耳菜中的吸收速率常数为0.63，而在菠菜中的吸收速率常数却高达3.03，换句话说，在相同的暴露条件下，不同品种的蔬菜对大气中的有机氯化合物的吸收能力存在显著的差异，这种差异可能来自于如蔬菜叶片角质层中蜡质层的厚度和组成、叶片厚度、叶片比表面积、内部叶肉细胞中类脂肪物质含量以及该脂肪物质的性质等诸多因素或这些因素的共同作用。

最后，通过5天的暴露，不同蔬菜叶片中的同种有机物浓度存在差异，如表6.4，HCB在木耳菜中的浓度为1361 μg/kg，而在小白菜中的浓度为3208 μg/kg，二者相差约2倍，由此认为，这是由于蔬菜表面的微观差异。例如，突起、细芒等，导致边界层厚度的不同，从而导致同种有机氯化合物向叶片的供应效率的不同，大量研究认为，边界层厚度是大气中持久性有机化合物在大气-植物界面上迁移的重要阻抗因子（Barber et al.，2004）。同种蔬菜中的不同有机物的浓度也

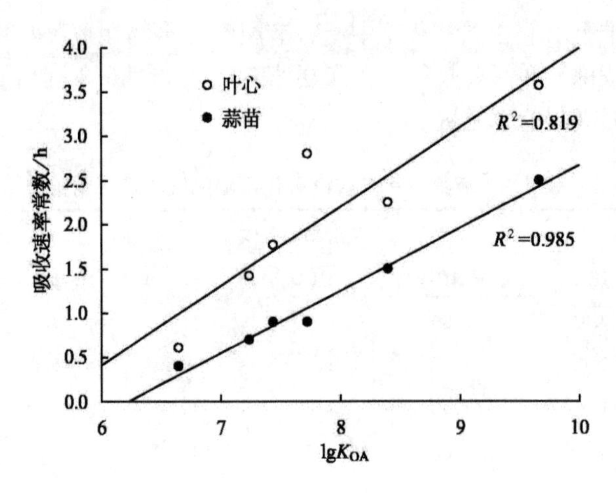

图 6.3 吸收速率常数与 OCP 理化性质线性相关分析

存在差异，如在小白菜中，QCB 的浓度为 17 186 μg/kg，而 p,p'-DDT 的浓度为 53 μg/kg。这里产生一个问题是，为什么吸收速率大的 p,p'-DDT 在叶片中的浓度反而小于吸收速率小的 QCB 在叶片中的浓度？这是因为根据吸收动力学模型，叶片中有机污染物的浓度不但取决于吸收速率常数，而且还取决于有机污染物的大气浓度。QCB 的吸收速率虽小，但其在暴露箱中的大气浓度比 p,p'-DDT 高得多，从而导致 QCB 在叶片中的浓度远高于 p,p'-DDT 的浓度。统计分析表明，在暴露过程中，叶片中有机氯农药的浓度与暴露箱中的大气浓度之间存在显著的正相关关系（$P<0.01$）。

表 6.4 人工暴露 5 天后蔬菜中有机氯农药的含量

化合物	5 天后的蔬菜中浓度/(μg/kg)			
	菜心	小白菜	木耳菜	菠菜
QCB	19 361	17 186	17 411	22 766
α-HCH	4 524	6 371	1 730	6 905
HCB	2 483	3 208	1 361	2 768
γ-HCH	6 394	7 115	2 306	803
p,p'-DDE	379	350	205	380
p,p'-DDT	69	53	60	116

2. 吸收与叶菜理化性质的关系

很显然，在为期 5 天的暴露过程中，各有机氯化合物在蔬菜中的吸收未达到平衡，因为若达到平衡，蔬菜中的浓度不会随时间的变化而变化，只会因大气浓度或者其他环境因素的变化而成比例的变化。研究表明，吸收动力学模型可以表示为（McLachlan，1999）

当 K_{OA} 较小时（$\lg K_{OA}<9$），

$$C_L = C_A m K_{OA}^n \tag{6.4}$$

式中，C_L 表示植物叶片中的污染物浓度；C_A 表示大气中污染物的浓度；K_{OA} 表示辛醇-大气分配系数；m 和 n 表示系数和指数。

当 K_{OA} 较大时（$9<\lg K_{OA}<11$），

$$C_L = C_A A v_{AA} t/V \tag{6.5}$$

式中，C_L 表示植物叶片中的污染物浓度；C_A 表示大气中污染物的浓度；A 表示植物叶片的表面积；v_{AA} 表示污染物在大气中的质量迁移系数；t 表示时间；V 表示植物叶片的体积。

通过以上两个公式，可以清楚地看出动力学吸收速率常数所代表的含义：对于 QCB、HCB、α-HCH、γ-HCH 以及 p,p'-DDE 而言，吸收速率常数的大小取决于自身的辛醇-大气分配系数以及蔬菜中类脂物质的辛醇当量（m 与 n 的大小决定）；而对于 p,p'-DDT，在各蔬菜中的吸收速率常数的大小则取决于蔬菜的体积比表面积以及其在大气中的质量迁移系数。因此，可以这样来理解有机氯化合物在蔬菜-大气界面上的迁移过程：对于如 QCB、HCB、α-HCH、γ-HCH 以及 p,p'-DDE 等化合物，其 $\lg K_{OA}<9$，它们从大气向蔬菜迁移过程取决于蔬菜的富集容量和自身的理化性质，而与蔬菜的比表面积无相关关系，即该类化合物在大气-蔬菜界面上的迁移机制为分配机制；而如 p,p'-DDT 的化合物，其 $9<\lg K_{OA}<11$，它们从大气向蔬菜迁移过程取决于大气供应通量的大小，因此蔬菜的比表面积将会影响该迁移过程，即该类化合物在大气-蔬菜界面上的迁移机

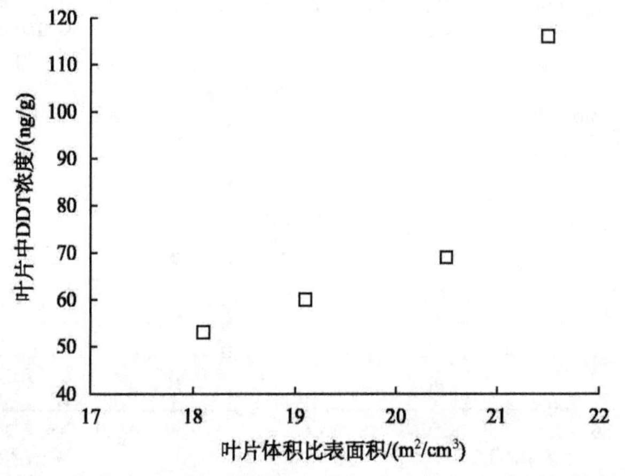

图6.4　蔬菜中有机氯农药的含量与叶片体积比表面积的关系

制为大气供应限制的分配机制。将暴露 5 天后 p,p'-DDT 在各蔬菜中的浓度与蔬菜的体积比表面积作图，从图 6.4 可以看出，p,p'-DDT 在各蔬菜中的浓度与其体积比表面积有显著的相关性（$P<0.05$）。可以认为，这两组化合物在从大气向蔬菜迁移过程中的吸收速率的影响因素不同，这可以通过实验所获得的吸收速率常数的大小规律反映出来，如 QCB、HCB、α-HCH、γ-HCH 以及 p,p'-DDE 在同种蔬菜中的吸收速率常数随着辛醇-大气分配系数的增大而增大，但 p,p'-DDT 的吸收速率常数却比 p,p'-DDE 低，虽然其辛醇-大气分配系数比后者大。

6.2.2 消解动力学特征

如图 6.5 所示，蔬菜中所有化合物的整个消减过程可以分为两个阶段，快速消减阶段和接下来的慢速消减阶段。前者大约持续 24 h，并将 5 天所吸收的有机氯化合物消减了很大部分；而后者在本实验中持续了 300 h 左右，该研究结果与其他研究比较一致（Barber et al.，2004）。在本实验中，同种蔬菜中各化合物的消减存在明显的差异，同种化合物在不同蔬菜中的消减过程以及消减结果也存在种间差异。结果导致在消减结束的时候，各化合物之间、各蔬菜之间的残留量存在显著的差异性。

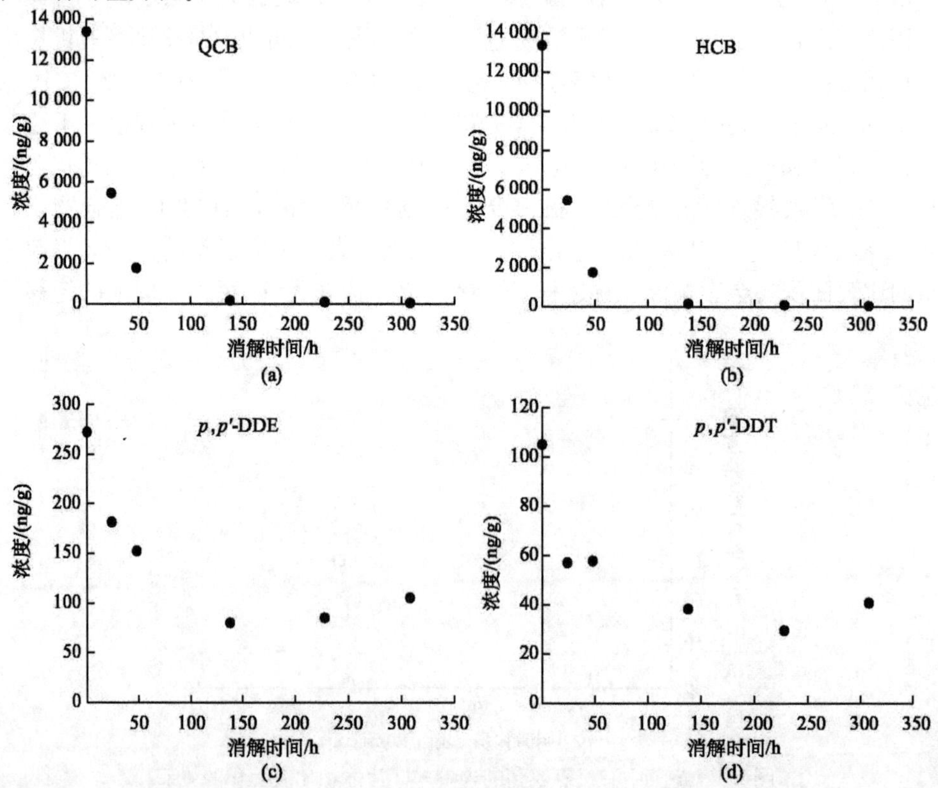

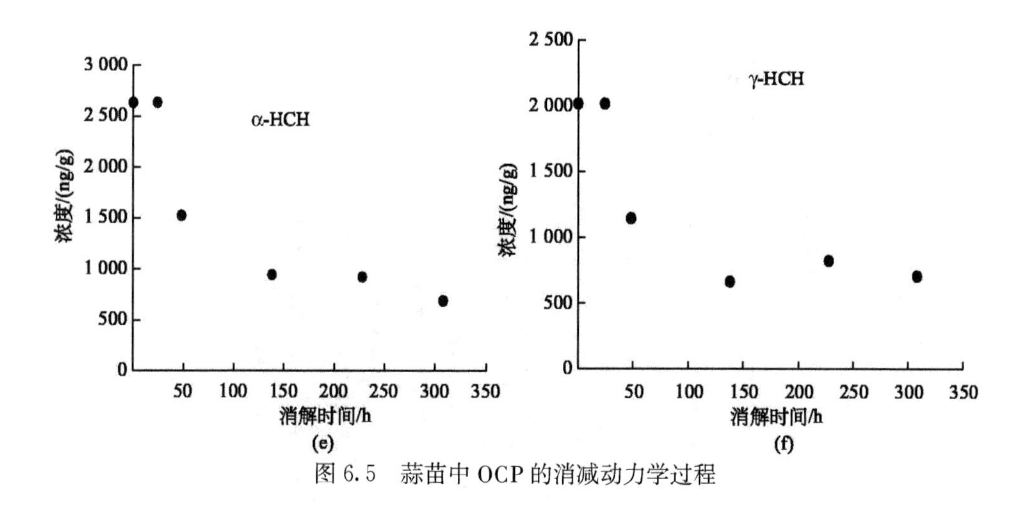

图 6.5　蒜苗中 OCP 的消减动力学过程

1. 快速消解过程

以生菜、油麦菜以及蒜苗为例，从图 6.6 可以看出，在最初的 24 h 中，QCB 在 3 种蔬菜中的消减速率最快，导致 5 天所积累化合物损失了 59.3% ～94.3% ，但是，p,p'-DDT 在 3 种蔬菜中的消减速率都远比 QCB 缓慢，只损失掉 14.2% ～59.8% 。而 HCB、α-HCH、γ-HCH 以及 p,p'-DDE 却有些特别，它们在生菜和油麦菜中的消减速率很快，48% ～90.5% 在最初的 24 h 消减；然而在蒜苗中的消减却相当缓慢，仅 0% ～33.4% 在最初的 24 h 消减。快速消减过程的差异充分表明了化合物之间的差异以及蔬菜种间的差异。当有机污染物到达植物表面后，植物对其的吸持能力取决于化合物和植物表面性质（Hiatt，1999)。就本实验结果而言，可以这样认为，当化合物的 $\lg K_{OA}<7.22$，如 QCB，不能被所选择的 3 种蔬菜牢固吸附；当化合物 $7.22<\lg K_{OA}<9.66$，则取决于蔬菜类型，其中蒜苗具有最大的吸持该类有机氯化合物的能力；当 $\lg K_{OA}>9.66$，如 p,p'-DDT，能被所选择的 3 种蔬菜牢固吸持。

2. 慢速消解过程

在消减过程中，可以将该过程作为一级动力学过程，那么，模型为

$$\ln C_L = \ln C_{L0} - k_2 t \tag{6.6}$$

式中，C_L 表示时间 t 时叶片中的污染物浓度；C_{L0} 表示叶片中污染物的初始浓度；k_2 表示污染物从叶片上消减速率常数；t 为时间。

从该方程可以看出，$\ln C_L$ 与消减时间 t 呈线形相关，它们的斜率为消减速率常数。利用该模型对慢速消减过程进行研究，获得了各化合物在蔬菜中的慢速消减速率常数。

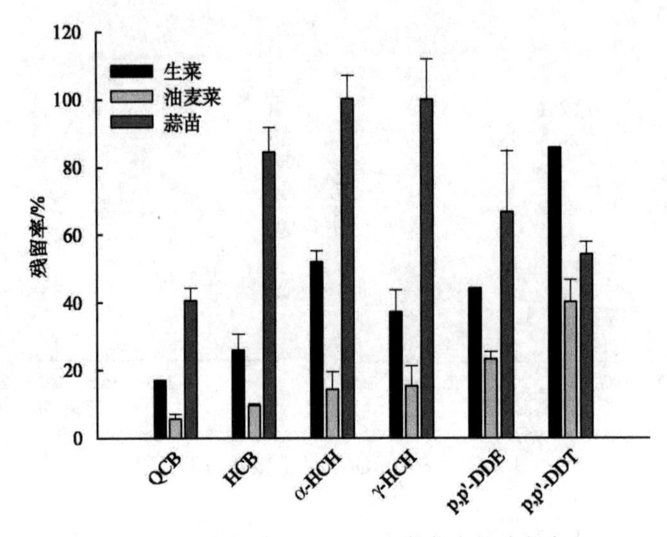

图 6.6 消减 24 h 后 OCP 在蔬菜中的残留率

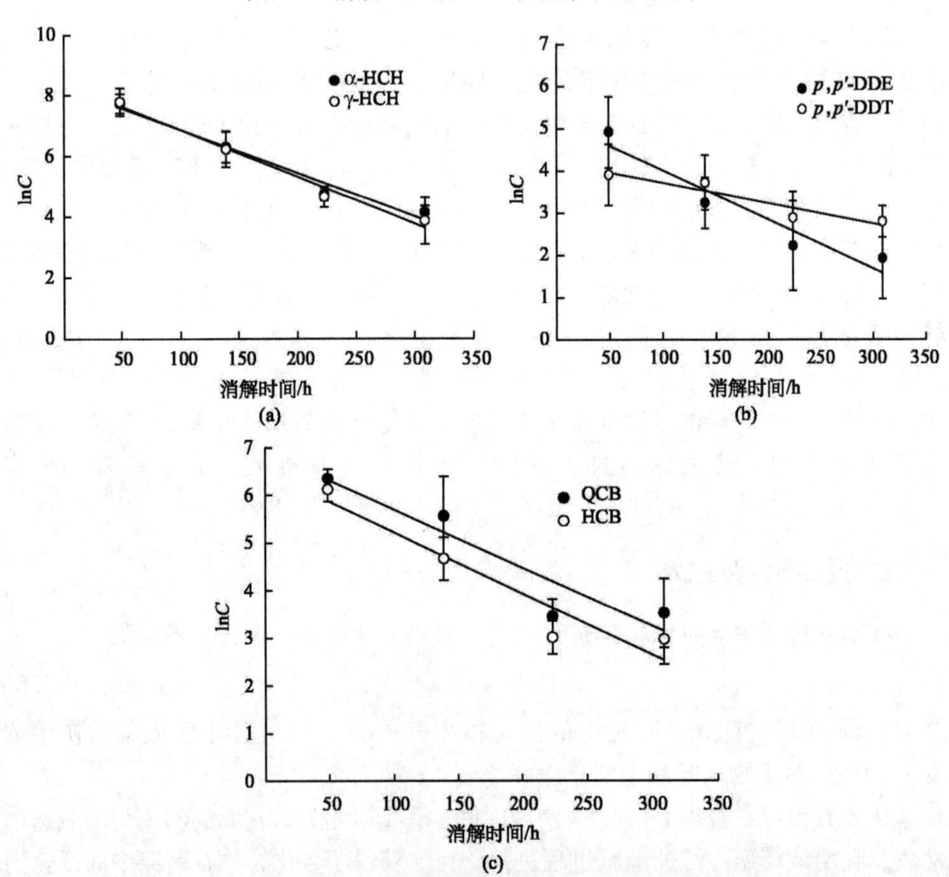

图 6.7 蒜苗中 OCP 的慢速消减过程，拟合直线的斜率表示消减速率常数

同样以生菜、油麦菜和蒜苗为例，从图 6.7 以及表 6.5 可以看出，QCB 在 3 种蔬菜中的消减速率常数非常相似，分别为 0.0139/h、0.0123/h 和 0.0162/h。HCB 和 p,p'-DDT 在 3 种蔬菜中的消减速率常数也很相似，但是，α-HCH、γ-HCH 以及 p,p'-DDE 却表现出另外一种情形，即在蒜苗上的消减速率常数远低于在生菜和油麦菜上的消减速率常数。例如，α-HCH、γ-HCH 以及 p,p'-DDE 在油麦菜上的消减速率常数分别为 0.0100/h、0.0101/h 和 0.0084/h，但在蒜苗上的消减速率常数则分别为 0.0040/h、0.0030/h 和 0.0021/h，前者分别是后者的 2.5 倍、3.4 倍和 4 倍。在本研究中似乎蒜苗能专性吸持 α-HCH、γ-HCH 以及 p,p'-DDE，这和快速消减过程的特点基本一致。

表 6.5　蔬菜中 OCP 消减速率常数汇总

品种	消减速率常数/(/h)					
	QCB	α-HCH	HCB	γ-HCH	p,p'-DDE	p,p'-DDT
蒜苗	0.0162	0.0040	0.0105	0.0030	0.0021	0.0018
菜心	0.0089	0.0018	0.0070	0.0010	0.0017	0.0009
小白菜	0.0088	0.0017	0.0016	0.0003	0.0009	0.0007
木耳菜	0.0140	0.0020	0.0059	0.0013	0.0011	0.0005
油麦菜	0.0122	0.0100	0.0109	0.0101	0.0084	0.0023
生菜	0.0139	0.0141	0.0126	0.0124	0.0076	0.0023

当考察不同化合物在同种蔬菜上的消减速率常数的变化规律时，可以发现，化合物的辛醇-大气分配系数越大，消减速率常数就越小。通过相关分析表明，二者之间存在显著的负相关关系（图 6.8）。

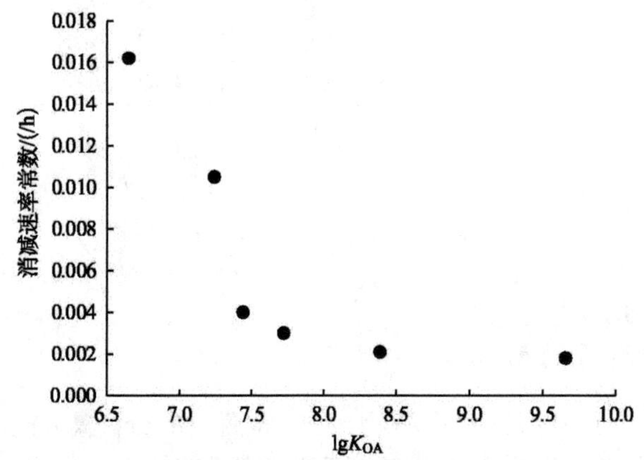

图 6.8　消减速率常数与有 OCP 辛醇-大气分配系数的关系

6.2.3　残留特征以及影响因素

1. 残留特征

快速消减过程和慢速消减过程的差异必将导致消减结束时蔬菜中各有机氯化

合物的残留差异。同样以生菜、油麦菜和蒜苗为例，如图 6.9 所示，当消减 308 h后，QCB 和 HCB 在 3 种蔬菜中的残留率几乎为零，仅有 0.21%～4.43% 还残留在蔬菜叶片当中，但是 p,p'-DDT 在 3 种蔬菜中的残留相对很高，残留率为 15.4%～44.7%。然而 α-HCH、γ-HCH 以及 p,p'-DDE 表现的情形要远比 QCB、HCB 和 p,p'-DDT 复杂，因为它们在 3 种蔬菜中的残留率存在显著的差异性（$P<0.05$），即它们在蒜苗中的残留率显著高于在生菜和油麦菜中的残留率。例如，γ-HCH 在蒜苗中的残留率高达 35%，但是在生菜和油麦菜中，γ-HCH 的残留率不足 0.9%。非常有趣的是，在消减初期，生菜和油麦菜中的 γ-HCH 浓度是蒜苗中的浓度的 1.5 倍和 2.6 倍，但是经过 308 h 后，蒜苗中 γ-HCH 的浓度是生菜和油麦菜叶片中的 16 倍和 34 倍。结果充分表明，α-HCH、γ-HCH 以及 p,p'-DDE 与蒜苗之间的相互作用要强于与生菜和油麦菜之间的相互作用。

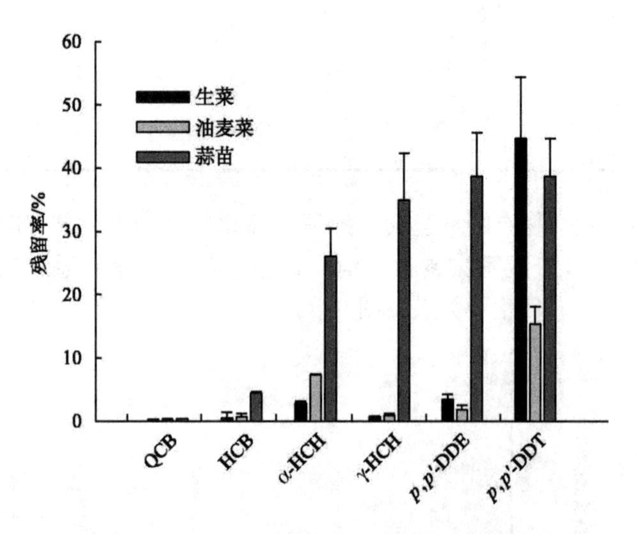

图 6.9 OCP 在不同蔬菜中的残留差异比较

2. 温度对残留的影响

温度对持久性有机污染物在植物-大气界面上的分配影响强烈，研究表明，不同温度下蔬菜-大气界面上的平衡分配常数满足范特霍夫公式

$$\frac{\mathrm{d}(\ln K)}{\mathrm{d}(1/T)}=\frac{\Delta H_{\mathrm{va}}}{R} \tag{6.7}$$

式中，T 为温度；ΔH_{va}为化合物在植物-大气界面上的相变焓；R 为气体常数；K 表示污染物在植物-大气界面上的分配常数。

从公式可以看出，$\ln K$ 与 $1/T$ 呈正比关系。不少研究结果证实二者之间线性相关显著（Komp and McLachlan，1997；Lee et al.，2000）。在自然环境中，由于温度的变化，植物-大气界面上有机化合物的分配随温度的变化而呈现出周期性日变化和季节性变化。对于同系物之间，随温度变化，分子质量大的比分子质量小的变化的幅度大，即分子质量大的化合物受温度的影响更显著。

通过将污染后的蔬菜放在不同温度条件下的培养箱内经过 216 h 的消减，测定不同温度下残留率的变化。因为培养箱相对于温室等环境而言比较封闭，所以，在消减结束的时候，依然还有相当高的残留（表 6.6）。但这并不影响我们对残留差异的观测。首先，低温条件下，各蔬菜上的各种化合物的残留率都明显高于高温下其对应的残留率；其次，温度对不同有机氯化合物在同种蔬菜上的残留率的影响程度不同，并表现出一定的规律，即 lgK_{OA}越大的化合物其受温度影响的程度就越大。例如，在生菜上，温度的改变引起 QCB 的残留率从 5.9% 减小到 0.4%；而对于 p,p'-DDT，残留率从低温下的 80.9% 下降到高温下的 25.3%。统计分析表明，温度所引起的残留率的差异与有机氯化合物的 lgK_{OA}之间呈显著的正相关（$P<0.05$）。最后，α-HCH、γ-HCH 和 p,p'-DDE 在蒜苗上的残留率高于在生菜和油麦菜上的。

表 6.6　不同温度下蔬菜中有机氯化合物的残留（%±SD）比较

化合物	在不同温度下消减 216h 后蔬菜中的残留率/%					
	生菜		油麦菜		蒜苗	
	10℃	30℃	10℃	30℃	10℃	30℃
QCB	5.9	0.4	3.5	0.3	4.7	0.3
HCB	5.2	0.8	6.9	1.0	26.1	4.6
α-HCH	15.8	1.8	10.8	1.5	52.2	26.8
γ-HCH	21.8	3.2	20.3	2.6	70.3	37.0
p,p'-DDE	19.2	3.5	23.7	4.0	48.9	24.7
p,p'-DDT	80.9	25.3	72.4	21.5	85.8	27.0

本实验的结果表明，在农田生态系统中，有机氯农药在蔬菜中的富集浓度可能存在季节性的变动。例如，DDT 在蔬菜中的浓度表现出冬天高于夏天，但是，QCB 在蔬菜中的浓度可能不会表现出这样的变化规律，而是周年都维持在一个浓度下，因为温度的改变对它在蔬菜-大气界面上的平衡分配系数的影响不如对 DDT 的影响那样强烈。其他研究也揭示了这样的规律，如松针中的分子质量大的 PAH 冬天的浓度明显高于夏天，而对于分子质量小特别是 lgK_{OA}小于 7 的 PAH 则在松针中的浓度并不表现出这样的规律（Smith et al.，2001）。因此，本实验的研究结果可以为有机氯农药在区域/全球循环过程中所表现的时空变化趋势提供有用的参考。

6.3 土壤-根系界面有机氯农药的迁移过程与机制

6.3.1 胡萝卜对土壤中有机氯农药的富集

1. 土壤中污染物浓度

表 6.7 为实验结束时，各处理中土壤的可提取态有机氯化合物的浓度。从表中不难看出，污染物浓度水平高的处理，最终可提取态的含量也高。另外，通过两样本 t 检验发现，土壤有机质含量将显著影响 p,p'-DDE 和 p,p'-DDT 可提取量，即土壤有机质含量越高，土壤中 p,p'-DDE 和 p,p'-DDT 被提取出来就越难。土壤类型也对 α-HCH 和 p,p'-DDT 的可提取态的含量有显著影响，但对于 HCB 和 p,p'-DDE 则未表现出显著的差异。

表 6.7 胡萝卜收获时土壤中有机氯农药浓度

土壤类型	有机质	污染水平/ppm	土壤中有机氯农药浓度/(ng/g)			
			α-HCH	HCB	p,p'-DDE	p,p'-DDT
黄壤	0%	0	4.41	6.65	5.85	12.05
		0.5	32.10	140.64	128.05	103.89
		1	83.42	680.74	527.38	396.27
	1%	0	4.82	5.23	5.36	14.30
		0.5	35.41	150.72	166.05	136.56
		1	66.56	561.61	476.86	333.97
红壤	0%	0	2.54	5.16	5.02	8.20
		0.5	40.06	150.50	138.22	116.47
		1	68.52	636.06	400.74	241.20
	1%	0	6.25	5.02	5.71	6.37
		0.5	41.49	197.28	150.23	183.78
		1	62.93	556.25	355.53	177.62

注：1 ppm=10^{-6}，后同。

2. 胡萝卜中有机氯浓度

表 6.8 和表 6.9 分别是各处理中胡萝卜根和叶中有机氯农药的含量，胡萝卜根与叶对各有机氯化合物都有一定的吸收。可以看出，胡萝卜中 α-HCH 和 HCB 的浓度要远大于 p,p'-DDE 和 p,p'-DDT，前者是后者几倍到十几倍不等。通过表 6.7 和表 6.8 可计算出各处理中胡萝卜根对应的生物富集因子。可以看出，胡萝卜中污染物浓度因土壤类型、有机质含量以及污染土浓度不同表现出一定的

差异。

表 6.8　胡萝卜根中有机氯化合物的浓度

土壤类型	有机质	污染水平/ppm	胡萝卜中有机氯农药的浓度/(ng/g)			
			α-HCH	HCB	p,p'-DDE	p,p'-DDT
黄壤	0%	0	2.21	2.00	1.05	4.94
		0.5	80.89	113.92	21.77	15.58
		1	190.20	163.38	42.19	23.78
	1%	0	1.93	1.31	0.27	0.29
		0.5	66.92	70.84	16.60	12.29
		1	114.48	112.32	28.61	16.70
红壤	0%	0	3.51	2.99	0.25	0.41
		0.5	141.01	135.45	16.59	18.64
		1	148.00	222.62	24.04	19.30
	1%	0	8.44	1.86	0.29	0.19
		0.5	61.41	94.69	15.02	25.73
		1	92.51	183.56	24.89	12.43

表 6.9　胡萝卜叶片中有机氯化合物的浓度

土壤类型	有机质	污染水平/ppm	胡萝卜叶中有机氯农药浓度/(ng/g)			
			α-HCH	HCB	p,p'-DDE	p,p'-DDT
黄壤	0%	0	11.03	16.14	2.32	12.33
		0.5	47.42	57.91	7.53	11.54
		1	50.64	58.89	9.74	10.08
	1%	0	34.81	16.83	6.41	9.37
		0.5	54.62	60.48	5.82	14.50
		1	48.33	62.92	6.09	10.08
红壤	0%	0	23.49	52.92	5.94	8.00
		0.5	75.93	58.72	6.73	10.92
		1	54.23	77.76	11.11	8.01
	1%	0	22.47	31.31	3.69	8.88
		0.5	36.11	43.35	5.19	8.45
		1	51.06	64.56	10.44	9.65

6.3.2　影响胡萝卜富集土壤有机氯农药的因素

1. 浓度的影响

胡萝卜根中有机污染物含量随污染土中有机氯化合物的含量增加而增加，与此同时，从图 6.10 也可以看出，胡萝卜中的 α-HCH 和 HCB 的含量随土壤中其含量的增加而增加的程度要远比 p,p'-DDE 和 p,p'-DDT 增加的程度大。这预示着有机氯化合物在土壤-胡萝卜界面上的迁移可能与自身的理化性质密切相关。许多研究者认为，在土壤中，有机化合物的迁移扩散是其被吸附到胡萝卜中的主要机制，若化合物在土壤中的扩散系数相对较大时，增加浓度将增加其扩散到胡萝卜表面的机会，从而导致其在胡萝卜中的浓度增加显著；但若化合物在土壤中的扩散系数相对较小时，增加浓度对增加其扩散到达胡萝卜表面的机会的影响不会很大，因此胡萝卜中的浓度增加也不会很明显。从这个角度来讲，α-HCH 和 HCB 在土壤中的迁移扩散要远比 p,p'-DDE 和 p,p'-DDT 快，从而导致胡萝卜中的 α-HCH 和 HCB 的含量随土壤中的含量增加而增加的程度要远比 p,p'-DDE 和 p,p'-DDT 增加的程度大。

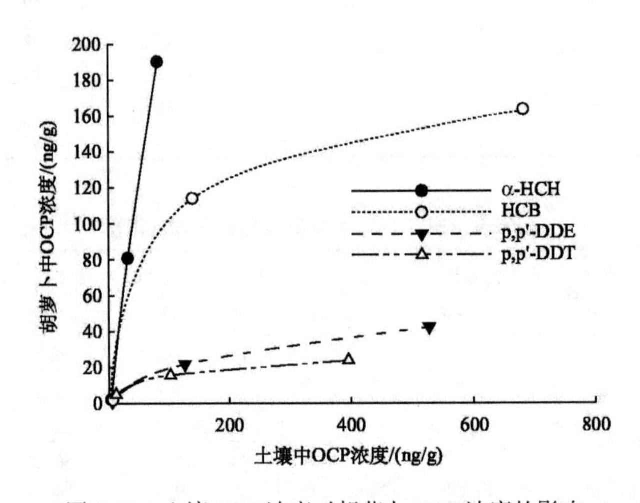

图 6.10 土壤 OCP 浓度对胡萝卜 OCP 浓度的影响

通过计算可知，胡萝卜对土壤中的有机氯化合物的生物富集因子较小，除 α-HCH 外，胡萝卜对土壤中其他 3 种有机氯化合物的生物富集因子都小于 1。总体而言，胡萝卜对所研究的 4 种有机氯化合物的生物富集因子大小顺序为 α-HCH＞HCB＞p,p'-DDE＞p,p'-DDT；并且从图 6.11 可以看到，土壤中有机氯农药含量高，对应的胡萝卜的生物富集因子反而小。例如，胡萝卜在有机氯化合物浓度为 0.5 mg/kg 的土壤中对 HCB、p,p'-DDE 和 p,p'-DDT 的生物富集因子是其在 1 mg/kg 土壤的 2～3 倍，这与其他人的研究结果一致（Wang and Jones，1994b）。

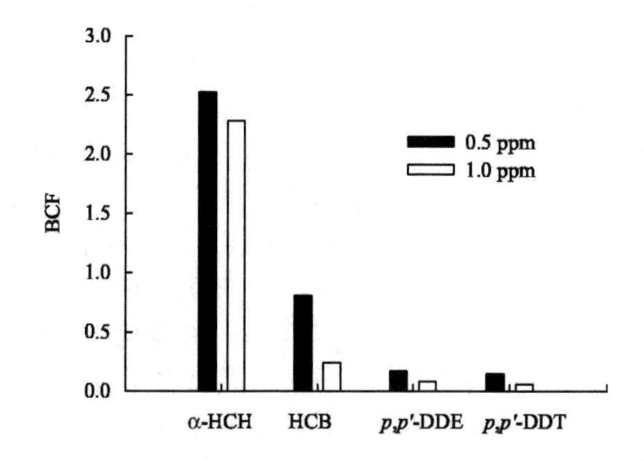

图 6.11　土壤有机氯农药浓度对胡萝卜生物富集因子的影响

2. 土壤中有机质的影响

不同有机质处理水平对土壤中可提取态有机氯化合物，特别是对 p,p'-DDE 和 p,p'-DDT 的可提取态含量有显著的影响，因此，有机质含量可能对胡萝卜中有机氯化合物的浓度以及对其的生物富集因子产生显著的影响。随着有机质含量的增加，胡萝卜中的有机氯化合物的浓度降低，统计分析表明，除 p,p'-DDE 外，其他 3 种化合物在 4 种处理中都达到显著性水平（$P<0.05$）。可能的原因是有机氯化合物被土壤中有机质吸附，减小了有机氯化合物在土壤中的水溶解性，从而减缓了有机氯化合物在土壤中扩散的趋势，因此，扩散到达胡萝卜的量也必将随之减小。

3. 土壤类型的影响

土壤类型的不同导致胡萝卜对 HCB 的吸收浓度在 4 种处理（黄壤＋低污染水平，黄壤＋高污染水平，红壤＋低污染水平，红壤＋高污染水平）中都存在显著性差异；而对 α-HCH 和 p,p'-DDE 吸收只在部分处理中存在显著性差异；对 DDT 的吸收则仅在一种处理中存在显著性差异。与有机质含量对胡萝卜吸收有机氯农药的影响相比较，可以认为，有机质含量对胡萝卜吸收有机氯农药的影响比土壤类型所产生的影响大。

4. 有机氯农药的理化性质的影响

Trapp 等（2007）在研究萘、菲、荧蒽等 PAH 通过纯水、马铃薯以及胡萝卜薄片的扩散速率的时候发现，马铃薯薄片以及胡萝卜薄片扩散速率与纯水中的扩散速率的比值只由薄片的表面积以及其含水量决定，因此认为，疏水性有机物扩散进入胡萝卜的通道是胡萝卜组织中的孔隙水，这与 Wild 等（2006）采用双光子显微镜实时观测菲在植物叶片中的扩散规律时所提出的扩散机制基本一致，但后者认为除水通道外，还有原生质通道。Trapp 等还发现，各化合物在马铃薯薄片或胡萝卜薄片上的生物富集因子与其辛醇-水分配系数呈显著负相关，从而再次表明组织中的孔隙水对于化合物扩散的重要性。

在本研究中，胡萝卜对所研究的 4 种有机氯化合物的生物富集因子大小顺序为α-HCH＞HCB＞p,p'-DDE＞p,p'-DDT，在不同处理中均表现出这样的规律，从而表明胡萝卜对有机氯农药的生物富集因子与其理化性质之间有着密切的联系。将本实验测定的生物富集因子的对数和有机氯农药的辛醇-水分配系数的对数作图（图 6.12），可以看出基本趋势是随着辛醇-水分配系数的升高，生物富集因子降低。然而统计分析表明，二者之间的相关性并没达到显著性水平（$P>0.05$），特别是 HCB 与 p,p'-DDE 的辛醇-水分配系数基本相同，但生物富集因子前者明显高于后者。解释有多种，如所采用的辛醇-水分配系数可能不太准确，或者 HCB 比 p,p'-DDE 容易从土壤进入土壤水中，从而有利于 HCB 进入胡萝卜中。但所有的这些原因都不妨碍我们作出这样的结论：总体而言，辛醇-水分配系数大的持久性有机氯农药不容易进入胡萝卜中，而系数小的有机氯农药则容易进入胡萝卜中。

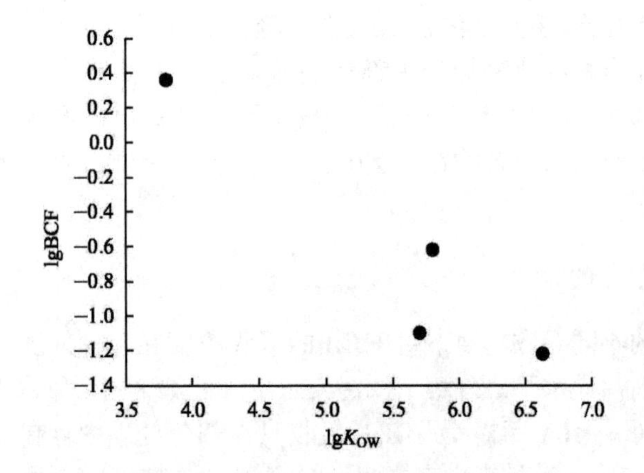

图 6.12　胡萝卜对 OCP 的生物富集因子与其 K_{ow} 的关系

参 考 文 献

Barber J L, Thomas G O, Bailey R, et al. 2004. Exchange of polychlorinated biphenyls (PCB) and polychlorinated naphthalenes (PCNs) between air and a mixed pasture sward. Environmental Science & Technology, 38: 3892-3900.

Barber J L, Thomas G O, Kerstiens G, et al. 2003. Study of plant-air transfer of PCB from an evergreen shrub: implications for mechanisms and modeling. Environmental Science & Technology, 37: 3838-3844.

Bohme F, Welsch-Pausch K, McLachlan M S. 1999. Uptake of airborne semivolatile organic compounds in agricultural plants: Field measurements of interspecies variability. Environmental Science & Technology, 33: 1805-1813.

DuarteDavidson R, Sewart A, Alcock R E, et al. 1997. Exploring the balance between sources, deposition, and the environmental burden of PCDD/Fs in the UK terrestrial environment: an aid to identifying uncertainties and research needs. Environmental Science & Technology, 31: 1-11.

Harner T, Mackay D, Jones K C. 1995. Model of the long-term exchange of PCB between soil and the atmosphere in the southern UK. Environmental Science & Technology, 29: 1200-1209.

Harrad S J, Sewart A P, Alcock R, et al. 1994. Polychlorinated-biphenyls (PCBs) in the british environment-sinks, sources and temporal trends. Environmental Pollution, 85: 131-146.

Hiatt M H. 1999. Leaves as an indicator of exposure to airborne volatile organic compounds. Environmental Science & Technology, 33: 4126-4133.

Hippelein M, McLachlan M S. 1998. Soil/air partitioning of semivolatile organic compounds. 1. Method development and influence of physical-chemical properties. Environmental Science & Technology, 32: 310-316.

Hung H, Thomas G O, Jones K C, et al. 2001. Grass-air exchange of polychlorinated biphenyls. Environmental Science & Technology, 35: 4066-4073.

Karickhoff S W. 1981. Semi-empirical estimation of sorption of hydrophobic pollutants on natural sediments and soils. Chemosphere, 10: 833-849.

Komp P, McLachlan M S. 1997. Influence of temperature on the plant/air partitioning of semivolatile organic compounds. Environmental Science & Technology, 31: 886-890.

Komp P, McLachlan M S. 2000. The kinetics and reversibility of the partitioning of polychlorinated biphenyls between air and ryegrass. Science of the Total Environment, 250: 63-71.

Lee R G M, Burnett V, Harner T, et al. 2000. Short-term temperature-dependent air-surface exchange and atmospheric concentrations of polychlorinated naphthalenes and organochlorine pesticides. Environmental Science & Technology, 34: 393-398.

McLachlan M S, Welschpausch K, Tolls J. 1995. Field validation of a model of the uptake of gaseous soc in *Lolium-Multiflorum* (Rye Grass). Environmental Science & Technology, 29: 1998-2004.

McLachlan M S. 1999. Framework for the interpretation of measurements of SOCs in plants. Environmental Science & Technology, 33: 1799-1804.

Paterson S, Mackay D. 1991. Correlation of the equilibrium and kinetics of leaf-air exchange of hydrophobic organic chemicals. Environmental Science & Technology, 25: 866-871.

Rippen G. 1995. Observations of long-term air-soil exchange of organic contaminants, ESPR 1 (3), 172~177 (1994). Environmental Science and Pollution Research, 2: 60-60.

Ryan J A, Bell R M, Davidson J M, et al. 1988. Plant uptake of non-ionic organic chemicals from soils. Chemosphere, 17: 2299-2323.

Smith K E C, Thomas G O, Jones K C. 2001. Seasonal and species differences in the air-pasture transfer of PAHs. Environmental Science & Technology, 35: 2156-2165.

Thomas G, Sweetman A J, Ockenden W A, et al. 1998. Air-pasture transfer of PCB. Environmental Science

& Technology, 32: 936-942.

Trapp S, Cammarano A, Capri E, et al. 2007. Diffusion of PAH in potato and carrot slices and application for a potato model. Environmental Science & Technology, 41: 3103-3108.

Wang M J, Jones K C. 1994a. Behavior and fate of chlorobenzenes in spiked and sewage sludge-amended Soil. Environmental Science & Technology, 28: 1843-1852.

Wang M J, Jones K C. 1994b. Uptake of chlorobenzenes by carrots from spiked and sewage sludge-amended soil. Environmental Science & Technology, 28: 1260-1267.

Wild E, Dent J, Barber J L, et al. 2004. A novel analytical approach for visualizing and tracking organic chemicals in plants. Environmental Science & Technology, 38: 4195-4199.

Wild E, Dent J, Thomas G O, et al. 2005. Direct observation of organic contaminant uptake, storage, and metabolism within plant roots. Environmental Science & Technology, 39: 3695-3702.

Wild E, Dent J, Thomas G O, et al. 2006. Visualizing the air-to-leaf transfer and within-leaf movement and distribution of phenanthrene: further studies utilizing two-photon excitation microscopy. Environmental Science & Technology, 40: 907-916.

Wild S R, Jones K C. 1992. Organic contaminants entering agricultural soils in sewage sludges: screening for their potential to transfer to crop plants and livestock. The Science of Total Environment, 119: 85-119.

Wild S R, Jones K C. 1995. Polynuclear aromatic-hydrocarbons in the United-Kingdom environment-a preliminary source inventory and budget. Environmental Pollution, 88: 91-108.

Xu D D, Zhong W K, Deng L L, et al. 2003. Levels of extractable organohalogens in pine needles in China. Environmental Science & Technology, 37: 1-6.

第 7 章　农田土壤中有机氯农药的降解及其影响因素

有机氯农药污染土壤的修复技术包括物理修复、化学修复及生物修复。污染土壤修复技术要求高效、廉价以及环境友好。对于污染场地修复，物理和化学修复技术比较适合，如固定化技术、洗脱技术以及氧化还原技术等在污染场地修复中都有成功运用；而对于典型城郊农田污染土壤，则常采用生物修复。生物修复技术有微生物修复以及微生物−植物联合强化修复技术。通常采用向土壤中接种微生物以及生物刺激实现对污染物的降解。生物刺激通过优化农艺措施，调控根际环境，提高土著微生物的活性，从而达到充分发挥其降解功能的目的。本章介绍了不同生物刺激措施对有机氯农药降解的效果、纳米铁粉的还原降解以及其他纳米材料对城郊农田土壤中有机氯农药的固定化效果。

7.1　小分子质量有机酸对有机氯农药降解的影响

7.1.1　有机碳处理后的土壤体系 pH 变化

如图 7.1 所示，在淹水条件下，土壤 pH 逐渐趋于 7，且红壤性水稻土−乙酸处理的土壤在前 5 周 pH 明显低于其他处理，说明由于红壤性水稻土本身 pH 较低，加入乙酸后容易被酸化，而乌栅土比红壤性水稻土对酸的缓冲能力更强。

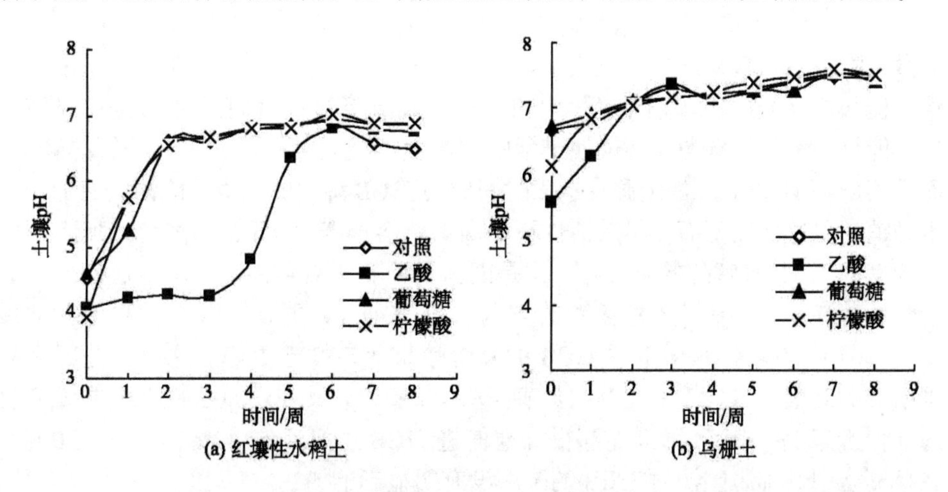

图 7.1　红壤性水稻土和乌栅土中不同处理体系 pH 变化

7.1.2 外加不同碳源对六氯苯厌氧降解的影响

每种处理土壤中可提取 HCB 都是随着培养时间的延长而逐渐减少，其中红壤性水稻土中可提取的 HCB 浓度减少了 20%～44%，乌栅土中减少了 21%～23%（图 7.2）。

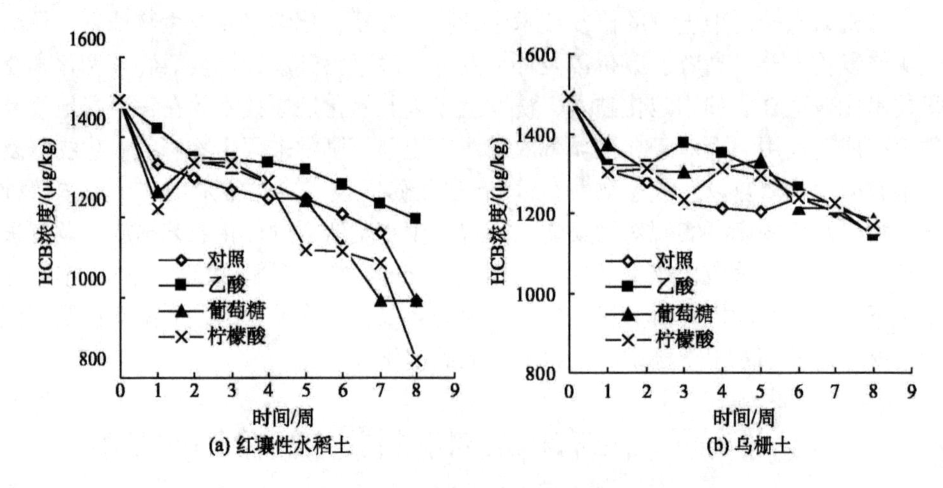

图 7.2 不同处理红壤性水稻土和乌栅土中六氯苯浓度变化

红壤性水稻土中加入乙酸抑制 HCB 的降解（图 7.2），说明该处理 pH 太低，不利于 HCB 的还原脱氯，这可能因为碱性条件有利于体系释放 H^+ 并传递给 HCB 为其还原脱氯提供电子，从而促进 HCB 的脱氯降解（赵慧敏等，2002），另外，土壤 pH 与微生物的活性和代谢有密切关系，具有还原脱氯能力的微生物可能是嗜碱性的厌氧微生物（Wu et al.，1997）。红壤性水稻土中加入葡萄糖和柠檬酸在实验前期不利于 HCB 的脱氯降解，后期促进 HCB 的降解，这可能是因为外加碳源在前期使土壤中的微生物优先利用这些更易分解的碳源，而不去分解 HCB，外加碳源在这段时间成为 HCB 降解的竞争性能源，而随着微生物消耗尽这些碳源而使得其活性被提高，就会逐渐对 HCB 的降解。加入柠檬酸的后期 HCB 降解的效果最好，这是因为葡萄糖厌氧条件下发酵生成乙醇，而乙醇的羟基（—OH）比柠檬酸的羰基（—COOH）更难被微生物利用（瑞恩等，2004）。红壤性水稻土中 HCB 的降解效果比乌栅土更好，这可能是因为我国南方的红壤中富含铁氧化物（吴春燕等，2003），其在还原条件下主要为低价态，低价态 Fe 作为还原剂能够很好地促进 HCB 脱氯反应（Yao et al.，2006）。在乌栅土中，加入碳源对 HCB 的降解没有明显影响。

为了探明不同小分子有机碳对 HCB 在土壤中厌氧降解的影响规律，对 HCB 降解过程进行最小显著差法（LSD）分析，结果发现红壤性水稻土和乌栅土中加入碳源对 HCB 降解影响并不显著。这可能是因为一方面碳源能够增加 HCB 在土壤溶液中的溶解性和提高土壤中脱氯微生物的活性进而促进 HCB 的降解，另一方面碳源很容易被产甲烷菌利用，甲烷的产生与 HCB 的脱氯作用争夺电子，且有研究表明产甲烷菌不具备脱氯作用（Nowak et al.，1996b）。因此，外加碳源对土壤中 HCB 的厌氧降解既有促进作用也有抑制作用，是综合影响的结果。

HCB 的降解产物主要为五氯苯（PeCB），第 7、第 8 周检测到微量 1,2,3,5-四氯苯和 1,3,5-三氯苯，最终检测到红壤性水稻土中 PeCB 为 23～96 μg/kg，乌栅土中为 64～92 μg/kg（图 7.3）。对于红壤性水稻土，加入乙酸不利于 HCB 的脱氯，生成 PeCB 的速率较慢，加入柠檬酸处理 PeCB 在后期增加速率最快。而乌栅土中，加入碳源和不加碳源处理的 PeCB 增加速率没有明显差异，这与 HCB 减少的趋势（图 7.2）一致。

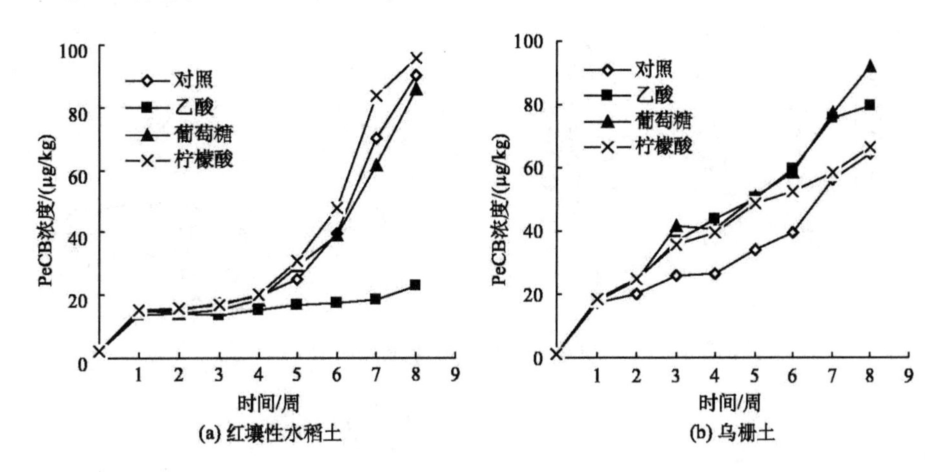

图 7.3　不同处理红壤性水稻土和乌栅土中五氯苯的浓度变化

研究表明，Cl 在苯环上被取代的难易顺序为间位＞对位＞邻位，即间位的 Cl 最易脱去，邻位最难脱氯（Yuan et al.，1999；Wu et al.，2002），因此六氯苯脱氯降解主要生成 PeCB、1,2,3,5-四氯苯和 1,3,5-三氯苯（Brahushi et al.，2004）。本实验所得到 HCB 的主要降解产物为 PeCB，仅仅在第 7、第 8 周检测到微量 1,2,3,5-四氯苯和 1,3,5-三氯苯。这可能是因为本实验是仅在土著微生物作用下降解，而且实验周期不够长，因此 HCB 能够脱 1 个氯原子生成 PeCB 却不易发生进一步脱氯反应，同时也说明土著微生物在厌氧条件下对六氯苯脱氯降解的贡献不可忽视。

7.1.3　甲烷和二氧化碳释放与六氯苯厌氧降解的关系

以 CH_4 和 CO_2 的产生为碳转化的表征，培养过程中不同周期土壤表层 CH_4

和 CO_2 浓度的变化趋势如图 7.4 和图 7.5 所示。从图中可以看出，所有处理的 CH_4 和 CO_2 释放量呈先增加后下降的趋势，无论红壤性水稻土还是乌栅土，外加碳源均增加了 CH_4 和 CO_2 产生量。对于红壤性水稻土，加入葡萄糖和柠檬酸能够明显增加 CH_4 和 CO_2 生成量，而加入乙酸的处理在开始的几周抑制 CH_4 和 CO_2 的产生，这是因为该处理在前几周的 pH 较低，不利于碳的转化，然后随着 pH 的上升，CH_4 和 CO_2 生成量又逐渐增加。对于乌栅土，加入乙酸和柠檬酸比加入葡萄糖对提高 CH_4 和 CO_2 生成量效果更明显，这可能是因为有机酸比糖类更易于被微生物分解利用。

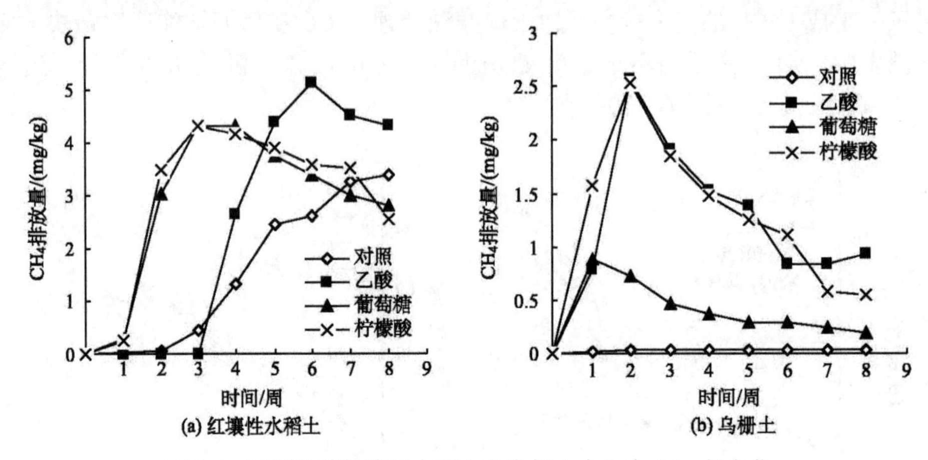

图 7.4 不同处理红壤性水稻土和乌栅土中生成 CH_4 的变化

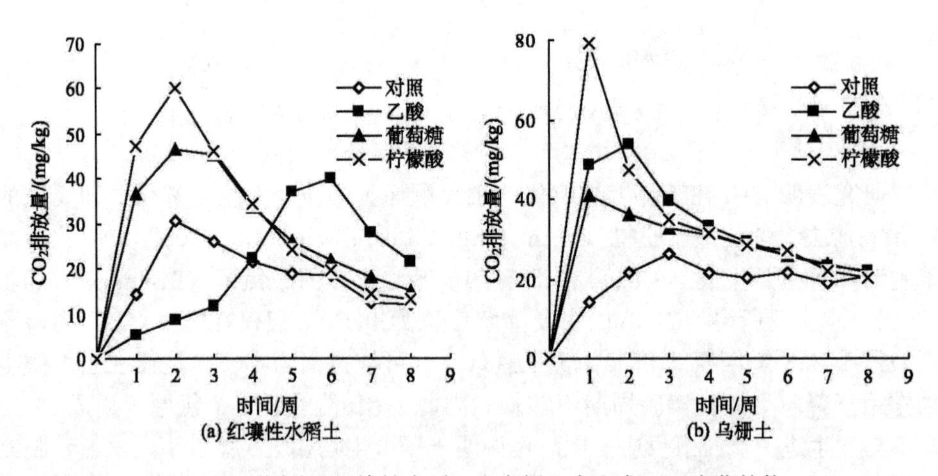

图 7.5 不同处理红壤性水稻土和乌栅土中生成 CO_2 变化趋势

比较图 7.2、图 7.3 和图 7.4、图 7.5，可以看出在前几周 CH_4 和 CO_2 量很少时，HCB 已经发生降解，而且添加碳源 CH_4 和 CO_2 释放量明显增加，而

HCB 降解并没有显著加强。将每周 HCB 降解量和 PeCB 的生成量与 CH_4 和 CO_2 释放量进行相关性分析发现，仅红壤性水稻土-对照的 PeCB 生成量与 CH_4 释放量和乌栅土-柠檬酸 PeCB 生成量与 CO_2 释放量显著正相关，其余处理中 HCB 降解与 CH_4 和 CO_2 的释放量在统计学上并没有显著相关关系，这说明 CH_4 和 CO_2 的产生与 HCB 的降解并没有严格的亦步亦趋关系，可能因为碳源在分解产生 CH_4 和 CO_2 的过程中，既作为电子受体也向体系释放电子并且提高了微生物活性，是一个复杂的过程，而且土壤本身是一个复杂的体系，HCB 的脱氯降解还受土壤中微生物的类型和土壤的理化性质等多种因素的影响。

7.1.4　六氯苯的挥发作用

研究 HCB 及其降解产物的挥发作用，由于 HCB 降解产物量很少，因此只将每周密封培养瓶挥发的 HCB 量（μg/kg）与土壤中残留的 HCB 量（μg/kg）进行比较，得出 HCB 的空气-土壤分配比例，结果见表 7.1。

表 7.1　六氯苯的空气-土壤分配比例（10^{-3}）

类型	项目	培养时间								平均
		1 周	2 周	3 周	4 周	5 周	6 周	7 周	8 周	
红壤性水稻土	对照	0.068	0.074	0.074	0.068	0.064	0.055	0.061	0.067	0.066
	乙酸	0.056	0.06	0.06	0.058	0.062	0.06	0.059	0.061	0.060
	葡萄糖	0.076	0.07	0.048	0.048	0.046	0.053	0.057	0.048	0.056
	柠檬酸	0.054	0.07	0.064	0.059	0.06	0.055	0.047	0.057	0.058
乌栅土	对照	0.029	0.03	0.029	0.028	0.021	0.019	0.02	0.02	0.025
	乙酸	0.02	0.02	0.02	0.019	0.017	0.018	0.017	0.018	0.019
	葡萄糖	0.021	0.019	0.019	0.018	0.016	0.018	0.019	0.021	0.019
	柠檬酸	0.023	0.02	0.017	0.016	0.016	0.017	0.017	0.019	0.018

由表 7.1 可以看出，相当一部分 HCB 从土壤挥发至上层空气中。另外，无论红壤性水稻土还是乌栅土，添加小分子有机碳均减少了 HCB 的挥发，这是因为这些小分子碳源增加了 HCB 在土壤中的溶解能力，从而抑制 HCB 从土壤溢出（凌婉婷等，2004）。

由表 7.1 还可以看出，HCB 的乌栅土的气-土分配比例（0.018～0.025）远小于红壤性水稻土（0.056～0.066），主要原因是乌栅土的有机质含量高于红壤性水稻土，有机质能够与 HCB 吸附结合或对 HCB 具有增溶作用（楼涛等，2004），导致 HCB 的挥发作用减小，这表明有机质是影响 HCB 挥发的重要因子。

厌氧条件下 HCB 很难发生矿化，主要发生还原脱氯反应。因此，根据测得土壤和气体中氯苯的加和量来评价实验过程中的质量平衡，可以看出整个培养阶段氯苯的回收率平均为 81%～89%，见表 7.2。

结合图7.2、图7.3和表7.2可以看出，红壤性水稻土中，8周内HCB的总消解量为298～650 μg/kg，其中，降解生成的可提取PeCB为23～96 μg/kg；乌栅土中，8周内HCB的总消解量为311～349 μg/kg，生成的可提取态PeCB为64～92 μg/kg。可见很大一部分HCB或PeCB与土壤形成不可提取态残留，这部分残留构成土壤的隐形污染，在一定的条件下，结合态氯代苯会重新释放而具有生物活性，进而污染环境（部红建和蒋新，2004）。另外，HCB的总回收率为红壤性水稻土略低于乌栅土，说明氯代苯在红壤性水稻土中更容易形成不可提取的结合态。结合态的形成是一种复杂的物理化学过程。乌栅土比红壤性水稻土有机质含量高，有机质通过吸附HCB，或有机质的官能团与HCB发生化学反应进而增加结合态的形成；而红壤性水稻土中含有较多的铁铝氧化物，其易在酸性条件下形成比表面较大的无定形的氧化物，进而增加HCB在土壤矿物表面的吸附（吴春燕等，2003；Hiradate and Yamaguchi，2003；Liu and Huang，2004）。结合态形成主要是土壤有机质和土壤矿物综合作用的结果。

表7.2 培养过程中氯苯的总回收率

类型	项目	培养时间								平均
		1周	2周	3周	4周	5周	6周	7周	8周	
红壤性水稻土	对照	0.9	0.88	0.86	0.84	0.85	0.83	0.82	0.72	0.84
	乙酸	0.96	0.91	0.91	0.9	0.83	0.87	0.83	0.81	0.88
	葡萄糖	0.85	0.9	0.89	0.87	0.85	0.8	0.74	0.72	0.83
	柠檬酸	0.82	0.9	0.9	0.87	0.77	0.78	0.78	0.63	0.81
乌栅土	对照	0.86	0.83	0.83	0.83	0.85	0.83	0.84	0.81	0.84
	乙酸	0.89	0.9	0.94	0.93	0.9	0.88	0.86	0.82	0.89
	葡萄糖	0.93	0.89	0.9	0.9	0.92	0.85	0.86	0.85	0.89
	柠檬酸	0.88	0.89	0.85	0.9	0.9	0.86	0.86	0.83	0.87

7.1.5 小分子碳源对六氯苯脱氯及挥发的影响

厌氧条件下，HCB主要发生还原脱氯反应，HCB脱氯转化为低氯苯后，就很难再继续脱氯，因此，在进行第1步的厌氧脱氯之后，再进行好氧降解是实现HCB彻底降解的理想步骤。本实验条件下，HCB发生脱氯降解主要生成PeCB，要使PeCB继续脱氯转化为低氯苯，可能需要更长的时间，或者需要接种专性脱氯微生物。许多研究表明，小分子碳源不仅能提高环境中微生物的活性和增加污染物的溶解性，还能在被微生物利用时产生H_2和CO_2，为有机污染物的还原脱氯提供电子，进而促进还原脱氯反应；也有研究表明，碳源可增加产甲烷菌的活性，产甲烷菌不具备脱氯作用，而且碳源在还原条件下作为电子受体与HCB的还原脱氯争夺电子，不利于HCB的降解。无论红壤性水稻土还是乌栅土，外加碳源对 HCB 的降解没有明显的影响，且产生 CH_4 和 CO_2 的量和 HCB 的降解效率并没有明显的相关性。这说明碳源对 HCB 降解的影响是一个复杂的过程，而且 HCB 的降解还受土壤中微生物的类型和土壤的理化性质等多种因素的影响，如土壤 pH，本实验证明酸性条件不利于 HCB 的降解。为使污染物有效降解，应针对土壤性质创造使污染物降解的最佳条件。另外，无论红壤性水稻土还是乌栅土，外加小分子有机碳均减少 HCB 的挥发作用，且乌栅土的气-土分配比例远小于红壤性水稻土。这说明土壤中的小分子有机质和大分子腐殖质，能通过增溶或吸附结合作用来影响 HCB 的挥发，从而在全球范围内控制 HCB 土-气分配。

7.2　不同氮肥对有机氯农药降解的影响

7.2.1　不同氮源处理中六氯苯脱氯降解动态

HCB 的可提取态残留量随培养时间的变化如图 7.6 所示。在第 3 周时 HCB 残留量在添加 0.14 g $CO(NH_2)_2$-N 的处理中显著低于添加 0.84 g $CO(NH_2)_2$-

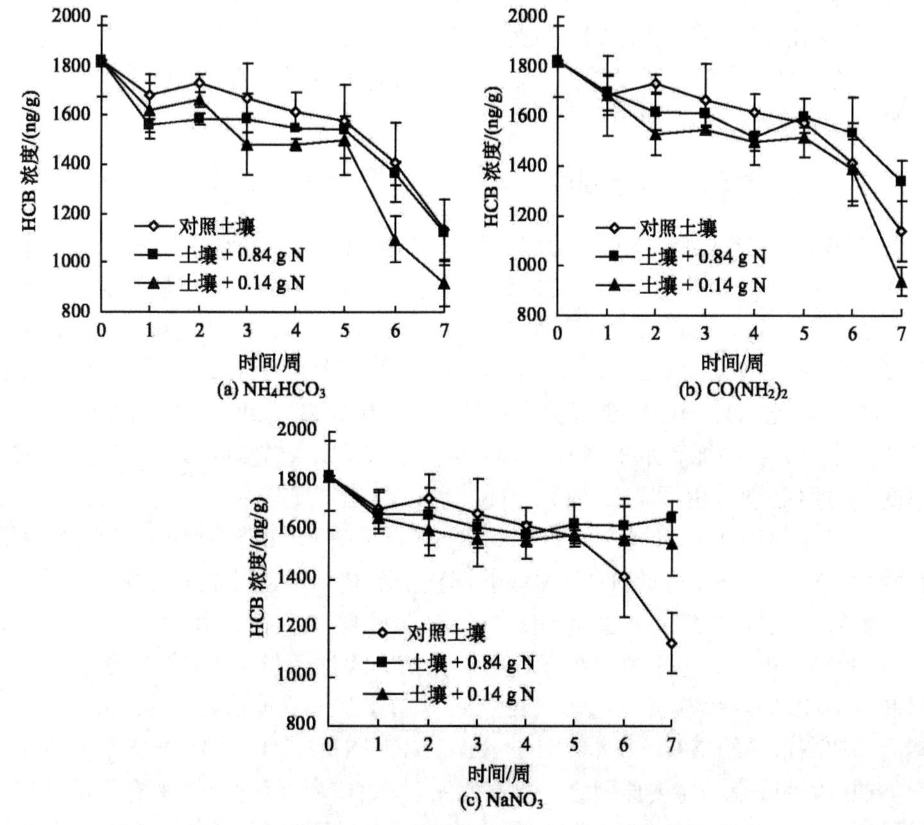

图 7.6　土壤中添加不同氮源对 HCB 残留动态的影响

N 和 0.84 g $NaNO_3$-N 的处理（$P<0.05$），但在前 5 周内，HCB 残留量在各处理之间无显著差异（$P>0.05$）。在第 6 周时，HCB 残留量在添加 0.14 g NH_4HCO_3-N 处理中显著低于其他处理。在第 7 周，HCB 残留量在添加 $NaNO_3$ 处理中显著高于其他处理，而在添加 0.14 g NH_4HCO_3-N 或 $CO(NH_2)_2$-N 处理中低于其他处理。结果表明，土壤中添加 $NaNO_3$ 可能抑制 HCB 脱氯降解，而添加 0.14 g NH_4HCO_3-N 或 $CO(NH_2)_2$-N 促进 HCB 脱氯降解。

在添加 $NaNO_3$ 的处理中，HCB 残留量在整个培养过程中降低缓慢。在对照处理中，HCB 残留在开始 5 周降低了 13.4%，而在最后 2 周降低了 24.1%。在添加 0.14 g 和 0.84 g NH_4HCO_3-N 的处理中，HCB 残留量在开始 5 周分别降低了 17.9% 和 15.5%，而在最后两周降低了 31.8% 和 22.8%。添加 0.14 g 和 0.84 g $CO(NH_2)_2$-N 的处理的结果类似，HCB 残留量在开始 5 周分别降低了 16.8% 和 12.0%，而在最后 2 周分别降低了 31.8% 和 14.4%。该结果表明，淹水条件下，土壤中的 HCB 发生消解作用的途径可能是降解或与土壤形成结合态残留，而且 HCB 的消解过程呈现明显的滞后现象。前人研究表明，HCB 的微生物脱氯降解需要经历 2 天到 2 个月的适应期。本研究结果表明，HCB 的脱氯降解呈现 5 周的滞后期，其原因不仅是该实验的土壤为人为污染土，土著微生物需要一段时间来适应新的环境条件；而且在土壤淹水后，土壤中的微生物需要一定的时间适应淹水后的还原条件。

7.2.2 不同氮源处理土壤中六氯苯脱氯产物含量动态变化

HCB 的主要脱氯产物 PeCB 的生成动态如图 7.7 所示。除添加高水平 $NaNO_3$ 处理之外的其他处理中，PeCB 的生成速率均为前 3 周较慢，随后逐渐加快。第 4 周之后，在添加低水平 NH_4HCO_3 或 $CO(NH_2)_2$ 的土壤中 PeCB 浓度较高，且在添加 0.14 g $CO(NH_2)_2$-N 处理中尤为明显。因此，可以推测 $CO(NH_2)_2$ 比 NH_4HCO_3 更能促进土壤中 HCB 厌氧脱氯，但仍需要进一步的验证。然而，在添加高水平 NH_4HCO_3 或 $CO(NH_2)_2$ 处理中，PeCB 的生成速率低于对照处理。由图 7.7（a）、（b）可以看出，土壤中添加适量的 NH_4^+-N [0.14 g NH_4HCO_3-N 或 $CO(NH_2)_2$-N] 可以促进 HCB 脱氯降解，其主要原因有两个：第一，添加适量 NH_4^+-N 能够调整土壤 C/N，使其更适合脱氯微生物生存，因为当土壤中有机碳过量时，添加氮源能够刺激微生物生长（Rogers et al.，1993）；第二，土壤中存在厌氧氨氧化菌，添加适量的 NH_4^+-N 能够作为还原剂为 HCB 脱氯反应提供电子（Jetten et al.，1999；Watanabe et al.，2009）。然而添加高水平的 NH_4^+-N [0.84 g NH_4HCO_3-N 或 $CO(NH_2)_2$-N] 抑制土壤中 HCB 脱率降解，主要原因之一是高水平的 NH_4^+-N 促进土壤中有机碳分解生成甲烷 [图 7.8（a）、（b）]，甲烷的生成是一个还原过程，因此与 HCB 脱氯降解竞争电子；另外，前人研究表明，土壤中添加过量氮源可能改变土壤酶系统并且抑制专性微生物的活性（Alvey and Crowley，1995；Entry，1999；Abdelhafid et al.，2000）。由图7.7（c）可以看出，添加 NO_3^--N 显著抑制 PeCB 的生成，主要原因有三个：第一，由于脱氯主要发生在弱碱性条件下（Chang et al.，1996），而添加 $NaNO_3$ 处理的土壤 pH 低于对照，因此 HCB 脱氯效率较低；第二，$NaNO_3$-N 显著促进反硝化作用，而反硝化能够与 HCB 脱氯降解竞争电子（Chang et al.，1998；Yuan et al.，1999）；第三，添加 NO_3^--N 可能改变土壤酶系统并且抑制专性微生物的活性。总之，本研究结果表明氮源能够通过影响土壤中微生物活性、提供电子供体或作为电子受体而影响 HCB 的脱氯降解。

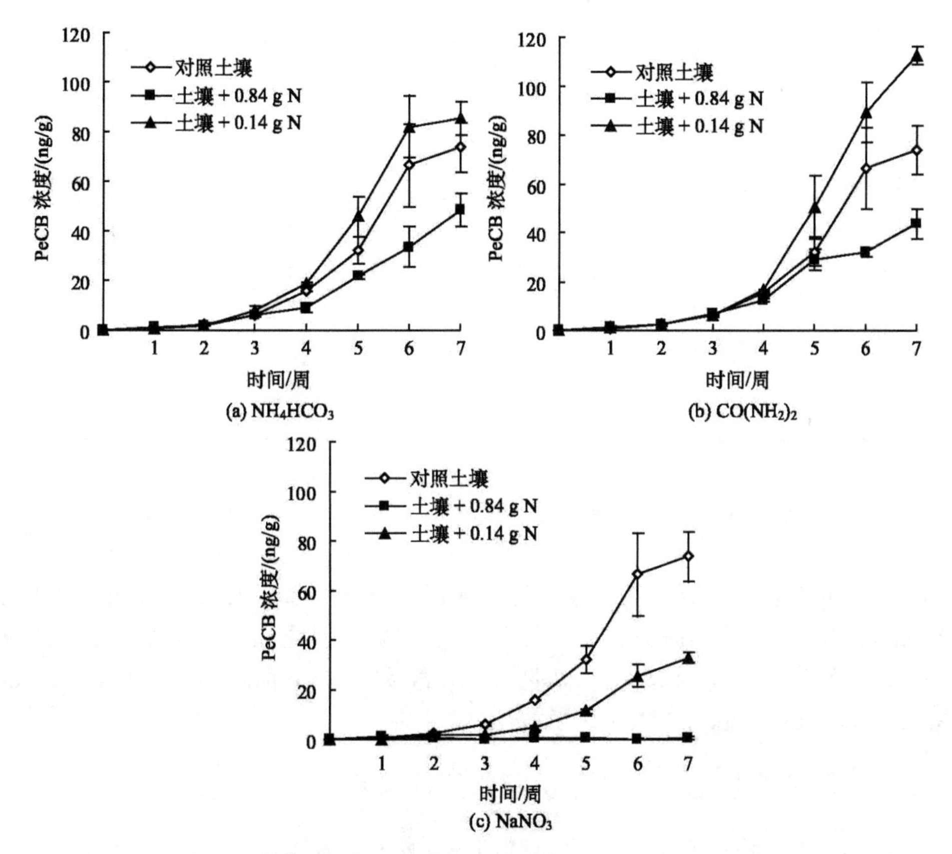

图7.7　土壤中添加不同氮源对 PeCB 生成动态的影响

第5周之后，在对照和添加 NH_4HCO_3 或 $CO(NH_2)_2$ 处理的土壤中检测到少量1,2,3,4-四氯苯，而且在第7周的对照处理中检测到少量1,3,5-三氯苯（表7.2）。另外，在添加低水平 NH_4HCO_3 或 $CO(NH_2)_2$ 处理的土壤中，1,2,3,5-四氯苯和1,3,5-三氯苯浓度在最后2周显著增加（表7.3）。在添加 $NaNO_3$ 处理的土壤中除 PeCB 外未检测到 HCB 的其他脱氯产物。该结果进一步证明了添加低水平 NH_4HCO_3 或 $CO(NH_2)_2$ 处理的土壤中 HCB 脱氯效率最高，并且脱氯速率在最后 2 周显著增加。研究表明，淹水条件下从土壤中挥发的 HCB 量很少，可以忽略（Brahushi et al.，2004），因此，土壤中 HCB 的消解方式主要为降解和与土壤形成结合态残留。由于 HCB 脱氯产物总量显著低于 HCB 消解量，因此，可以推测 HCB 在土壤中形成结合态残留。

表 7.3 土壤中检测到的除五氯苯以外 HCB 的其他脱氯产物浓度（μg/kg）在第 5～第 7 周变化规律

处理		1,2,3,4-TeCB			1,2,3,5-TeCB			1,3,5-TCB		
		5 周	6 周	7 周	5 周	6 周	7 周	5 周	6 周	7 周
对照		1.8±0.6	1.6±0.2	—	—	—	—	—	—	1.7±0.7
NH_4HCO_3	0.84 g	—	4.4±1.4	3.8±2.8	—	—	—	—	—	—
	0.14 g	—	5.4±3.8	—	—	11.0±7.6	21.3±7.2	—	29.6±0.9	77.4±15.3
$CO(NH_2)_2$	0.84 g	1.1±0.5	—	—	—	—	—	—	—	—
	0.14 g	1.0±0.5	—	5.6±3.8	—	12.7±8.8	23.7±0.4	—	22.8±5.7	77.2±10.2

研究表明，HCB 脱氯降解生成 PeCB 后，能够进一步脱氯生成 1,2,3,5-四氯苯和 1,3,5-三氯苯。因此，可以推测 HCB 的主要脱氯途径为六氯苯→五氯苯→1,2,3,5-四氯苯→1,3,5-三氯苯，与前人研究结果一致（Chang et al.，1998；Yuan et al.，1999；Brahushi et al.，2004）。主要原因是 Cl 在苯环上被取代的难易顺序为间位＞对位＞邻位，即间位的 Cl 最易脱去，邻位最难脱氯（Yuan et al.，1999；Wu et al.，2002）。

7.2.3 甲烷产生量与六氯苯厌氧降解的关系

不同处理土壤中 CH_4 生成动态如图 7.8 所示。在添加 0.84 g NH_4HCO_3-N 处理中，CH_4 生成量在第 4 周达到最高（3.1 μg/g），在第 7 周时降为 1.5μg/g；在添加 0.84 g $NaNO_3$-N 处理中，CH_4 生成量极少；而在添加 0.84 g $CO(NH_2)_2$-N处理中，CH_4 生成量在第 6 周达到最高值 3.8 μg/g，且其他 3 个处理的 CH_4 生成动态与该处理一致。添加高水平的 $CO(NH_2)_2$ 或 NH_4HCO_3 显著促进 CH_4 生成，是因为淹水条件下 $CO(NH_2)_2$ 和 NH_4HCO_3 能够分解生成

CO_2，产甲烷菌能够将 CO_2 还原为 CH_4（Traore et al.，1999）。但是，添加 $NaNO_3$ 显著抑制 CH_4 生成，主要原因之一是添加 NO_3^--N 导致土壤中氧化还原电位增加，进而抑制 CH_4 生成（Banik et al.，1996）；另外，NO_3^--N 在厌氧条件下发生反硝化反应生成的化学中间体能够抑制 CH_4 的生成（Roy and Conrad，1999）。

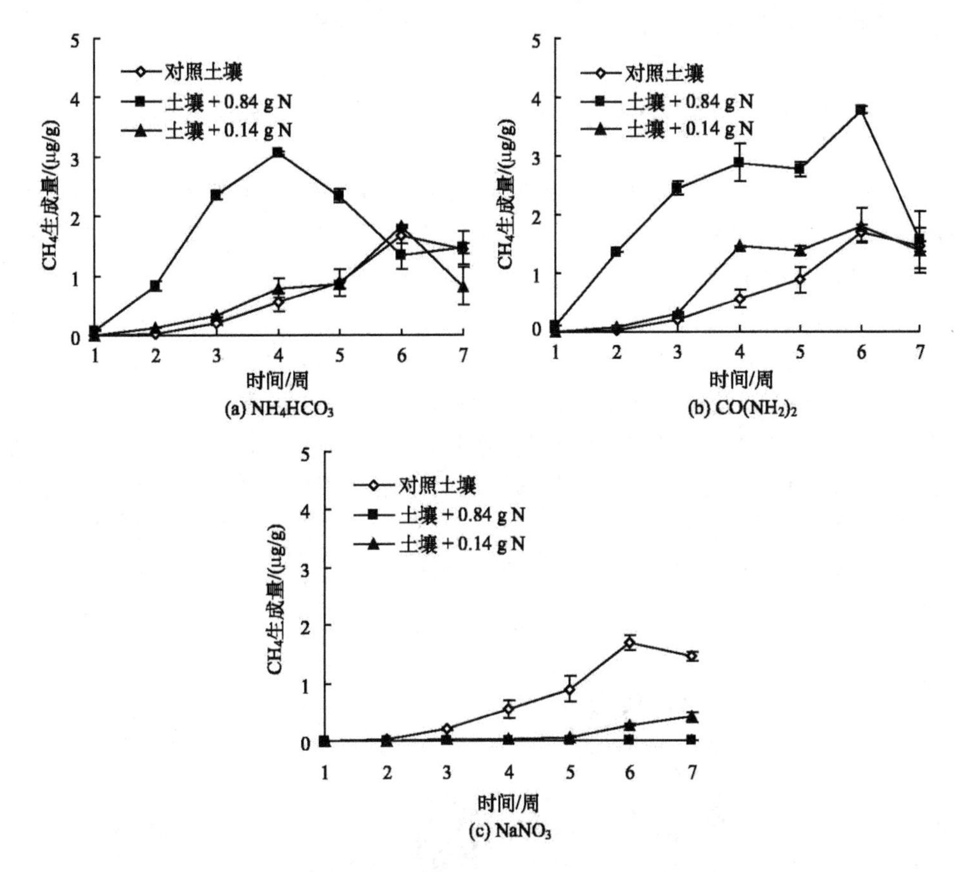

图 7.8　土壤中添加不同氮源对甲烷生成动态的影响

在对照和添加 0.14 g NH_4HCO_3-N 处理中，脱氯和 CH_4 生成速率均是在前 6 周逐渐增加，而最后 1 周下降，而且，添加两个水平的 $NaNO_3$ 同时抑制 HCB 脱氯和 CH_4 生成，因此，可以推测产甲烷菌能有效参与 HCB 脱氯降解，与 Nowak 等（1996a，b）和 Chen 等（2002）的研究结果一致。然而，在添加 0.84 g NH_4HCO_3-N 处理中，脱氯速率在整个培养过程中不断增加，而 CH_4 生成速率在前 4 周逐渐增加，第 4～第 6 周逐渐降低，最后 1 周又继续增加。而且在添加 $CO(NH_2)_2$ 或 $NaNO_3$ 的处理中，脱氯速率与 CH_4 生成速率并不一致。另外，添加 0.14 g NH_4HCO_3 或 $CO(NH_2)_2$-N 能够促进 HCB 脱氯，但对 CH_4

生成并无明显作用；添加 0.84 g NH_4HCO_3 或 $CO(NH_2)_2$-N 显著促进 CH_4 生成，却抑制 HCB 脱氯。这些结果表明，产甲烷菌的活性与 HCB 脱氯效率并不是正相关的关系，并且在 CH_4 生成速率较高时 HCB 脱氯被抑制，其原因是有机碳分解生成 CH_4 的过程需要还原剂提供电子，进而不利于 HCB 的还原脱氯。因此，产甲烷菌在脱氯降解中的作用因环境条件不同而异。

7.3 长期不同施肥对有机氯农药降解的影响

水稻种植情况下，长期不同施肥（不施肥 CK，施用氮肥 N，施用有机肥 OM，施用氮肥加有机肥 N＋OM）土壤中五氯酚（PCP）的降解如图 7.9 所示。由图可知，随着时间的延长，土壤中可提取 PCP 残留量逐渐降低。水稻生长第 30 天，在 CK、N、OM 和 N＋OM 处理土壤中可提取 PCP 残留量分别 36.71 mg/kg、34.12 mg/kg、42.59 mg/kg 和 49.33 mg/kg；从种稻开始到第 30 天，在 OM 和 N＋OM 处理中可提取 PCP 残留量显著高于 CK 和 N 处理；水稻生长到第 40 天，土壤中可提取 PCP 残留量分别 29.41 mg/kg、37.43 mg/kg、23.08 mg/kg 和 27.42 mg/kg。在 OM 和 N＋OM 处理中可提取 PCP 残留量反而小于 CK 和 N 处理。直至第 65 天，在 N＋OM 处理中可提取 PCP 残留量最低，为 8.72 mg/kg；在 N 处理中最高，为 30.91 mg/kg。

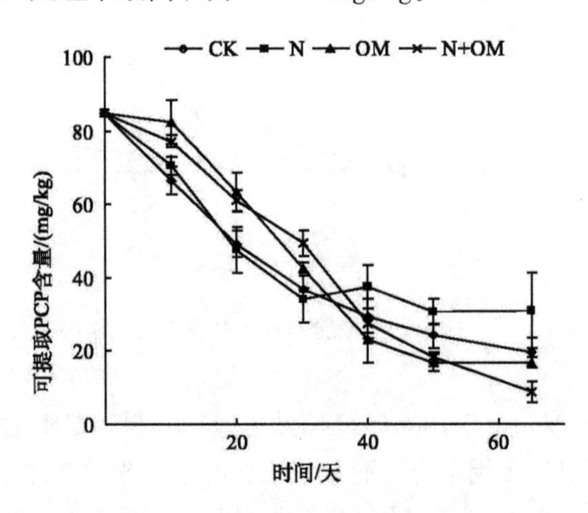

图 7.9　土壤中 PCP 的残留动态

检测到土壤中 PCP 还原脱氯产物有 2,3,4,5-TeCP 和 3,4,5-TCP（图 7.10）。由图 7.10（a）可知，水稻生长到第 20 天并没有检测到 2,3,4,5-TeCP，表明 PCP 的还原脱氯存在滞后期，存在土壤微生物对化合物的适应期。到第 30 天，在 CK、N、OM 和 N＋OM 处理中含量分别是 0.43 mg/kg、0.48 mg/kg、

0.50 mg/kg和0.58 mg/kg。从第30～第40天，在4种长期施肥处理中2,3,4,5-TeCP浓度均有所增加，到第50天在OM和N+OM处理中2,3,4,5-TeCP浓度显著大于CK和N处理，但是在第65天，在OM和N+OM处理中其浓度显著降低，此时在4个处理中2,3,4,5-TeCP浓度为0.51～0.60 mg/kg。

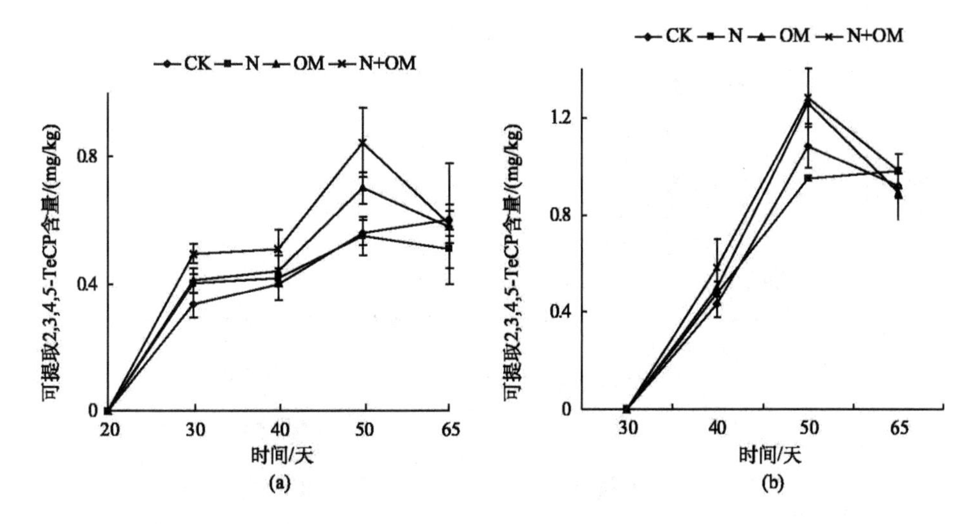

图7.10　土壤中2,3,4,5-TeCP（A）和3,4,5-TCP（B）的含量动态

由图7.10（b）可知，在30天之前，土壤中并没有检测到3,4,5-TCP。第40天时，在CK、N、OM和N+OM处理中3,4,5-TCP含量分别为0.43 mg/kg、0.48 mg/kg、0.50 mg/kg和0.58 mg/kg。从第40～第50天，在4个处理中3,4,5-TCP含量均显著增加，但是在第65天，在OM和N+OM处理中其浓度显著降低，此时在4个处理中3,4,5-TCP浓度在0.89～0.98 mg/kg。由图可知，第50天时在OM和N+OM处理土壤中2,3,4,5-TeCP和3,4,5-TCP的含量显著高于CK和N处理，这是由于OM和N+OM处理中的微生物活性较高。另外，在第40天时测定田间微域水相中2,3,4,5-TeCP和3,4,5-TCP的浓度，结果表明在OM和N+OM处理中两者浓度均高于CK和N处理。从而导致在OM和N+OM处理中，早稻根中两种低氯酚含量均显著高于CK和N处理。

7.4　纳米铁对有机氯农药降解与调控机制

7.4.1　纳米零价铁的表征以及对有机氯农药的吸附能力

使用小角度X射线射仪（small angle X-ray scattering，SAXS）对实验中使用的纳米铁进行粒径表征［图7.11（a）］得知，纳米铁的粒径范围较广（1～

300 nm)，平均粒径为 60 nm 左右，基本符合正态分布，能够满足实验需求。由图 7.11（b）可知，实验使用的纳米铁的主要成分为零价铁，其中存在少量的铁氧化物杂质。

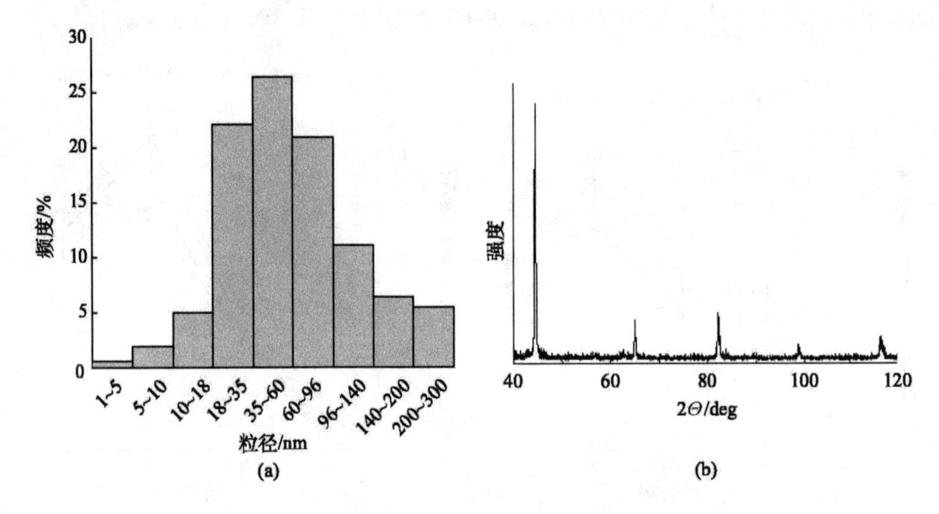

图 7.11 纳米铁的粒径分布图 SAXS（a）以及 XRD 衍射图（b）

从图 7.12 可以看出，pH 对纳米铁吸附有机污染物具有显著的影响，4 种 pH 条件下，HCB 都能够在 8 h 达到吸附平衡，其中近中性条件下纳米铁对有机污染物的吸附性最强，而在碱性和酸性条件下其吸附性能显著降低（pH 6.8>pH 8.0>pH 4.0）；这与纳米铁表面 Zeta 点位值随 pH 的变化是相吻合的，

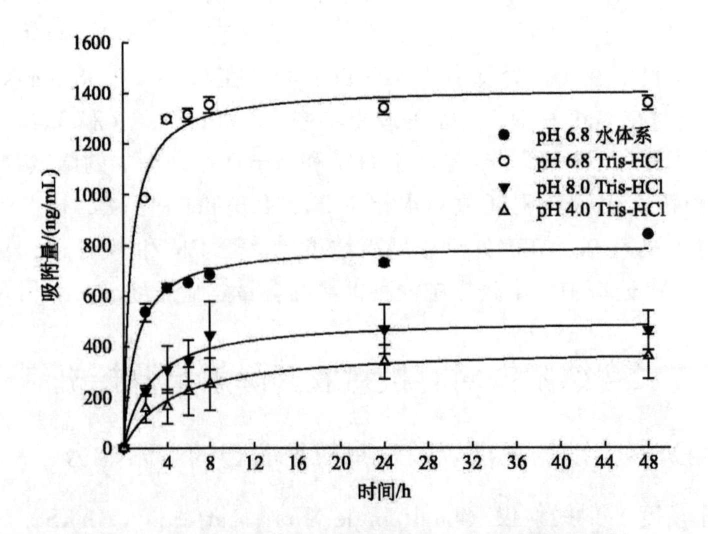

图 7.12 不同 pH 条件下纳米铁对 HCB 的吸附动力学

Zhang（2003）的报道指出纳米铁在近中性条件下表面 Zeta 电位几乎为零，而酸性和碱性条件下 Zeta 电位显著增加或减小，由此推断，当纳米铁 Zeta 电位接近零时更容易吸附中性有机分子；另外使用近中性 Tris-HCl 缓冲液比去离子水的吸附效果更好，因为纳米铁在水腐蚀的过程中会导致水体 pH 升高，从而影响其吸附性。研究表明，纳米铁降解有机污染物是表面化学反应，因此从纳米铁对 HCB 的吸附性可以看出近中性条件下有利于脱氯反应的发生，但是酸性条件下铁腐蚀更易于发生，因此探索降解所需合适的 pH 有待进一步实验证实。

7.4.2 纳米铁对氯苯的降解特性

1. 纳米零价铁及纳米钯化铁对六氯苯的降解效果

六氯苯的结构稳定，纳米零价铁在 20 h 内几乎不能降解 HCB（数据未列出）；而经历 20 h 与钯化铁的反应后，其降解率也仅达到 20%，检测到的降解产物为 PeCB、1,2,3,4-TeCB 和 1,2,3-TCB，没有检测到其他氯苯类化合物，从图 7.13 中可以看出六氯苯的降解产物随着反应时间的增加呈现不断积累的趋势，其中 1,2,3-TCB 的积累速率较为稳定，而 PeCB 和 1,2,3,4-TeCB 在起始的 4 h 内浓度急剧增加，4 h 后积累速率明显降低且趋于平稳。

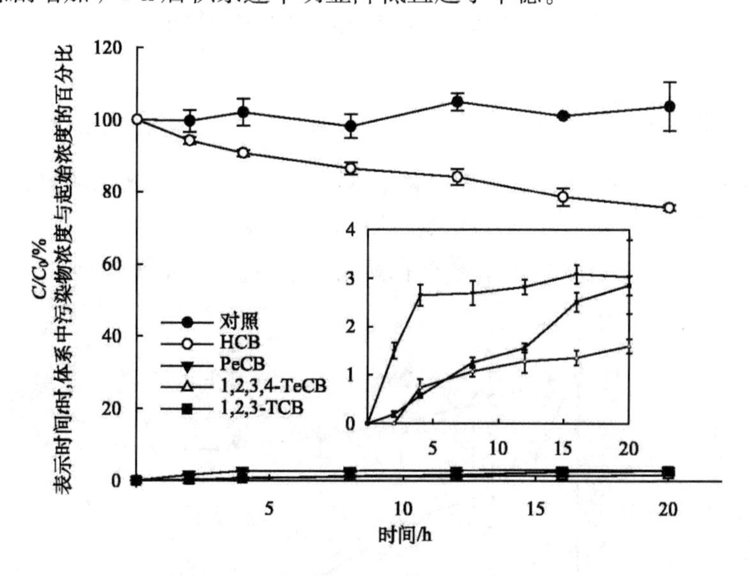

图 7.13 纳米钯化铁降解 HCB 及其产物分布

2. 纳米零价铁及纳米钯化铁对五氯苯的降解效果

五氯苯的结构也很稳定，纳米零价铁在 20 h 内几乎不能降解 HCB（数据未列出)；而经历 20 h 与钯化铁的反应后，降解率也只有 15%～20%，从图 7.14 可以看出其降解产物随时间的累积过程；整个降解过程中只检测到 1,2,3,4-TeCB 和 1,2,3-TCB。

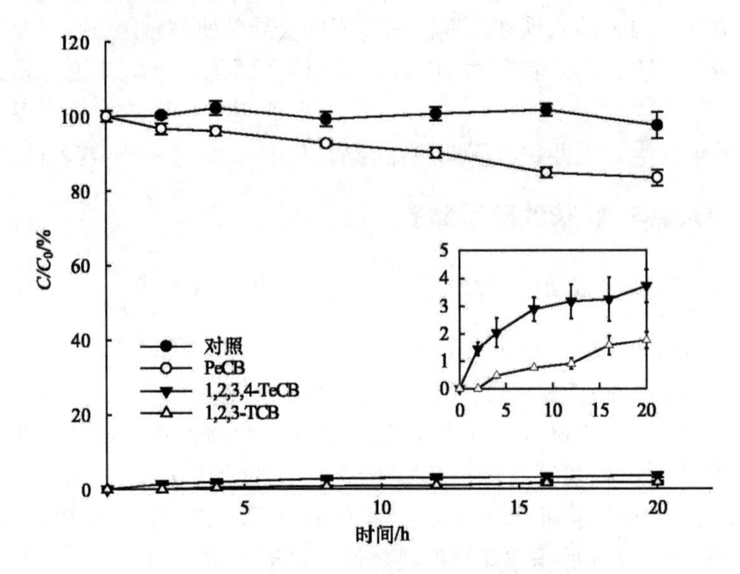

图 7.14 纳米钯化铁降解 PeCB 及其产物分布

3. 纳米零价铁及纳米钯化铁对 1,2,4,5-TeCB 降解效果

从图 7.15 可以看出，纳米零价铁对 1,2,4,5-TeCB 的降解效果较差，20 h 内降解效率为 25% 左右，但是纳米钯化铁对其降解率高达 90%，纳米铁和纳米钯化铁对 1,2,4,5-TeCB 的降解率存在显著的差异性。从图 7.16 可以看出，整

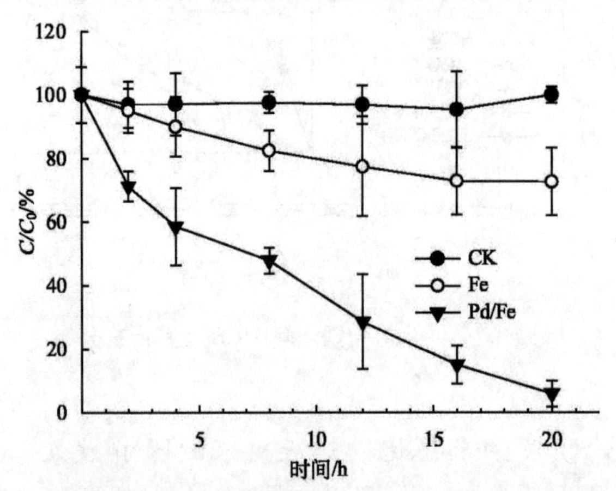

图 7.15 纳米铁和纳米钯化铁对 1,2,4,5-TeCB 的降解动力学

个实验过程的降解产物只检测到1,2,4-TCB和1,2-DCB，可能生成一氯苯甚至苯（本实验方法无法检测），尤其在使用纳米钯化铁的实验组；另外在纳米钯化铁处理中，1,2,4,5-TeCB的降解产物1,2,4-TCB的浓度呈现先增加后减少的趋势，我们认为在反应12 h后，1,2,4-TCB的浓度高于其母体化合物，能够竞争纳米铁表面的活性点位，从而使其浓度在后期呈现下降的趋势；从降解产物的分布可初步判断其降解途径为1,2,4,5-TeCB→1,2,4-TCB→1,2-DCB，这与其他的实验结果基本一致。

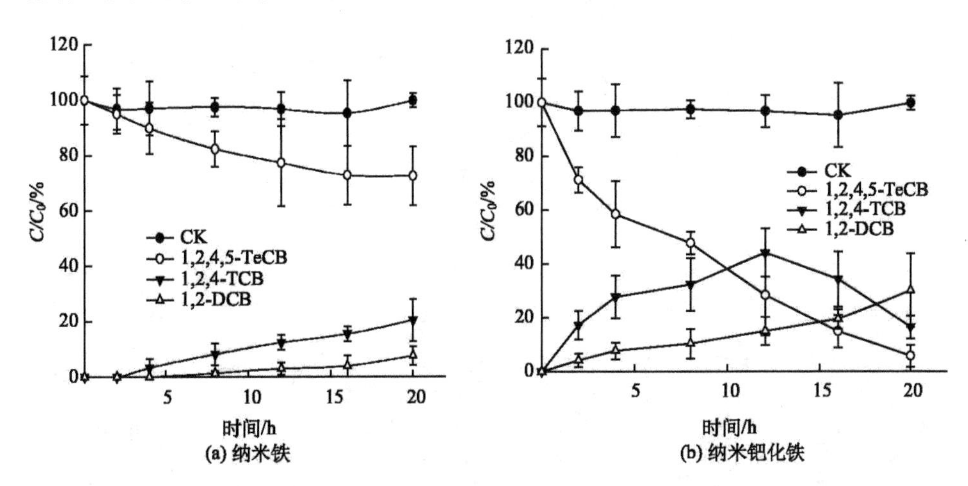

图7.16　纳米铁（a）以及纳米钯化铁（b）降解1,2,4,5-TeCB及其产物分布

由此可推断高氯苯的降解途径如下：

HCB→PeCB→1,2,3,4-TeCB→1,2,3-TCB→……

综上所述，单纯使用纳米零价铁对高氯代苯环类污染物的降解效果较差，纳米钯化铁对六氯苯和五氯苯的降解效果一般，而对1,2,4,5-TeCB具有显著的降解效果；降解产物的唯一性说明了纳米铁对氯苯类化合物脱氯点位的专一性，我们认为高氯苯降解产物的分布规律主要是由于氯原子的空间位阻效应导致其脱氯具有很强的选择性。

7.4.3　纳米铁对滴滴涕的降解特性

1. 纳米零价铁及纳米钯化铁对DDT的降解效果

从图7.17可以看出，纳米铁和纳米钯化铁对p,p'-DDT的降解率很高，其中纳米钯化铁具有更高的降解速率，60 min内降解率接近100%，其降解产物p,p'-DDD都呈现先增加后减少的趋势，实验过程仅检测到极少量的p,p'-DDE，说明p,p'-DDT主要通过加氢脱氯的途径生成p,p'-DDD，反应后期应该存在进一步的脱氯降解产物，但由于实验方法和实验条件的限制，目前还无法检测，这也是以后需要进一步开展的工作之一。

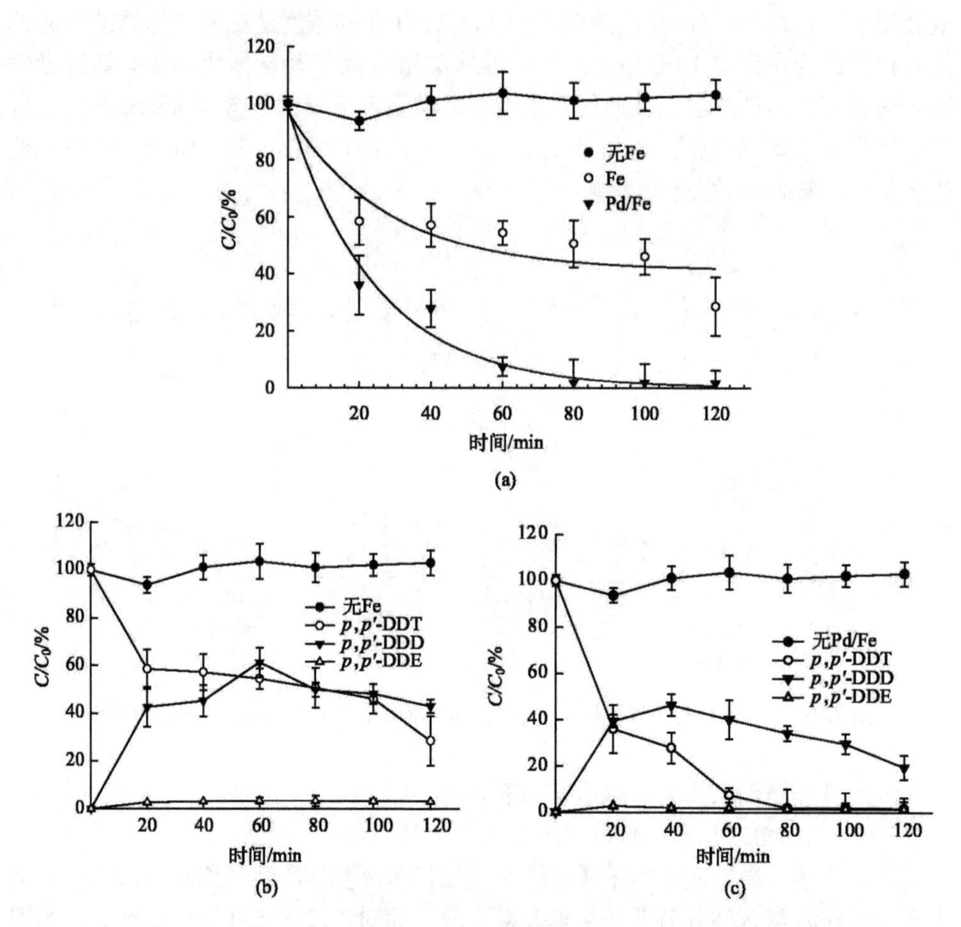

图 7.17 纳米铁和纳米钯化铁对 p,p'-DDT 的降解动力学（a）；纳米铁对 p,p'-DDT 的降解动力学及其产物分布（b）；纳米钯化铁对 p,p'-DDT 的降解动力学及其产物分布（c）

通过对比 p,p'-DDT 和高氯苯类的降解效果可以推断纳米铁对非芳香烃类氯化物的降解效果明显优于芳香烃类化合物，目前关于使用纳米铁降解非芳香烃类氯化物（TCE、PCE、林丹等）的报道很多，但对于降解芳香烃类化合物（CB、PCB 等）报道相对较少，而这类带有苯环的高稳定有机污染物的存在具有更高的环境风险，因此如何使用纳米铁技术高效降解芳香烃类卤化物是目前亟须开展的研究之一。

2. 纳米铁降解 DDT 的影响因素

(1) 纳米钯化铁用量对 DDT 降解效果的影响。由图 7.18 (a) 可以看出，随着纳米钯化铁用量的增加，p,p'- DDT 的降解速率显著增加，主要是由于纳米钯化铁的表面反应活性位点随着用量的增加而增加，从而促进了反应的进行。另外，由图 7.18 (b) 可以看出纳米铁的用量不同导致 p,p'- DDT 降解产物的累积规律也存在显著的差异。在 10 g/L 纳米钯化铁处理中，p,p'-DDD 在 40 min 时达到最大值，随后呈现减少的趋势，我们认为反应进行到 40 min 以后，体系中 p,p'- DDD 的浓度显著超过母体化合物 p,p'- DDT 的浓度，从而使得 p,p'-DDD 优于 p,p'-DDT 发生进一步的脱氯降解；在 5 g/L 纳米钯化铁处理中，p,p'-DDD 在前 80 min 一直呈现持续增长的趋势，之后才减少；而在 1 g/L 纳米钯化

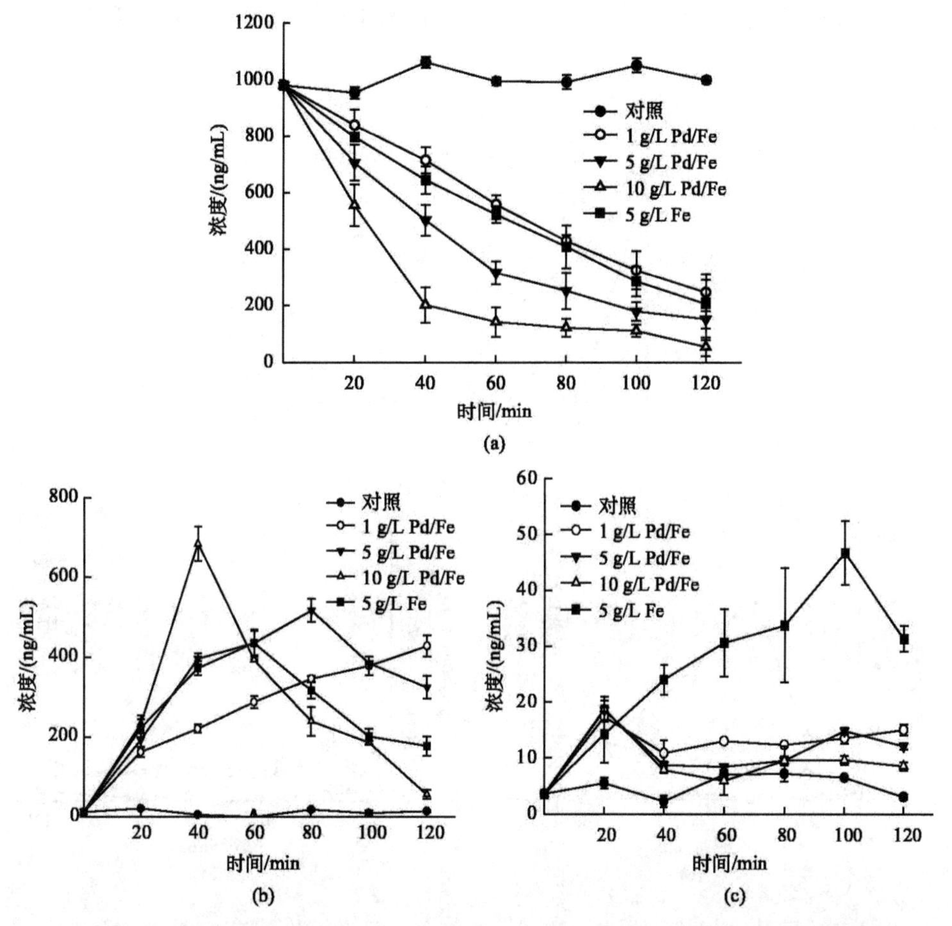

图 7.18　纳米铁用量对 p,p'-DDT 降解速率的影响 (a)；纳米铁用量对降解产物 p,p'-DDD 积累的影响 (b)；纳米铁用量对降解产物 p,p'-DDE 积累的影响 (c)

铁的处理中，p,p'-DDD 一直呈现不断增长的趋势。另外，值得注意的 p,p'-DDT 的降解产物 p,p'-DDE 的积累受纳米铁用量的影响并不显著［图 7.18 (c)］，3 组纳米钯化铁处理中 p,p'-DDE 在 20 min 时同时达到最大值，但只占 DDT 的 2% 左右。

(2) pH 对纳米钯化铁降解 DDT 的影响。图 7.19 (a) 表明，pH 对纳米钯化铁降解 p,p'-DDT 具有显著的影响。酸性条件下，纳米钯化铁能够在 20 min 内基本降解 p,p'-DDT，且没有检测到其主要降解产物 p,p'-DDD 的大量积累，说明脱氯反应进行较为彻底，产生了更低级的氯代产物［图 7.19 (b)］；在碱性条件下，羟基离子的存在与溶液中产生的铁离子生成沉淀使得纳米铁的表面发生钝化，从而显著抑制了脱氯反应的发生；另外我们可以推断在有催化剂（Pd、Ag、Ni 等）存在的情况下，酸性条件基于纳米铁腐蚀速率的增加，更有利于 OCP 加氢脱氯反应的发生。pH 对 p,p'-DDE 的生成也会产生影响，尽管 p,p'-

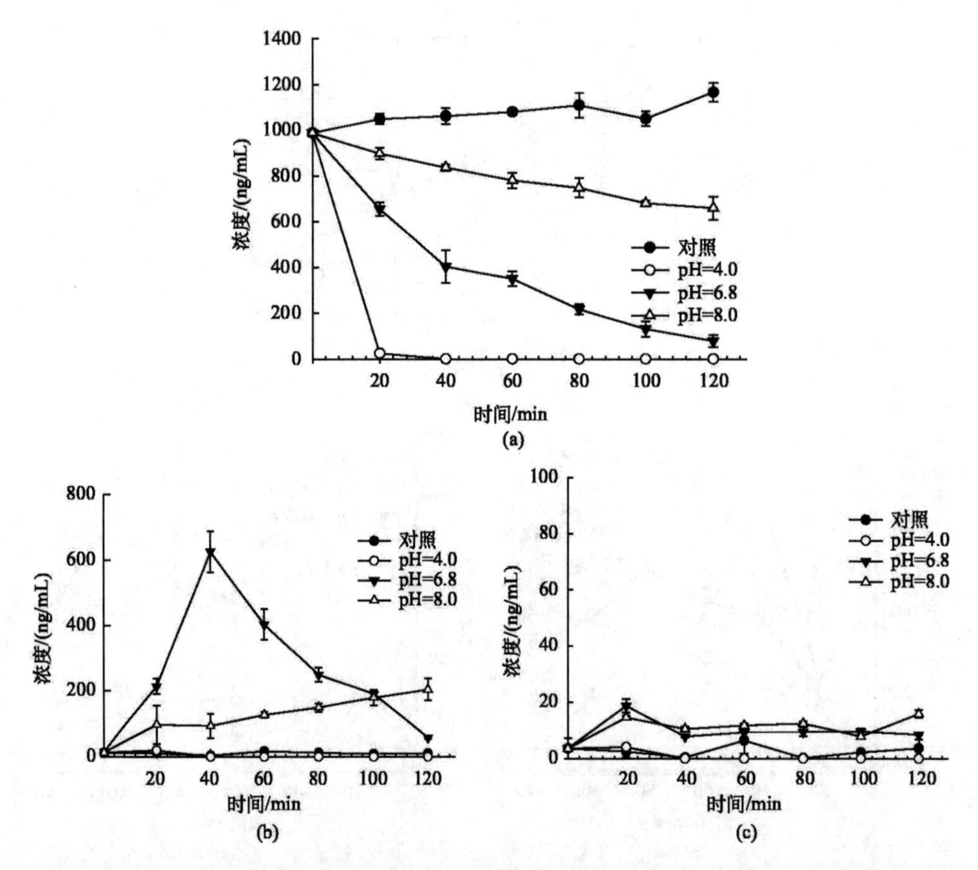

图 7.19 不同 pH 条件下纳米铁对 p,p'-DDT 的降解动力学 (a)；不同 pH 条件下降解产物 p,p'-DDD 的动态变化 (b)；不同 pH 条件下降解产物 p,p'-DDE 的动态变化 (c)

DDE 并不是主要的降解产物［图 8.19（c）］。

7.5　纳米矿物对有机氯农药降解与调控机制

7.5.1　纳米有机二氧化硅对土壤-水稻根系中六氯苯迁移的影响

实验结果表明，纳米有机二氧化硅有利于水稻根系的发育。改良剂纳米有机二氧化硅的加入明显有利于水稻根系的生长，这主要是因为实验土壤为黏土，水稻根系为不发达根系，纳米有机二氧化硅的加入使土壤疏松，有利于根系的生长。但是加入量为 4% 时水稻根的生长量稍小于加入量为 1% 和 2% 的生长量。因为实验所用的为硅烷偶联剂有机改性的二氧化硅，完全疏水，加入量过大，水分容易聚积在表层，不利于植物的吸收，从而阻碍了水稻根的生长，所以加入量 4% 时水稻根的鲜重略有下降。这说明加入恰当比例的纳米二氧化硅作为改良剂有利于水稻根的生长。

从图 7.20 中可以看出随着改良剂纳米二氧化硅加入比例的增加，水稻根中 HCB 含量明显降低，分别较未添加纳米二氧化硅的样品下降 8.5%、67.5%、62.3%，说明纳米二氧化硅对水稻根吸收土壤中的 HCB 有抑制作用。对应于纳米有机二氧化硅 4 种添加比例水稻根样品中 HCB 含量（C）的高低顺序为 C（添加 2%）$<C$（添加 3%）$\ll C$（添加 1%）$<C$（0），纳米二氧化硅添加量 2% 时效果最佳。

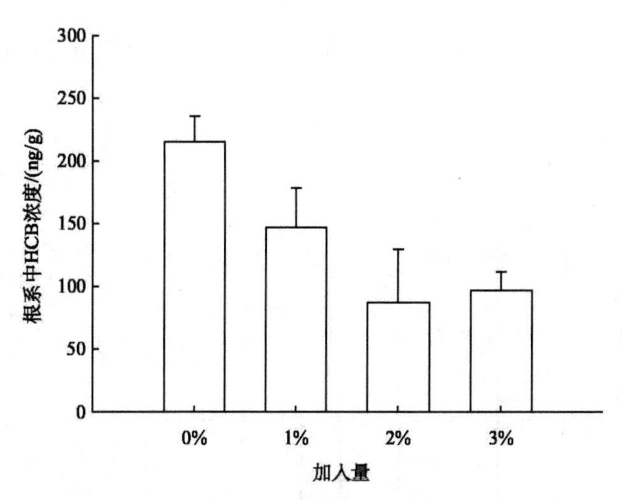

图 7.20　纳米有机二氧化硅添加比例与水稻根中 HCB 含量的关系

改良剂纳米二氧化硅的加入对水稻根的生长有明显的促进作用，1%、2% 的添加比例效果最佳，添加比例为 4% 时效果稍差。综合分析后，认为纳米二氧化硅添加比例 2% 既有利于水稻根的生长又有利于抑制其对 HCB 的吸收。

7.5.2　纳米有机蒙脱土对土壤-水稻根系中六氯苯迁移的影响

实验表明，土壤中添加 4% 以内的纳米有机改性蒙脱土材料有助于根系的发育，但过高比例（8%）的纳米有机改性蒙脱土材料可能使根系的生长受到抑制。有机蒙脱土对水稻根中的 HCB 的含量影响如图 7.21 所示。由图可以看出添加纳米有机改性材料后水稻根中 HCB 含量明显降低，并且添加量越大，HCB 的含量越低。

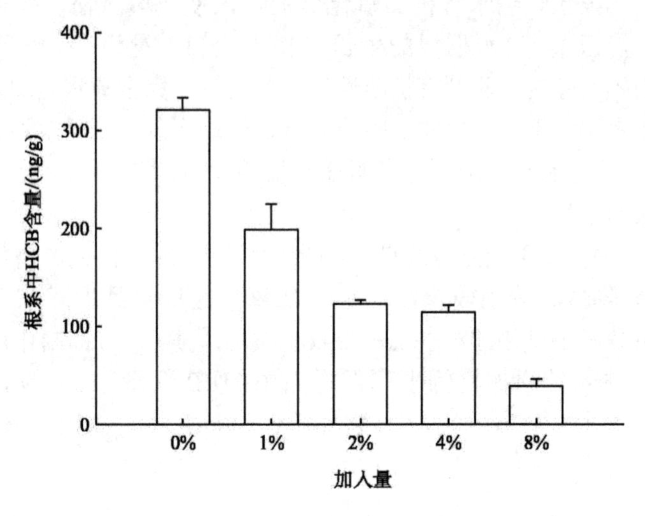

图 7.21　纳米有机蒙脱土添加比例与水稻根中 HCB 含量关系

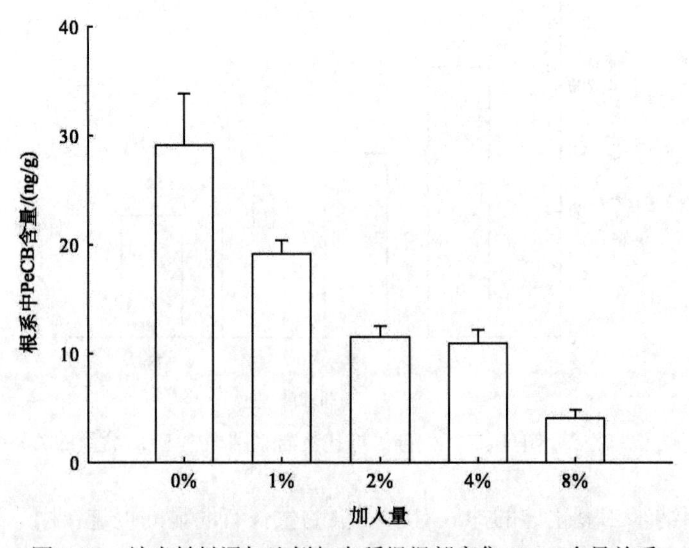

图 7.22　纳米材料添加比例与水稻根根部富集 PeCB 含量关系

纳米有机改性黏土与污染土壤混合后其表面起改性作用的表面活性剂提高了土壤的有机质含量，纳米蒙脱土的大比表面积使得土壤比表面积增加，对土壤中HCB的吸附、分配产生了重要影响，使得土壤中一部分HCB被吸附固定在添加材料的表面，HCB的生物活性被抑制，移动性降低，水稻根对HCB的吸收量降低，材料的添加量越大，被吸附固定的HCB量越多，所以随着添加量的增加，水稻根中HCB的含量降低。同时，由于改性材料的吸附作用HCB的生物有效性显著降低，在植物根系中通过微生物作用降解形成的PeCB也明显下降（图7.22）。

参考文献

郜红建，蒋新．2004．土壤中结合残留态农药的生态环境效应．生态环境，13（3）：399-402．

凌婉婷，徐建民，高彦征，等．2004．溶解性有机质对土壤中有机污染物环境行为的影响．应用生态学报，15（2）：326-330．

楼涛，陈国华，谢会祥，等．2004．腐殖质与有机污染物作用研究进展．海洋环境科学，23（3）：71-76．

瑞恩P．施瓦茨巴赫，菲利普M．施格文，迪特尔M．英博登．2004．环境有机化学．王连生等译．北京：化学工业出版社．

吴春燕，庄舜尧，杨浩，等．2003．南方红壤处理滇池水的初步试验．农业环境科学学报，22（6）：669-672．

赵慧敏，全燮，杨凤林，等．小分子有机碳源对滴滴涕污染沉积物生物修复作用的基础研究．环境科学学报，2002，22（1）：51-54．

Abdelhafid R, Houot S, Barriuso E. 2000. How increasing availabilities of carbon and nitrogen affect atrazine behavior in soils. Biol Fertil Soils, 30: 333-340.

Alvey S, Crowley D E. 1995. Influence of organic amendments on biodegradation of atrazine as a nitrogen source. J Environ Qual, 24: 1156-1162.

Banik A, Sen M, Sen S P. 1996. Effects of inorganic fertilizers and micronutrients on methane production from wetland rice (*Oryza sativa* L.). Biol Fertil Soils, 21: 319-322.

Brahushi F, Dorfler U, Schroll R. 2004. Stimulation of reductive dechlorination of hexachlorobenzene in soil by inducing the native microbial activity. Chemosphere, 55: 1477-1484.

Chang B V, Su C J, Yuan S Y. 1998. Microbial hexachlorobenzene dechlorination under three reducing conditions. Chemosphere, 36: 2721-2730.

Chang B V, Zheng J X, Yuan S Y. 1996. Effects of alternative electron donors, acceptors and inhibitors pentachlorophenol dechlorination in soil. Chemosphere, 3: 313-320.

Chen I M, Chang B V, Yuan S Y. 2002. Reductive dechlorination of hexachlorobenzene under various additions. Water Air Soil Pollut, 139: 61-74.

Entry J A. 1999. Influence of nitrogen on atrazine and 2, 4-dichlorophenoxyacetic acid mineralization in blackwater and red water forested wetland soils. Biol Fertil Soils, 29: 348-353.

Hiradate S, Yamaguchi N U. 2003. Chemical species of Al reacting with soil humic acids. Journal of Inorganic Biochemistry, 97: 26-31.

Jetten M S M, Strous M, van de Pas-Schoonen K T, et al. 1999. The anaerobic oxidation of ammonium. FEMS Microbiol Ecol, 22: 421-437.

Liu C, Huang P M. 2004. Kinetics of 2, 4-dichlorophenoxyacetic acid (2, 4-D) adsorption by metal oxides, metal oxide-humic complexes, and humic acid. Soil Science, 169: 497-504.

Nowak J, Kirsch N H, Hegemann W, et al. 1996b. Total reductive dechlorination of chlorobenzenes to benzene by a methanogenic mixed culture enriched from Saale river sediment. Appl Microbiol Biot, 45: 700-709.

Nowak J, Kirsch N H, Hegemann W. 1996a. Total reductive dechlorination of chlorobenzenes to benzene by methanogenic mixed culture enriched from Saale river sediment. Appl Microbiol Biotechnol, 45: 700-709.

Rogers J A, Tedaldi D J, Kavanaugh M C. 1993. A screening protocol for bioremediation of contaminated soil. Environ Prog, 12: 146-156.

Roy R, Conrad R. 1999. Effect of methanogenic precursors (acetate, hydrogen, propionate) on the suppression of methane production by nitrate in anoxic rice field soil. FEMS Microbiol Ecol, 28: 49-61.

Traore I, Shen D S, Min H, et al. 1999. Effect of different fertilizers on methane emission from a paddy field of Zhejiang, China. J Environ Sci, 11: 457-461.

Watanabe T, Cahyani V R, Murase J, et al. 2009. Methanogenic archaeal communities developed in paddy fields in the Kojima Bay polder, estimated by denaturing gradient gel electrophoresis, real-time PCR and sequencing analyses. Soil Sci Plant Nutr, 55: 73-79.

Wu Q, Bedard D L, Wiegel J. 1997. Temperature determine the pattern of anaerobic microbial dechlorination of aroclor1260 primed by woods pood sediment. Applied Environment Microbiology, 63: 4818-4825.

Wu Q, Milliken C E, Meier G P. 2002. Dechlorination of chlorobenzenes by a culture containing bacterium DF-1, a PCB dechlorinating microorganism. Environ Sci Technol, 36: 3290-3294.

Yao F X, Jiang X, Yu G F. 2006. Evaluation of accelerated dechlorination of p, p'-DDT in acidic paddy soil. Chemosphere, 64: 628-633.

Yuan S Y, Su C J, Chang B V. 1999. Microbial dechlorination of hexachlorobenzene in anaerobic sewage sludge. Chemosphere, 38: 1015-1023.

Zhang W X. 2003. Nanoscale iron particles for environmental remediation: an overview. Journal of Nanoparticle Research, 5: 323-332.

第 8 章　多环芳烃和多氯联苯污染农田土壤的生物修复

多环芳烃（polycyclic aromatic hydrocarbon，PAH）是城郊农田土壤中普遍存在的一类有机污染物，而多氯联苯（polychlorinated biphenyl，PCB）也是国际上关注的持久性有机污染物之一，尤其是在电子垃圾拆解行业周边的农田土壤多氯联苯污染问题十分突出（Ping et al.，2007；滕应等，2008）。因此，多环芳烃和多氯联苯污染的城郊农田土壤的生物修复成为当前土壤环境科学技术领域关注的热点。土壤生物修复，包括微生物修复、植物修复、生物联合修复等技术，在进入 21 世纪后得到了快速发展，成为绿色环境修复技术之一（骆永明，2009）。微生物具有很强的分解代谢能力，微生物降解是土壤中 PAH 和 PCB 去除的主要途径（毛健等，2008；Ahmad et al.，1997）。国内外报道了很多能降解 PAH 和 PCB 的微生物，但是成功应用到土壤修复中的还十分有限，这主要与有机污染物的性质、微生物的降解能力及各种环境因素的影响有关（邹德勋等，2007）。因而，筛选高效降解多组分 PAH 和 PCB 的微生物，营造适合微生物生长和功能发挥的土壤环境条件等，成为持久性有机污染农田土壤微生物修复的重要研究内容。近年来，一些研究表明植物修复及其与微生物的联合修复在多环芳烃和多氯联苯污染土壤上具有一定的可行性（刘世亮等，2003；Mehmannavaz et al.，2002；Liste and Prutz，2006）。根际环境为微生物提供了充足的营养（如根系分泌物、死亡的植物细胞等）和适宜的生长条件，从而增加了根际微生物对有机污染物的修复效果。因此，本章重点介绍多环芳烃和多氯联苯污染的城郊农田土壤的微生物修复及其与植物联合修复研究的最新进展，为持久性有机污染农田土壤的治理与修复、农产品安全利用提供科学与技术依据。

8.1　多环芳烃污染城郊农田土壤的微生物修复

8.1.1　噬氨副球菌 HPD-2 对不同初始浓度苯并 [*a*] 芘的降解作用

无机盐液体培养基中不同初始浓度苯并 [*a*] 芘（B [*a*] P）的浓度随时间的变化而变化如图 8.1 所示。由图 8.1 可知，该菌株在接种到以苯并 [*a*] 芘为唯一碳源的液体培养基中时虽然存在一个降解延滞期，但其降解延滞期较短，能很快适应环境从而降解苯并 [*a*] 芘。B [*a*] P 初始浓度分别为 5.0 mg/L 和 50.0

mg/L 时，B［*a*］P 的浓度从培养初期开始下降，第 24～第 48 h 时其下降速率最快，分别下降了 64.8% 和 33.3%，48 h 后其浓度下降速率变缓，5 天后 B［*a*］P 的降解率分别为 66.1% 和 34.2%。而该菌在 24～48 h 时生长最快，细胞数目急剧增加，处于指数生长期，而 48 h 以后处于稳定期，说明 B［*a*］P 的降解与该菌的生长呈现出一定的对应关系。由图可知，随着培养液中苯并［*a*］芘浓度的增加，该菌株对苯并［*a*］芘的降解能力下降，这可能与高浓度的苯并［*a*］芘对菌株 HPD-2 产生了一定的毒害作用有关（盛下放等，2005）。在加灭活菌悬液处理（CK）中，B［*a*］P 的浓度也有所降低，可能是由非生物因素造成的。

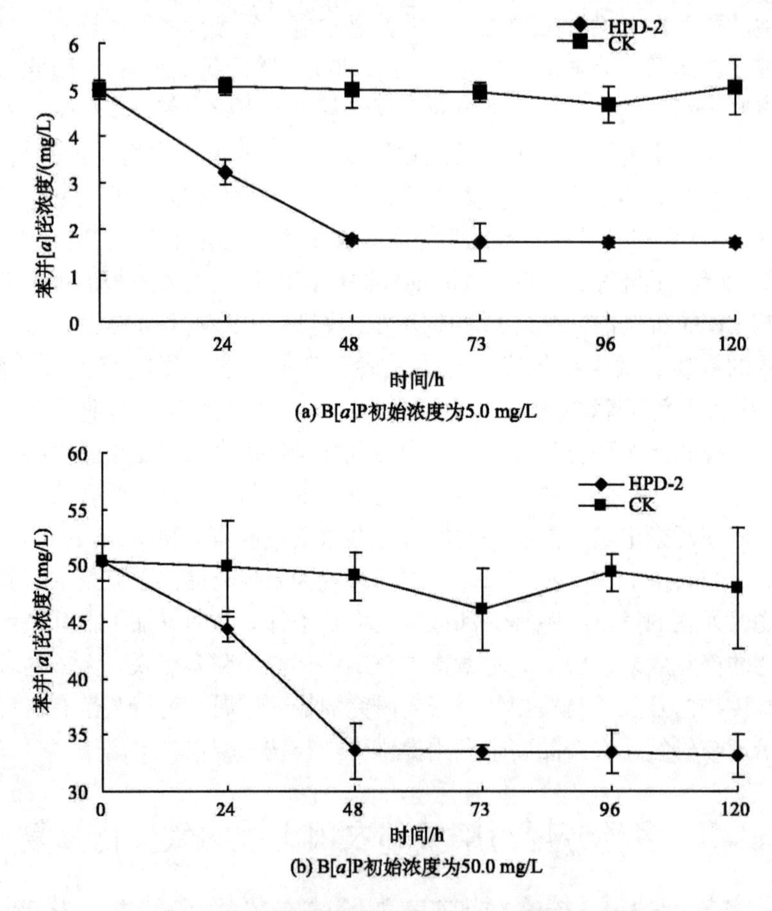

图 8.1　培养液中不同初始浓度 B［*a*］P 随时间的变化

8.1.2　噬氨副球菌 HPD-2 对苯并［*a*］芘降解的中间产物

从图 8.2 可以看出，苯并［*a*］芘的初始浓度为 50.0 mg/L 时，培养 24 h 后，

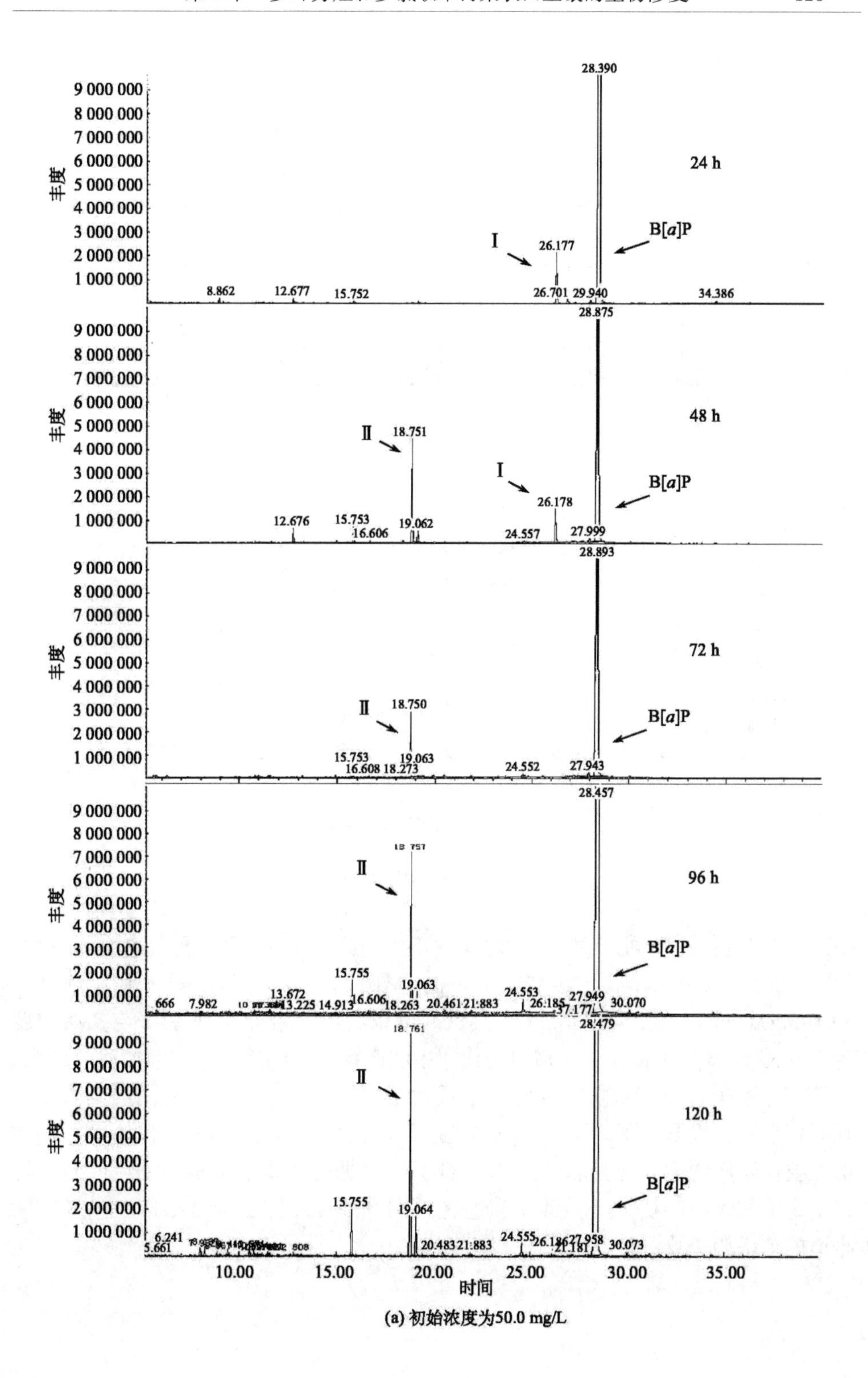

(a) 初始浓度为50.0 mg/L

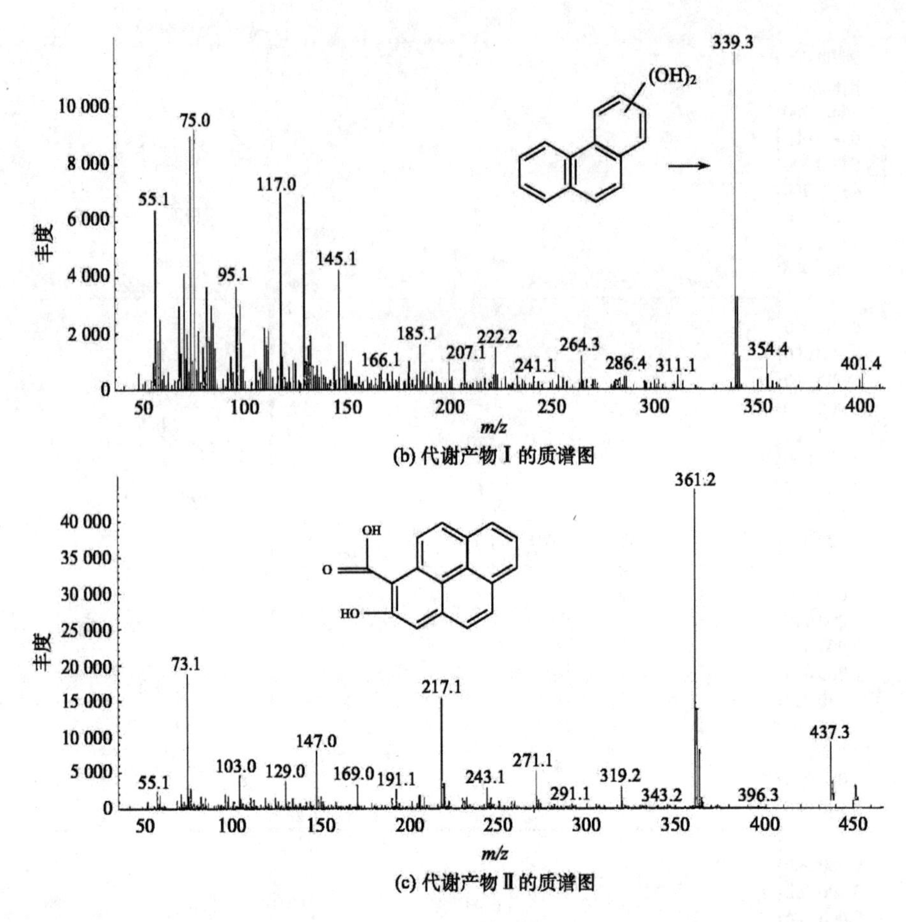

(b) 代谢产物Ⅰ的质谱图

(c) 代谢产物Ⅱ的质谱图

图 8.2　噬氨副球菌 HPD-2 对不同初始浓度 B［*a*］P 降解产物的 GC-MS 图谱

GC 图谱出现代谢中间产物峰，随着培养时间的延长，代谢中间产物逐渐减少，到 72 h 时，该中间产物已经被完全转化。图 8.2（a）为 B［*a*］P 初始浓度为 50.0 mg/L 时不同培养时间的 GC 图谱。可以看出，培养 24 h 后，与初始浓度为 5.0 mg/L 时相同，GC 图谱出现代谢中间产物峰，随培养时间增加逐渐减少，3 天后完全消失。在培养 48 h 时，出现代谢中间产物，且随着时间的延长，出现累积趋势。根据分子离子峰的 *m*/*z* 为 339.3，可以确定 HPD-2 代谢 B［*a*］P 的主要代谢产物为双羟基菲［图 8.2（b）］，根据分子离子峰的 *m*/*z* 为 217，可以确定中间代谢产物为 8-羧酸-7-羟基芘［图 8.2（c）］，这与 Jeremy 等（2008）报道的结果相一致。

8.1.3　噬氨副球菌 HPD-2 降解苯并［*a*］芘的可能代谢途径推断

初步推断 HPD-2 对 B［*a*］P 的降解可能途径如图 8.3 所示。通常情况下，细菌对 B［*a*］P 降解机理通常是启动双加氧酶将氧分子中的两个氧原子同时结合进入苯环分子产生二氧化合物中间体，继而氧化为顺式-二氢二醇 B［*a*］P 和三羟基化合物，然后再转化为细胞蛋白质，或者转化为 CO_2 和水。Gibson 等（1975）报道了菌株 *S. yanoikuyae* B8/36 能够降解 B［*a*］P，并确定 7,8-二氢二醇 B［*a*］P 为其代谢产物。Schneider 等（1996）虽然没有分离到以上产物，但在分离到顺式-4-（8-羟芘基-7-基）-2-氧代-3-丁羧酸后，亦可推断出上述中间产物的产生。根据本研究 GC-MS 分析鉴定结果，在保留时间为 26.1 min 时，出现了代谢中间产物峰，由其分子离子峰 *m*/*z*（271）可知为 8-羧酸-7-羟基芘，同样推断出可能有顺式-4-（8-羟芘基-7-基）-2-氧代-3-丁羧酸的生成。同时，在保留

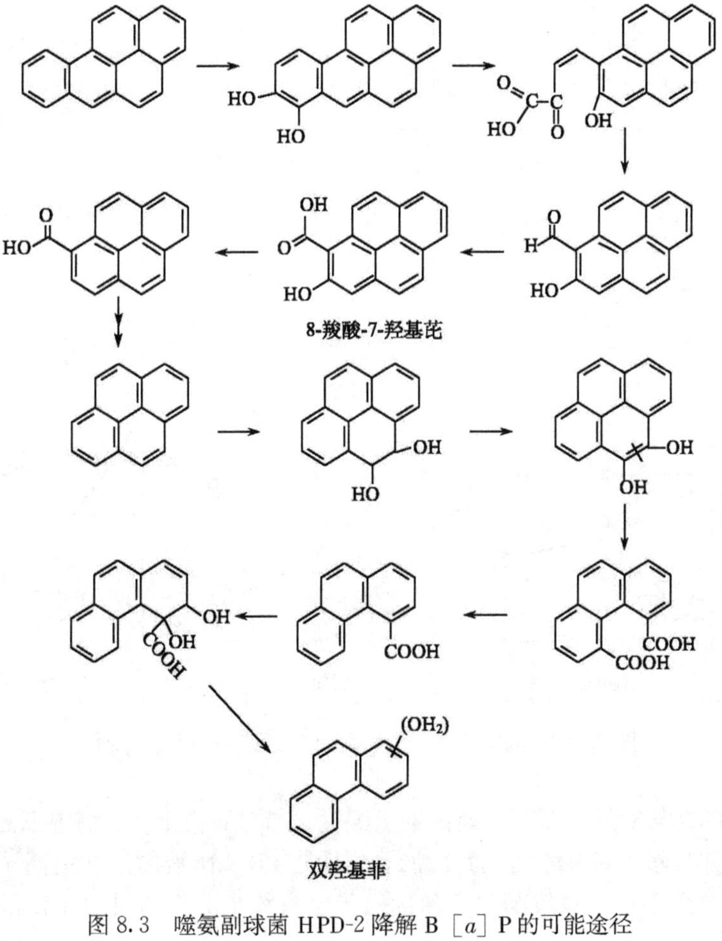

8-羧酸-7-羟基芘

双羟基菲

图 8.3　噬氨副球菌 HPD-2 降解 B［*a*］P 的可能途径

时间为 18.75 min 时，出现了代谢中间产物双羟基菲生成，并出现了积累。Walte 等（1991）报道菌株 *Rhodococcus* sp. UW1 可以降解芘，并确定双羟基菲为其代谢产物。

8.1.4 噬氨副球菌 HPD-2 对土壤多环芳烃的降解作用

生物修复过程中土壤中各 PAH 组分含量随时间的变化如图 8.4 所示。从图中可以看出，截至第 14 天，所有加菌的处理中各 PAH 组分的浓度均明显低于对照土壤（$P<0.05$），降解率均为 19.5% ～36.2%，其中最高的是菲（36.2%）、蒽（35.4%）和苯并［*a*］芘（32.2%）。

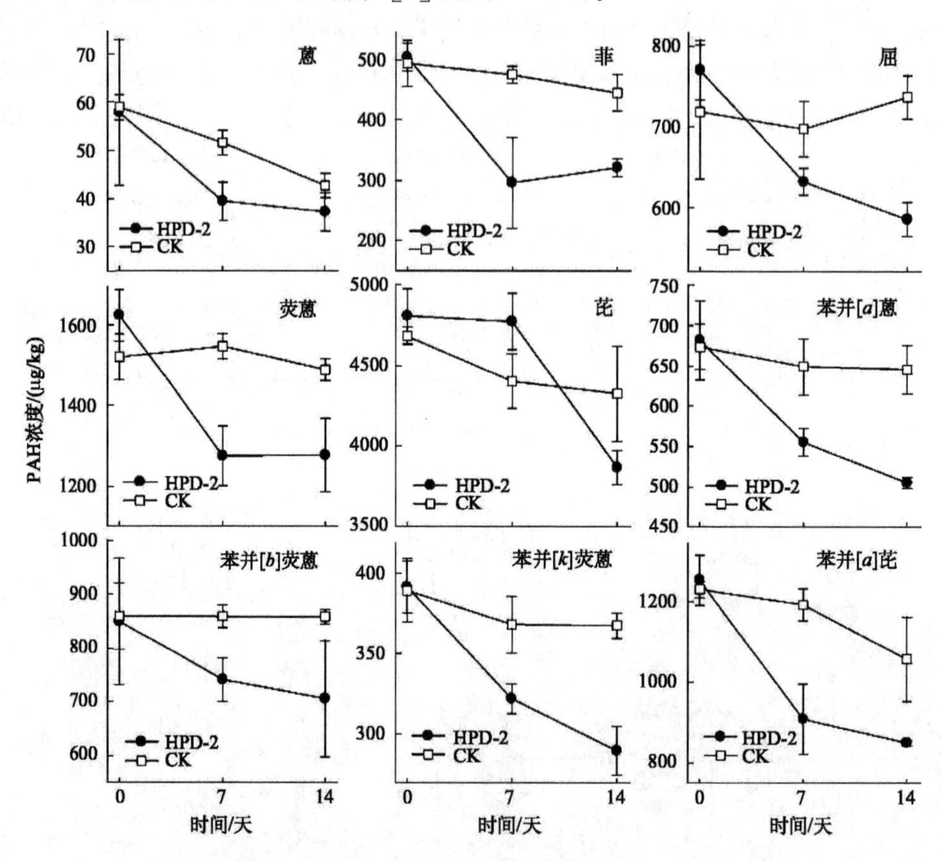

图 8.4　土壤中各多环芳烃组分浓度随时间变化的变化

将降解菌悬液加入多环芳烃污染土壤后，与对照相比，土壤中细菌的数量明显增加，并且随着时间的延长而增加，说明 HPD-2 菌液的添加提高了土壤中细菌的数量（图 8.5）。放线菌和真菌的数量略有增加，但与对照相比没有显著差

异，可能是细菌培养液中营养物质的加入促进了土壤中放线菌和真菌的生长。

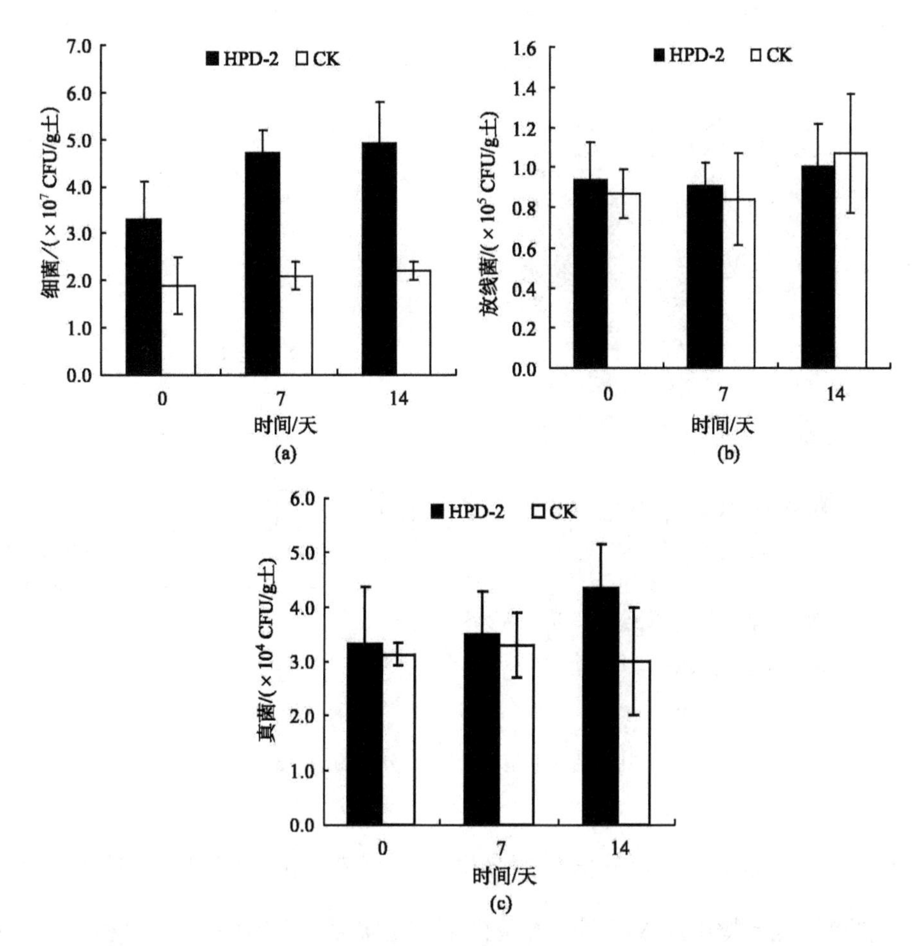

图 8.5　第 0 天、第 7 天、第 14 天土壤中细菌、放线菌、真菌的数量

图 8.6（a）所示的是第 0 天、第 7 天、第 14 天土壤中细菌的变性梯度凝胶电泳（DGGE）图谱，从中可以看出，0 天土壤中细菌的条带较少，而第 7 天、第 14 天土壤中细菌条带的数量明显增加，表明土壤中细菌生物多样性增加。这一结果与土壤中细菌数量的变化相吻合。条带 1、3、6 在所有土壤中均存在，而条带 4、5 在第 0 天不明显，但在第 7 天、第 14 天的样品中变得明亮，这说明可能是其代表性细菌在土壤中的数量增加，而条带 8、9 则与之相反。与 HPD-2 菌液的 DGGE 图谱比对，可以看出，HPD-2 在第 0 天时并不是优势菌，但是在第 7 天、第 14 天逐渐变亮，尤其是在加菌液的土壤中（第 14 天）已经成为优势菌，表明 HPD-2 在土壤中具有较强的竞争能力。进一步对处理土壤的 DGGE 泳

道进行聚类分析［图 8.6（b）］，可以看出，与第 0 天的土壤相比，第 7 天、第 14 天土壤的相似性最高，尤其是加 HPD-2 的处理（相似性达 88%）。HPD-2 菌液的加入对第 0 天土壤微生物的群落结构也有影响。

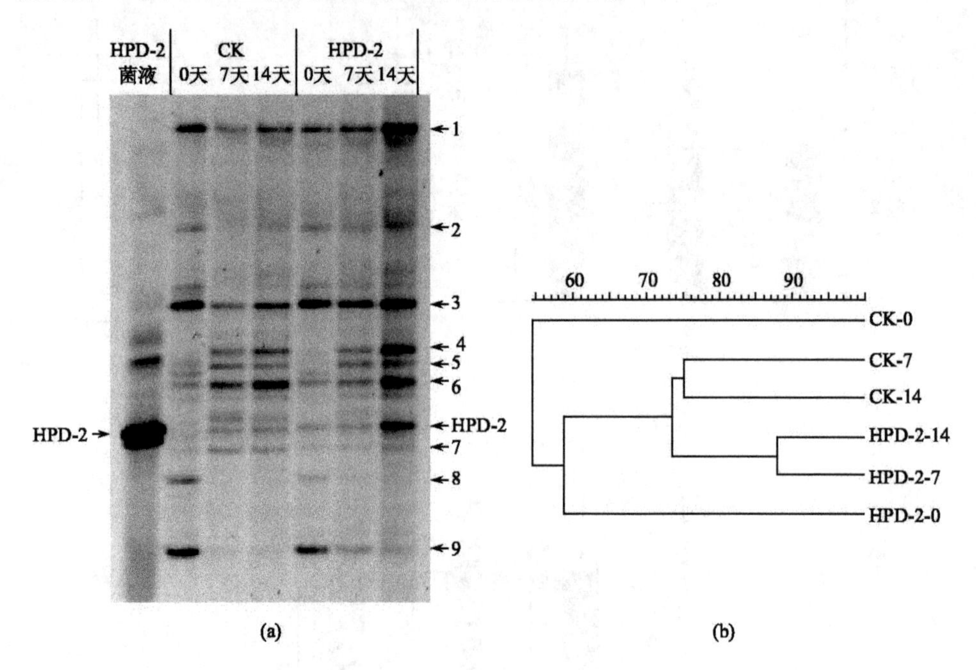

图 8.6　修复过程中土壤中细菌的 DGGE 分析图谱（a）和聚类分析（b）

8.1.5　不同碳、氮、水分条件对多环芳烃污染土壤的强化调控修复作用

图 8.7 是土壤中加入不同碳源条件下，土壤可提取态菲（PA）和苯并［*a*］芘（B［*a*］P）含量的动态变化。土壤中可提取态 PA 和 B［*a*］P 含量随时间的推移逐渐减少，且 PA 减少量较大，在试验结束后加入碳源促进了两种 PAH 的减少。不同处理之间两种 PAH 可提取态含量存在差异，在所有时间段内部分处理 PA 和 B［*a*］P 含量出现显著差异（$P<0.05$），但大多数处理间差异不显著（$P>0.05$）。

加入淀粉（ST），在第 10 天时，土壤中 PA 含量无显著性变化，各个碳水平之间土壤 PA 含量未产生显著差异；第 30 天时，加入淀粉中水平碳（1.0 g/kg，ST2）和 CK 处理土壤 PA 含量明显大于高水平碳的处理（5.0 g/kg，ST3），而 ST3 处理土壤中 PA 含量明显大于低水平处理的土壤（0.2 g/kg，ST1）；第 60 天和第 90 天时，加入淀粉土壤 PA 含量均显著低于 CK，中水平处理明显低于低水平和高水平处理（$P<0.05$）。加入淀粉对土壤可提取态 B［*a*］

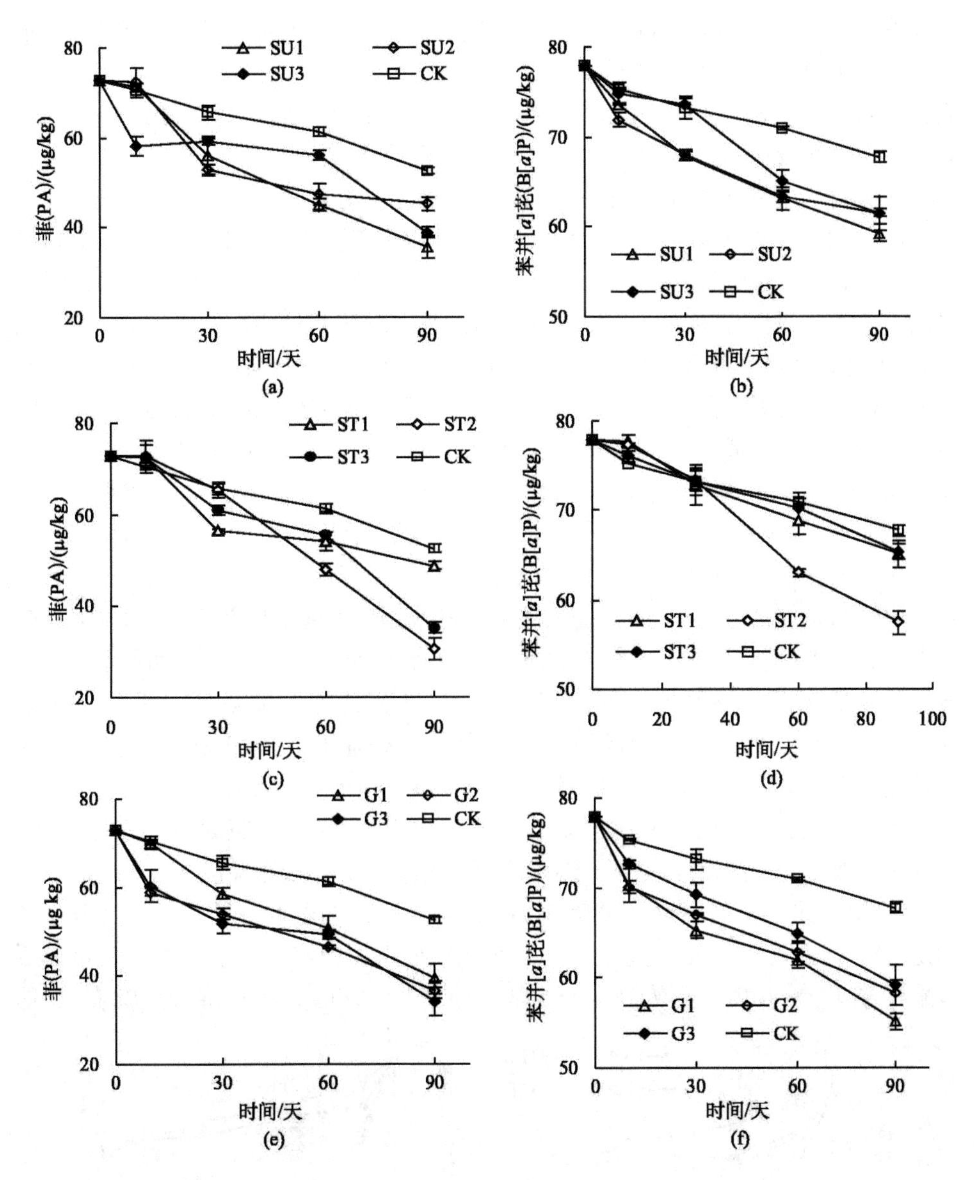

图 8.7　不同碳源对土壤可提取态菲（PA）和苯并［a］芘（B［a］P）含量的影响

芘含量影响不及 PA 明显，在第 10 天和第 30 天加入淀粉 3 个水平 B［a］P 含量均没有产生显著影响，在第 60 天和第 90 天土壤 B［a］P 有相似的趋势中，以中水平处理（ST2）土壤 B［a］P 含量显著小于其他（ST1、ST3 和 CK）处理。

加入葡萄糖（G），在各个时段，可提取态 PA 含量均是中水平（1.0 g/kg，G2）、高水平（5.0 g/kg，G3）处理显著低于对照（$P<0.05$）。除第 10 天外，

低水平处理（0.2 g/kg，G1）土壤 PA 含量也显著低于对照，第 30 天时，低水平处理土壤 PA 含量明显高于高水平处理（$P<0.05$）；第 60 天和第 90 天时，低、中和高水平 3 个水平间无显著差异。加入葡萄糖土壤可提取态 B [a] P 含量在整个时间段均明显低于 CK，以低水平处理效果最好，在第 30 天和第 90 天土壤 B [a] P 含量低水平处理显著低于中、高水平处理（$P<0.05$）。

加入琥珀酸钠（Su），在各个时段，高水平处理（5.0 g/kg，SU3）土壤可提取态 PA 含量均显著低于对照，而其他两个水平除了第 10 天外，也明显低于对照。第 10 天时，高水平处理土壤 PA 含量显著低于其他两个水平（$P<0.05$）；第 60 天时，高水平处理土壤 PA 含量明显高于低、高水平处理，而到第 90 天，中水平处理土壤 PA 含量明显高于其他 2 个水平。土壤 B [a] P 含量变化与 PA 不同：3 个水平处理土壤 B [a] P 含量在第 60 天和第 90 天明显低于对照（$P<0.05$）；第 10 天时，中水平处理土壤 B [a] P 含量显著低于其他 2 个水平；第 30 天时，高水平处理和对照土壤中 B [a] P 含量无显著性差异，但显著高于低、中水平处理（$P<0.05$）。

试验结束（第 90 天）时，加入碳素，各个处理土壤 PA 含量均低于 CK。淀粉中、高水平处理（ST2、ST3）和葡萄糖高水平处理（G3）土壤可提取态 PA 含量显著低于琥珀酸钠中水平处理（SU2）和葡萄糖及淀粉低水平处理土壤（G1 和 ST1）（$P<0.05$）；而葡萄糖中、低水平处理土壤（G1 和 G2）B [a] P 含量显著低于淀粉低、高水平处理（ST1 和 ST3）（$P<0.05$）。

图 8.8 显示了不同碳氮比值条件下土壤菲和苯并 [a] 芘含量的动态变化。各处理土壤 PAH 含量均表现出逐渐降低的趋势，PA 降低幅度大于 B [a] P。除了第 90 天采集土壤中 PA 含量 GCN3 处理与 CK 无显著差异外，其余采样期均是 CK 处理土壤 PA 含量显著高于 3 个碳氮处理（$P<0.05$）。土壤菲含量在所有采样期均是 C/N 值为 10 的处理（GCN1）最低，C/N 值为 40 的处理

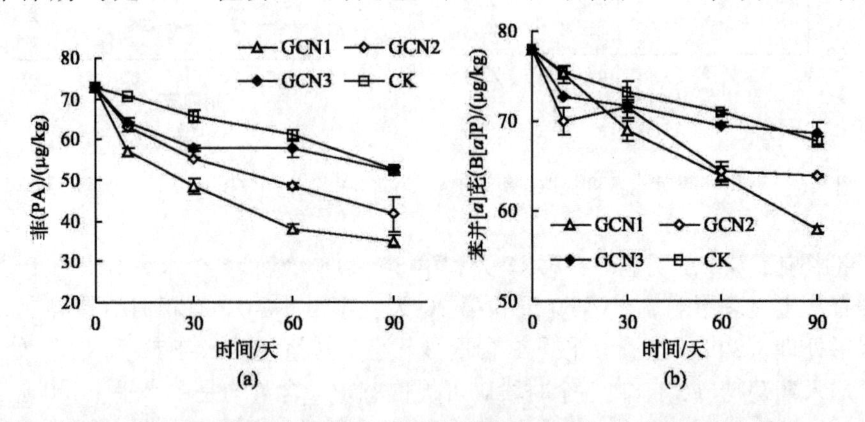

图 8.8 不同碳氮比值条件对土壤可提取态菲和苯并 [a] 芘含量的影响

（GCN3）最高，且大部分达到显著性差异。而土壤 B［a］P 含量第 10 天，C/N 值为 10∶1 的处理（GCN1）明显高于其他两个处理（GCN2 和 GCN3）（$P<0.05$），而与 CK 相当；在第 30 天、第 60 天、第 90 天，GCN1 低于 GCN2、GCN3 和 CK，但第 60 天，GCN1 和 GCN2 差异不显著；第 90 天时，GCN3 处理土壤 B［a］P 含量显著高于 GCN1 和 GCN2（$P<0.05$）。

图 8.9 显示了葡萄糖低（0.2 g/kg，G1）、高（5.0 g/kg，G3）2 个水平下，水分和搅动对土壤菲和苯并［a］芘含量的动态变化影响。随培养时间延长，土壤可提取态 PA 和 B［a］P 含量均降低，PA 下降明显。淹水与非淹水处理土壤可提取态 PA 含量在 2 个碳水平下有不同的趋势。低碳水平时，在各个时段，均是淹水处理土壤（G1W）和非淹水处理土壤（G1）PA 含量无显著性差异；但在第 60 天和第 90 天时，淹水和非淹水处理土壤 PA 含量均显著低于对照土壤 PA 含量（$P<0.05$）。高碳水平时，在各个时段，土壤 PA 含量均是淹水处理显著高于未淹水处理和对照（$P<0.05$）；前两次土壤样品 PA 含量是淹水处理高于对照土壤，但未达到显著性水平（$P>0.05$），第 90 天时淹水处理土壤 PA 含量显著低于对照土壤（$P<0.05$）。而淹水与非淹水处理土壤可提取态 B［a］P

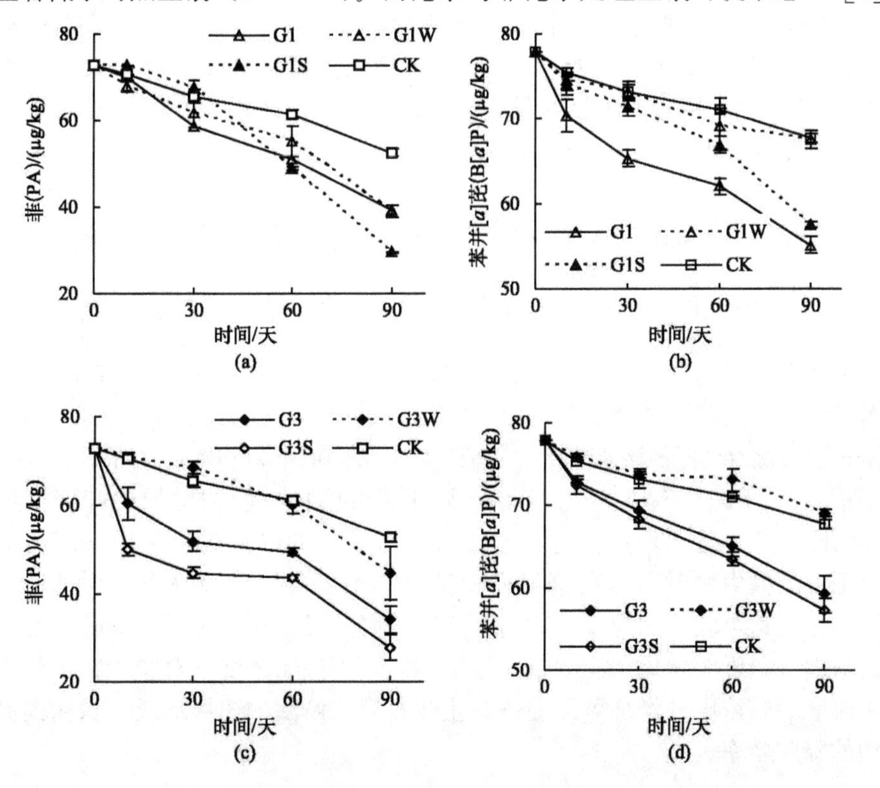

图 8.9　水分和搅动对土壤可提取态菲和苯并［a］芘含量的影响

含量在 2 个碳水平下有相似的趋势；各个时段加入葡萄糖淹水处理土壤 B [*a*] P 含量与对照土壤无显著性差异，而显著高于加入葡萄糖的非淹水处理。

搅拌与非搅拌处理土壤可提取态 PA 含量在低碳水平条件下，在第 10 天和第 30 天时，搅拌处理与对照土壤（CK）无显著差异，但在第 30 天时，搅拌处理（G1S）显著高于非搅拌处理（G1），在第 60 天和第 90 天时 PA 含量搅拌和非搅拌处理均显著低于对照，第 90 天时搅拌处理显著低于非搅拌处理。在高碳水平条件下，各个时段，可提取态 PA 含量对照土壤均显著高于非搅拌处理，非搅拌处理显著高于搅拌处理（$P<0.05$）。在培养的整个过程，低碳水平条件下，土壤可提取态 B [*a*] P 含量均是非搅拌处理显著低于搅拌处理和对照（$P<0.05$），在第 30 天和第 90 天搅拌处理显著高于对照；高碳水平条件下，在培养整个过程搅拌和非搅拌处理无显著差异，但两处理显著低于对照（$P<0.05$）。

试验结束后（第 90 天），低水平碳条件下，对照土壤 PA 含量显著高于搅动、淹水的各个处理，搅动处理（G1S）土壤 PA 含量明显低于淹水处理（G1W）和未搅动处理（G1），但 G1W 和 G1 处理差异不显著。土壤提取态 B [*a*] P 含量与 PA 含量不同，未搅动处理（G1）土壤 B [*a*] P 含量在各个时期均明显低于淹水（G1W）、搅动（G1S）和 CK。高水平碳条件下，淹水处理（G3W）土壤 PA 和 B [*a*] P 含量均显著高于田间持水量为 70% 的非搅动处理（G3）和搅拌处理（G3S）（$P<0.05$）。

8.2 多氯联苯污染城郊农田土壤的微生物修复

8.2.1 苜蓿根瘤菌对溶液体系单体 2,4,4′-TCB 的降解转化效率

由表 8.1 可见，接入苜蓿根瘤菌转化 7 天后，溶液中 2,4,4′-TCB 降解率显著增加，与灭菌对照相比，在 1 mg/L、5 mg/L、10 mg/L、25 mg/L、50 mg/L浓度条件下该菌对 2,4,4′-TCB 的降解率分别达到了 34.0%、48.3%、69.7%、96.0%、98.5%，并且随着底物浓度的增加，苜蓿根瘤菌对其的降解能力逐渐增加。这与 Cho 等（2002）的研究结果类似，即在低浓度范围内，微生物对 PCB 的降解率随其底物浓度的增加而呈直线增加，最后达到平稳。这可能是因为微生物对污染物的降解过程是一种酶促降解过程，底物的浓度可以影响酶促反应，在一定范围内，即底物浓度不对微生物产生毒害作用时，底物浓度的增加可以促进微生物自身降解酶的诱导形成，从而提高对底物的降解效率。

表 8.1　苜蓿根瘤菌对不同浓度 2,4,4′-TCB 的降解率

项目	初始浓度				
	1 mg/L	5 mg/L	10 mg/L	25 mg/L	50 mg/L
灭菌对照	0.68±0.06	2.25±0.34	3.65±0.60	7.44±1.10	21.8±2.59
活菌处理	0.45±0.01	1.17±0.76	1.17±0.17	0.30±0.15	0.33±0.17
降解率/%	34.0	48.3	69.7	96.0	98.5

苜蓿根瘤菌对单体 2,4,4′-TCB 降解转化的 GC 图谱如图 8.10 所示。从中可知，相比于灭菌处理（对照），活菌处理下，底物 2,4,4′-TCB 的色谱峰大大减小，并且出现一系列小峰，这些可能是菌种自身的代谢产物，也有可能是 2,4,4′-TCB 的转化产物。

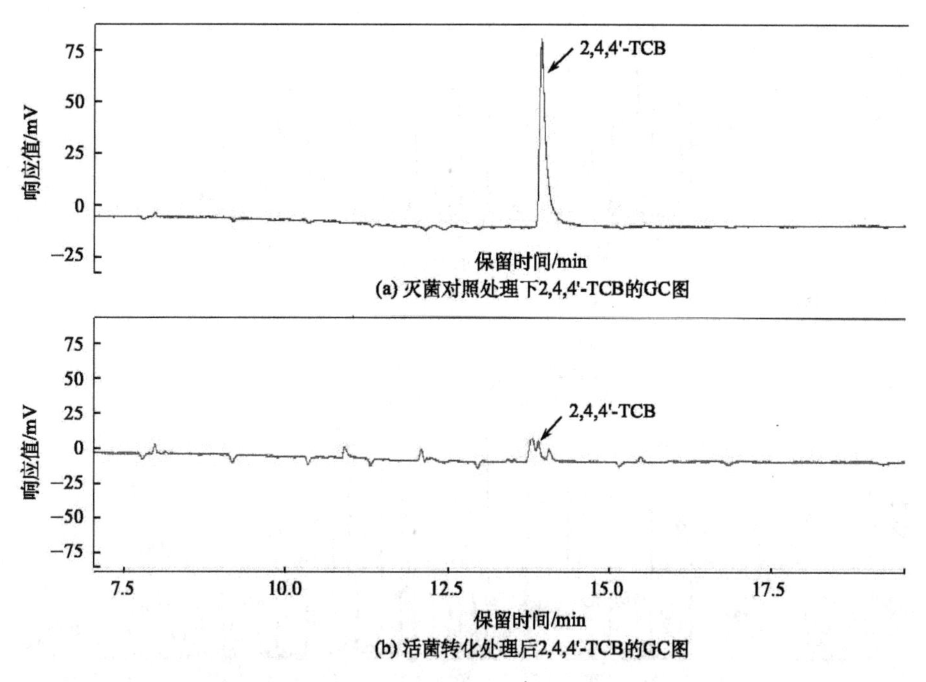

图 8.10　苜蓿根瘤菌对 2,4,4′-TCB 的转化作用

8.2.2　苜蓿根瘤菌对单体 2,4,4′-TCB 的降解中间产物

苜蓿根瘤菌对 2,4,4′-TCB 转化的 GC/MS 结果如图 8.11 所示。从中可以看出，灭菌对照的 GC/MS 图谱中，除了底物 2,4,4′-TCB（保留时间为21.02 min）外，还存在一些杂峰，这些峰可能是苜蓿根瘤菌的自身分泌物。经苜蓿根瘤菌转化处理后，底物 2,4,4′-TCB 的质谱峰几乎全部消失，同时在质谱图中出现了一

些在灭菌对照图谱中没有的新峰，如保留时间为 36.24 min 的峰，但与质谱自带的标准谱图库进行比对，并没有找到相应的产物结构，无法确定是何物质。同时，根据现有文献报道的假单胞菌降解 2,4,4′-TCB 的可能代谢产物 2,4-二氯苯甲酸也没有在本实验转化产物中发现（Komancova et al.，2003）。究其原因，一方面可能是转化产物浓度很低，并且很可能为羟基化合物，而气质联用对此类物质检测灵敏度较低，因而未能测出。另一方面，苜蓿根瘤菌在转化过程中可能伴随自身代谢分泌物的产生，从而影响了产物的分析。

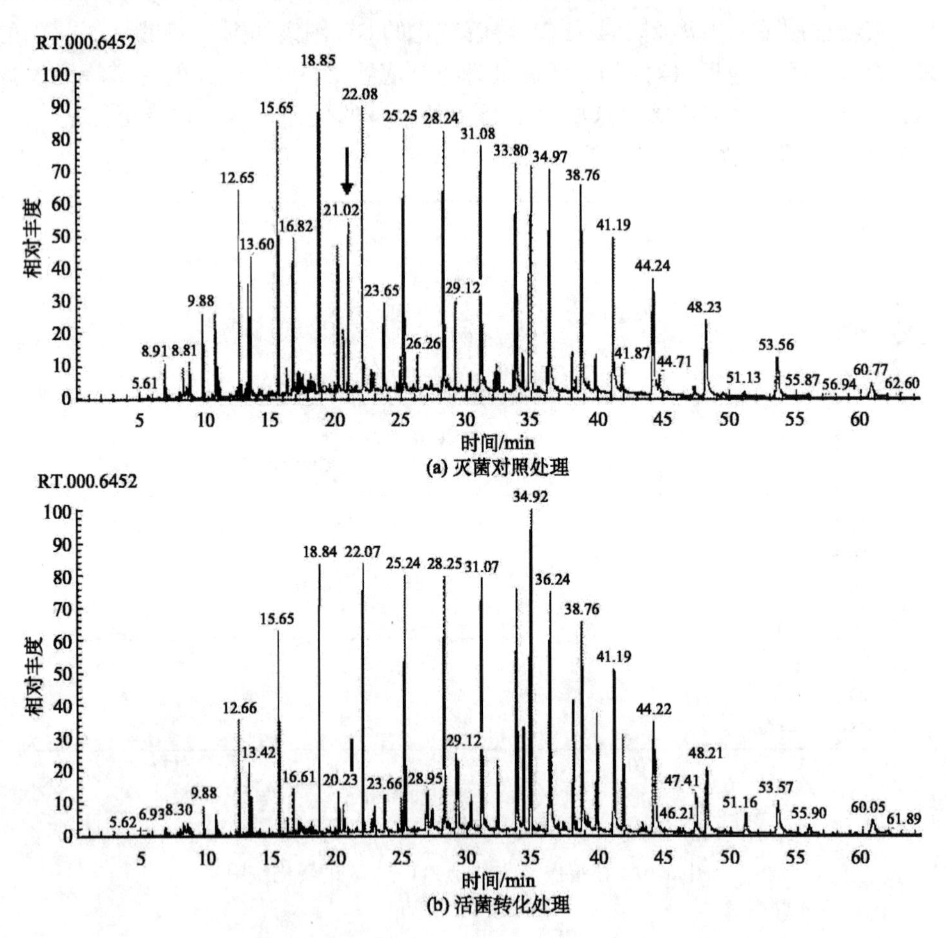

图 8.11 苜蓿根瘤菌对 2,4,4′-TCB 的转化 GC/MS 图谱

8.2.3 苜蓿根瘤菌对 PCB 混合物的降解作用

由表 8.2 可以看出，苜蓿根瘤菌对不同浓度的 PCB 混合物的降解效率总体

低于对单体 2,4,4′-TCB 的降解效率，这与 PCB 混合物中存在难以降解，甚至对菌体存在毒性的高氯 PCB 同系物有关。接入苜蓿根瘤菌培养 7 天后，溶液中 18 种 PCB 的降解率明显增加，与灭菌对照相比，在 1.8 mg/L、3.6 mg/L、9 mg/L、18 mg/L、36 mg/L 浓度条件下其降解率分别达到 23.8%、38.4%、54.7%、41.0%、48.7%，呈现出降解能力随浓度增高先增高，然后又有所降低，并趋于平衡的趋势。这与酶促反应的特点相一致。可见，苜蓿根瘤菌对 PCB 的降解存在浓度效应，低浓度的 PCB 可能达不到菌株的反应浓度要求，其降解率偏低，随着浓度增加，降解率逐渐增加，而较高浓度的 PCB 可能会对菌株产生一定程度的毒害作用，从而抑制根瘤菌对其的降解。

表 8.2　苜蓿根瘤菌对不同浓度 PCB 混合物的降解率

项目	初始浓度				
	1.8 mg/L	3.6 mg/L	9 mg/L	18 mg/L	36 mg/L
灭菌对照浓度	0.84±0.14	2.28±0.29	5.08±0.62	11.1±0.25	22.4±1.88
活菌处理浓度	0.64±0.04	1.40±0.94	2.30±0.52	6.55±0.65	11.5±0.34
降解率/%	23.8	38.4	54.7	41.0	48.7

从图 8.12 苜蓿根瘤菌对不同浓度 PCB 同系物的降解效果可知，低氯成分的 PCB（<六氯）的百分含量总体呈现减少的趋势，则高氯组分百分含量增加，这符合低氯 PCB 组分容易被微生物转化，而高氯组分不易被转化的一般规律。此

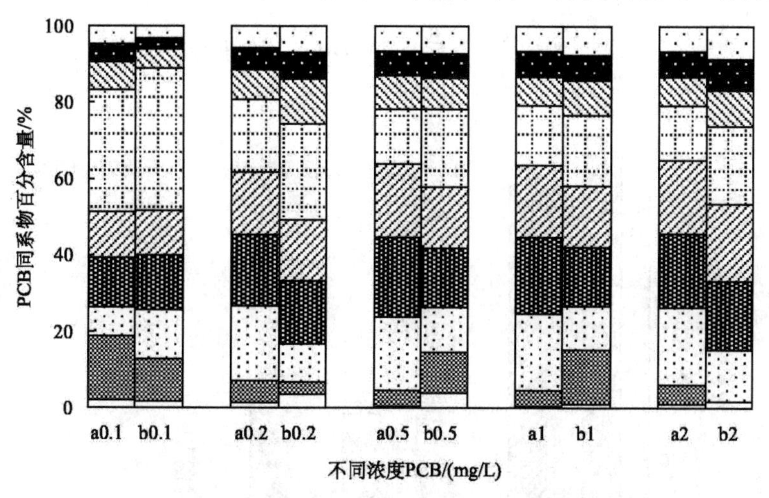

图 8.12　苜蓿根瘤菌转化不同浓度 PCB 同系物的百分含量变化

a 为转化前；b 为转化后

外，在0.5 mg/L 和1 mg/L 的浓度下，二氯、三氯的低氯代 PCB 组分的百分含量却显著增加，推测在苜蓿根瘤菌的转化过程中可能存在高氯代化合物向低氯代化合物的转化过程。

8.2.4 根瘤菌及制剂对土壤中多氯联苯的降解作用

从图 8.13 和图 8.14 可以看出：向土壤中分别加入根瘤菌与灭活根瘤菌对供试土壤中 PCB 的降解均有显著效果，但是加入活菌的处理效果显著好于灭活处理。因为活菌加入土壤后，在土壤中碳源、氮源等作用下会不断生长繁殖，从而促进土壤中 PCB 的降解。图 8.13 和图 8.14 比较，根瘤菌剂施用量大，对 PCB

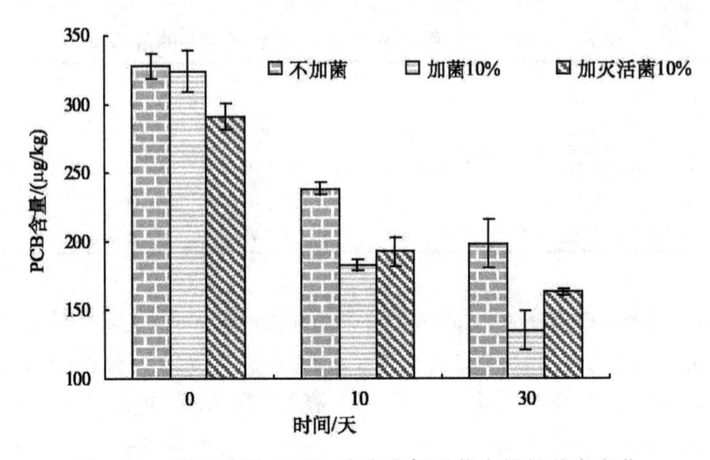

图 8.13 根瘤菌处理后土壤中多氯联苯含量的动态变化

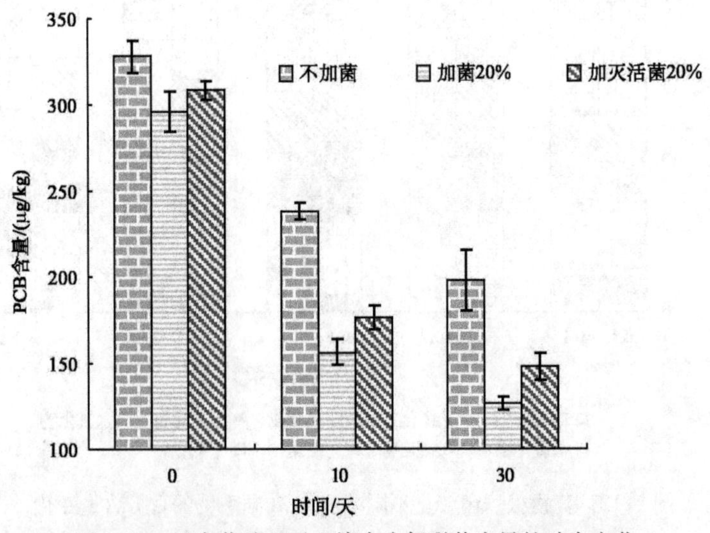

图 8.14 根瘤菌处理后土壤中多氯联苯含量的动态变化

降解效果较好，说明增加菌液剂量有利于土壤中 PCB 的降解。但是加入对应体积的根瘤菌培养基（对照为不加菌），对土壤中 PCB 的降解也有一定的促进作用。这主要是因为培养基的加入为土著微生物提供了碳源和氮源等营养物质，从而促进土壤中 PCB 的降解。从时间上看，根瘤菌对土壤中 PCB 的降解速率较快，培养 10 天即可达到 45%，可能与供试土壤中 PCB 是人为添加有关。

图 8.15 显示了 4 种不同组成的根瘤菌制剂对土壤中 PCB 的降解效果。从图中可以看出，4 种根瘤菌制剂对土壤中 PCB 均有一定的降解效果，在 30 天时其降解率达到 50.7%～70.7%，与对照相比，有极显著的差异（$P<0.01$）。从菌剂组成看，菌液加入量相同时，橙皮粉含量高者，土壤中 PCB 的降解率显著高于橙皮粉含量低者，即处理 B 土壤中 PCB 降解率显著高于处理 A，处理 D 高于处理 C；当橙皮粉含量相同时，菌液含量高者土壤中 PCB 的降解率高于菌液含量低者。这说明该根瘤菌制剂的组成成分中橙皮粉与根瘤菌能共存，且能同时作用于土壤中的 PCB。对照中不加菌，也不加橙皮粉，仅加根瘤菌培养基，与图 8.13 和图 8.14 中相似，对照土壤中 PCB 的降解率也较高，说明培养基的加入促进土壤中 PCB 的降解。

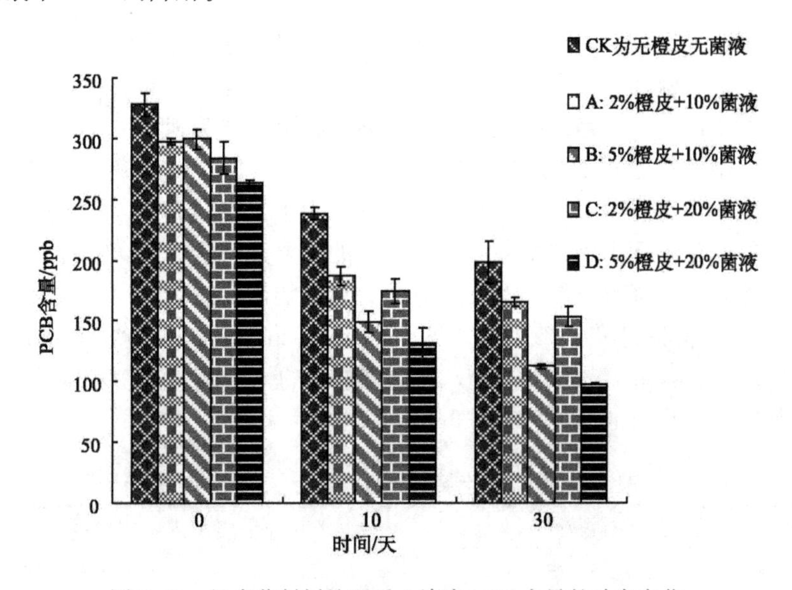

图 8.15　根瘤菌制剂处理后土壤中 PCB 含量的动态变化

8.2.5　不同调控因子对多氯联苯污染土壤的强化修复作用

不同调控措施下污染土壤 PCB 含量变化如图 8.16 所示。从图可以看出，分别进行翻耕、覆膜、施加淀粉三组处理后，土壤 PCB 的含量均显著低于对照组。

其中，翻耕处理的降解效果最好，施加淀粉和覆膜处理无显著差异。

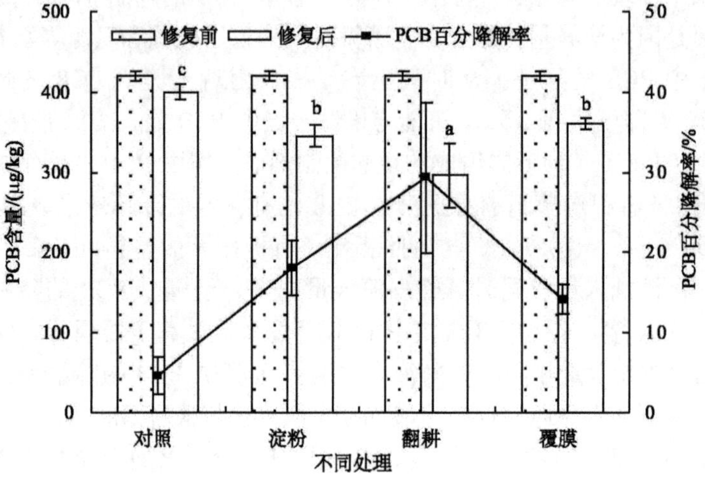

图 8.16 不同处理下土壤中 PCB 含量

表 8.3 显示，与对照组相比，施加淀粉和翻耕处理都显著增加了土壤中三大菌的数量，这与施加淀粉和翻耕作为调控措施，一个是外加的碳源，明显改善了土壤的营养条件，一个是能够改善土壤的通气状况，都有利于土著微生物的生长繁殖有关，微生物数量的增加，进而促进了土壤中 PCB 的降解。而覆膜处理，三大菌的数量都有所减少，这也与覆膜处理减少了土壤的氧气含量，抑制了好氧性微生物的生长，而采用的稀释涂板法测定的主要是好氧性微生物有关。但覆膜处理中多氯联苯的降解效果仍然高于对照，这可能与多氯联苯存在的不同降解过程有关，即好氧脱氯和厌氧脱氯过程（Wiegel and Wu，2000；Komancova et al.，2003；Quensen et al.，1998），在氧气缺少的情况下，虽然好氧过程受到抑制，可是厌氧过程可能会受到促进。

表 8.3 修复后土壤中细菌、真菌、放线菌数量

	细菌/(10^6 cfu/g)	真菌/(10^4 cfu/g)	放线菌/(10^5 cfu/g)
对照	55.7±5.51b	61.7±10.3c	126±12.3c
淀粉	72.5±2.12a	153±18.1a	279±44.7a
翻耕	82.5±2.12a	91±6.24b	179±11.8b
覆膜	50.0±7.07b	38±9.54d	156±29.4bc

注：同一列中不同的字母代表在数值上存在显著差异（$P<0.05$）。

8.3　多氯联苯污染城郊农田土壤的植物-微生物联合修复

8.3.1　根瘤菌和菌根真菌双接种对多氯联苯污染土壤的修复作用

以长江三角洲地区某典型 PCB 污染农田土壤为研究对象，设计 5 个试验处理分别为①对照（CK）；②种植紫花苜蓿（P）；③种植紫花苜蓿并接种菌根真菌（P＋V）；④种植紫花苜蓿并接种根瘤菌（P＋R）；⑤种植紫花苜蓿同时接种菌根真菌和根瘤菌（P＋V＋R），研究了接种苜蓿根瘤菌（*Rhizobium meliloti*）或地表球囊菌（*Glomus versiforme*）对多氯联苯污染土壤豆科植物紫花苜蓿（*Medicago sativa* L.）的修复效应。

1. 双接种对土壤 PCB 组分及含量的影响

由表 8.4 可见，在试验处理 90 天后，种植紫花苜蓿的处理，即 P、P＋V、P＋R、P＋V＋R 4 组处理，根际土壤中的 PCB 去除率分别为 36.1%、33.6%、42.6%、34.5%，均高于对照组（CK）的 5.4%。可见，紫花苜蓿对土壤中 PCB 的去除起着重要作用，这与 Mehmannavaz 等（2002）的研究结果类似。其中 P＋R 的处理效果显著高于其他种植植物的处理（$P<0.05$），这可能与接种根瘤菌促进植物体对 PCB 的吸收积累以及根际土著微生物的降解有关，但与 Mehmannavaz 等（2002）的结果不一致，这可能与根瘤菌接种浓度不同有关。而在 Mehmannavaz 等的试验中，根瘤菌的接种浓度过高，以致影响了土壤结构性质，甚至对植物生长产生了毒害，因此根瘤菌的促进作用没有得到体现，而降低根瘤菌的接种浓度，能得到促进土壤 PCB 去除的效果。

表 8.4　不同处理下根际土壤中 PCB 含量

项目	CK	P	P＋V	P＋R	P＋V＋R
修复前/(μg/kg)	464.4±25.7	413.8±12.0	435.3±12.4	497.8±10.1	479.2±8.81
修复后/(μg/kg)	436.3±5.4	264.5±4.9	289.3±21.4	285.7±14.5	314.0±17.1
PCB 去除率/%	5.4±2.0c	36.1±1.2b	33.6±5.0b	42.6±2.9a	34.5±3.6b

注：同一行中不同的字母代表在数值上存在显著差异（$P<0.05$）。

所有处理下田间修复效果都高于盆栽修复效果（26.8%），这一方面可能与土壤原有污染程度有关（高军，2005），田间土壤污染程度高于盆栽土壤，从而刺激土壤降解性微生物数量和活性，促进土壤 PCB 的降解，另一方面可能与接种菌剂的质量有关，田间试验所用的根瘤菌和菌根真菌的菌剂质量都高于盆栽试验，其中根瘤菌菌剂为 1.8×10^8 cfu/g，菌量是盆栽菌剂（6×10^6 cfu/g）的 30

倍，菌根菌剂的侵染率为 80.4%，是盆栽菌剂侵染率（25%）的 3 倍多。

根际土壤中 PCB 同系物的变化见图 8.17 所示。土壤中 PCB 大部分以低氯组分（少于 6 个氯原子的 PCB 组分）为主，有研究表明，PCB 生物降解程度与氯原子的数量有关，随氯原子的增加，PCB 的降解率降低（Ahmed and Focht，1973；Sayler et al.，1977），因此该地区以低氯为主的 PCB 有利于土著微生物的自然降解。与对照相比，其他 4 个处理中低氯成分总量不仅没有进一步的降低，反而都有不同程度的增加，特别是二氯、三氯组分。所有种植植物的处理中二氯、三氯组分的总含量均显著高于对照（$P<0.05$），其中接种根瘤菌的处理（P+R）增加最多。这可能一方面由于植物本身能够向根际土壤释放一些还原性酶类，如硝酸还原酶、脱氯酶等（Schnoor et al.，1995），促进土壤中高氯 PCB 组分向低氯 PCB 的转化，另一方面，植物的根际分泌物刺激了根际微生物的生长（Nichols et al.，1997），而土壤微生物种群大多把氧气作为终端电子受体，联合植物根的呼吸作用，使得根际土壤氧气缺乏，形成还原环境，有利于 PCB 的还原脱氯过程。土壤低氯成分的增加将有利于土壤微生物的进一步降解。

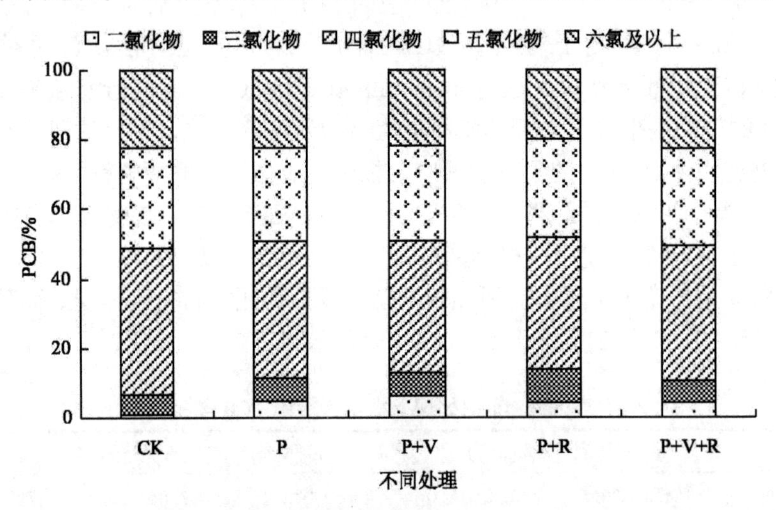

图 8.17　不同处理土壤中 PCB 同系物百分含量

2. 双接种后紫花苜蓿的生长状况及体内 PCB 含量

不同处理间紫花苜蓿的生物学指标见表 8.5。从表 8.5 可以看出，接种根瘤菌（P+R）促进了紫花苜蓿的生长，与 P 和 P+V 处理相比，株高、茎叶和根的干重均显著增加（$P<0.05$）。接种菌根真菌（P+V）后，与 P 处理相比，株高、茎叶和根的干重均未出现明显变化，可见不同的菌种对紫花苜蓿的生长存在不同的效应。P+V+R 处理下茎叶和根的干重与 P+R 处理无明显差异，但株

高低于 P+R 处理，并且菌根侵染受到抑制，这可能与两种共生菌对营养的摄取存在竞争有关（Biró et al.，2000）。

表 8.5　不同处理下紫花苜蓿的生物学性状

项目	CK	P	P+V	P+R	P+V+R
株高/cm	—	40.75c	38.43c	59.63a	46.64b
茎叶/(g/株)	—	3.29b	4.92b	21.62a	21.39a
根/(g/株)	—	1.01b	1.30b	7.05a	5.91a
根瘤/(g/株)	—	—	—	0.23b	0.46a
菌根侵染率/%	—	11.11c	61.54a	23.91c	45.24b

注：同一行中不同的字母代表在数值上存在显著差异（$P<0.05$）。

不同处理的紫花苜蓿体内 PCB 含量见表 8.6。不同处理的植株茎叶、根中都存在 PCB，说明紫花苜蓿可以直接吸收 PCB。同时根部 PCB 的含量远远高于茎叶，这与 PCB 为疏水性有机污染物（$\lg K_{ow}>3.0$），易被根表面强烈吸附，而难以被植物吸收转运有关（Schnoor et al.，1995）。与单种植紫花苜蓿的处理（P）相比，菌根真菌、根瘤菌的接种均明显增加了植物体茎叶中 PCB 的含量。此外，根瘤菌处理也显著增加植物根部的 PCB 含量。可见，单接种菌根真菌和根瘤菌均能促进紫花苜蓿对 PCB 的吸收，并且 P+R 的处理高于 P+V 处理（$P<0.05$）。同时在植物的根瘤中也发现了高浓度的 PCB 积累。

表 8.6　不同处理下紫花苜蓿体内的 PCB 含量　（单位：μg/kg）

项目	CK	P	P+V	P+R	P+V+R
茎叶	—	3.30d	19.77c	26.72b	32.98a
根	—	115.07c	120.28b	142.23a	111.15c
根瘤	—	—	—	339.30a	323.64b

注：同一行中不同的字母代表在数值上存在显著差异（$P<0.05$）。

植株体内 PCB 同系物百分比含量变化如图 8.18 所示。不同处理下，紫花苜蓿的根部都存在不同类型的 PCB 同系物，其中以四氯、五氯组分居多，约占总量的 70%，这与土壤中 PCB 的组成成分相一致。紫花苜蓿茎叶部分在单种植植物处理（P）中仅检测到二氯、三氯组分，而在接种菌根真菌和根瘤菌后，紫花苜蓿茎叶部分出现了其他种类的 PCB 组分，特别是高氯的 PCB 组分。根据孟庆昱等（2000）研究表明，该区大气颗粒物中未检测到高氯代 PCB 的存在。由此推测，紫花苜蓿体茎叶部分的高氯代 PCB 可能是从植株根部转运而来，而微生物的存在可能促进了这种转运过程。

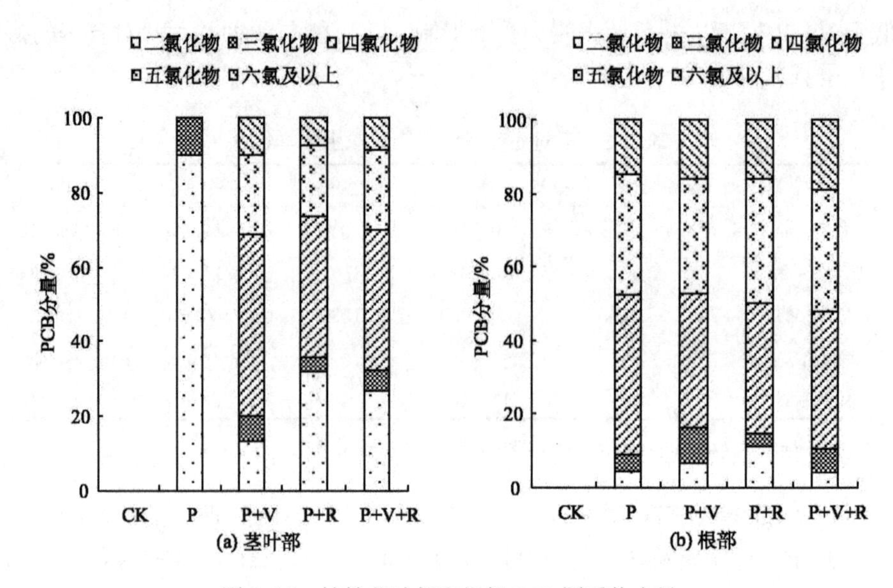

图 8.18 植株茎叶部和根部 PCB 同系物含量

3. 双接种后污染土壤微生物数量及群落结构变化

（1）土壤微生物数量的变化。修复后土壤微生物数量变化如表 8.7 所示。结果显示，相比于对照处理，所有种植植物的处理中，除了放线菌数量变化不大或是出现减少外，细菌、真菌数量以及功能性微生物联苯降解细菌的数量都明显增加。接种外源菌种后，特别是根瘤菌的接入，显著提高了土壤中细菌和联苯降解菌的数量，并在几组处理中数量达到最多，这可以在一定程度上解释土壤 PCB 在紫花苜蓿接种根瘤菌处理下降解率最高。而双接种和接种菌根真菌的处理，细菌数量和联苯降解菌的数量与单种植物相比，没有显著差异。

表 8.7 不同处理下细菌、真菌、放线菌和联苯降解菌的数量

（单位：cfu/g 干土）

不同处理	CK	P	P＋V	P＋R	P＋V＋R
细菌/10^7	18.0±2.00c	22.0±2.00bc	23.0±2.65b	31.0±3.61a	22.0±2.00bc
真菌/10^5	15.7±1.15e	44.3±4.93c	70.3±4.51a	54.9±2.89b	29.7±5.69d
放线菌/10^5	84.0±6.08a	76.0±12.00ab	64.3±6.66b	80.0±2.00a	74.7±2.52ab
联苯降解菌/10^5	38.3±3.54c	53.8±6.83b	52.2±4.91b	73.3±10.4a	60.0±5.00b

注：同一行中不同的字母代表在数值上存在显著差异（$P<0.05$）。

土壤中三大菌的数量与植株体内 PCB 含量、土壤 PCB 降解率进行相关性分析，结果见表 8.8。可以看出土壤 PCB 的降解率与土壤中细菌、真菌的数量，以及功能性微生物联苯降解菌的数量呈极显著相关，而与植株体内 PCB 含量相关性不显著，可见土壤 PCB 的降解主要受到土壤微生物作用的影响。同时，土壤中联苯降解菌的数量会影响植物体内 PCB 的含量，两者呈极显著相关。

表 8.8　三大菌数量与土壤 PCB 降解率、植物体 PCB 含量的相关性分析

项目	细菌	真菌	放线菌	联苯降解菌	植株体 PCB
细菌					
真菌	0.546**				
放线菌	−0.139	−0.544*			
联苯降解菌	0.677**	0.390	−0.166		
植株体 PCB	0.444	−0.380	0.441	0.798**	
土壤 PCB 降解率	0.692**	0.693**	−0.307	0.742**	0.459

（2）土壤微生物群落结构与组成的变化。近些年来，变性梯度凝胶电泳法（denaturing gradient gel electrophoresis，DGGE）已经被广泛应用于环境微生物生态研究中，并且有效地克服了传统方法的缺点，揭示的土壤微生物种群结构更加复杂多样（Ferris et al.，1996；Baudoin et al.，2003）。图 8.19 显示了不同处理下土壤微生物群落变化。从中可以发现所有种植植物的处理相比对照处理，凝胶上清晰可辨的条带明显增多，也就是细菌的多样性显著增加。接种外源菌种也会促进凝胶条带的增加或是条带浓度的增加，特别是接种根瘤菌的处理中，出现了 5 条条带（1～5）或是在其他处理中没有，或是浓度明显高于其他处理，表明根瘤菌的处理可以刺激土壤细菌数量的增加，也可能出现了某些新的微生物物种。

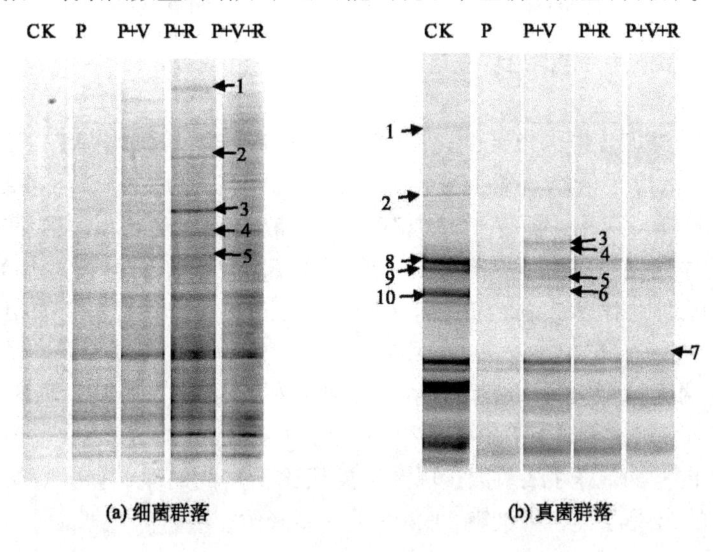

图 8.19　不同处理下土壤的微生物群落结构

在土壤真菌群落方面，可以发现所有种植植物的处理相比对照处理，凝胶上清晰可辨的条带明显减少，一些条带明显丢失，如条带2、10，一些条带一直存在，如条带8、9，更有一些新出现的条带，如条带3、4、5、6、7，这些依然存在或是新出现的条带可能对土壤PCB的降解存在重要作用，而丢失的条带可能作用不大。总体而言，真菌的多样性显著减少，这与细菌的结果相反。但接种外源菌种，特别是在接种菌根真菌的处理中，凝胶条带出现增加或是条带浓度增加，甚至出现了一些新的条带，如条带3、4、5、6，这些都可能是促进土壤PCB降解的功能菌种。DGGE条带聚类分析的结果见图8.20。无论是细菌群落还是真菌群落，种植植物的所有处理与对照均明显分为两个类群，并且真菌群落变异要高于细菌群落，相似度仅为0.44。此外，接种菌种的处理与单独种植植物的处理也明显分为两个类群，相似度在细菌群落中为0.76，在真菌群落中仅为0.63，因此，接种外源菌种能够引起土壤微生物群落的变化。

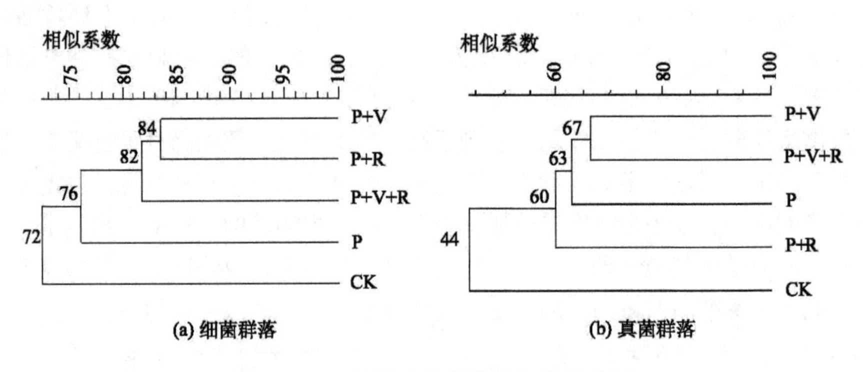

图8.20 土壤微生物群落结构聚类分析

选取细菌DGGE电泳条带中，P+R处理下新出现的浓度较高、而在其他处理中没有或是浓度很低的5条条带，以及真菌DGGE电泳的10条条带共15条条带进行了割胶、纯化、测序。其中有4条条带未能成功获得序列信息，其余11个条带的序列信息见表8.9和表8.10。从表8.9可知，细菌群落5条条带中，测序后，经序列比对，得到条带1与 *Flavobacterium* sp. 具有很高的相似度，达到了97%，条带4与 *Zoogloea* sp. 较为相似，而 *Flavobacterium* sp. 和 *Zoogloea* sp. 这两类菌都被发现具有降解高浓度有机污染物的功能，包括了许多典型的降解菌（Whiteley and Bailey，2000；Zang et al.，2007），这也表明在P+R处理下，土壤中降解性细菌数量以及种类相比于其他处理，有所增加，而这些降解性菌群的出现也有利于土壤PCB的进一步降解。

表 8.9　细菌条带测序结果

条带	Genbank 登录号	相似度/%	Genbank 中最相似微生物（登录号）
1	EU123886	97	*Flavobacterium anhuiense*（EU046269）
2	EU123887	82	*Uncultured bacterium*（AB294749）
3	EU123888	85	*Uncultured bacterium*（DQ884925）
4	EU123889	90	*Zoogloea* sp.（DQ512746）
5	EU123890	79	*Uncultured bacterium*（EF019863）

表 8.10　真菌条带测序结果

条带	Genbank 登录号	相似度/%	Genbank 中最相似微生物（登录号）
1	EU123891	97	*Choanephora cucurbitarum*（AF157181）
3	EU123892	88	*Mortierella verticillata*（DQ273794）
4	EU123893	91	*Uncultured fungus*（EF434021）
5	EU123894	98	*Rhizopus oryzae*（AY213624）
6	EU123895	89	*Poitrasia circinans*（AF157209）
10	EU123896	87	*Rhizophlyctis rosea*（DQ273787）

从表 8.10 可知，测定真菌 DGGE 的 6 条条带，得到一些来源不同的菌种类型，在新出现的条带中，条带 5 与 *Rhizopus oryzae* 相似度达到了 98%，而 *Rhizopus* 属真菌中有一些菌株拥有降解碳氢化合物的功能，因此推测得到，种植植物接种外源菌种也能促进土壤真菌群落的变化，甚至刺激某些功能真菌菌种的出现，为之后的 PCB 降解打下基础。

8.3.2　多氯联苯污染农田土壤的豆科-禾本科植物联合修复效应

以多氯联苯复合污染农田土壤为研究对象，设计了 7 个处理，分别为对照(CK)、紫花苜蓿单作（Z）、黑麦草单作（H）、高羊茅单作（G）、紫花苜蓿-黑麦草间作（ZH）、紫花苜蓿-高羊茅间作（ZG）和紫花苜蓿-黑麦草-高羊茅间作(ZHG)。采用田间小区试验研究了豆科植物紫花苜蓿、禾本科植物黑麦草、高羊茅间作对 PCB 复合污染土壤的协同修复效应。

1. 土壤中 PCB 组分及含量变化

由表 8.11 可见，除黑麦草单作处理以及空白对照以外，其他所有处理的土壤 PCB 含量在修复前后都有显著性差异（$P<0.05$），说明植物修复的确可以有效去除土壤中的 PCB。其中紫花苜蓿单作（Z）对土壤 PCB 的去除率高达 59.6%，而其他各种植物单作或间作处理下土壤中 PCB 的去除率为 32.2%～

53.0%，与其余各处理相比，紫花苜蓿单作对土壤中 PCB 的去除效果最佳。这可能是由于紫花苜蓿属于豆科植物，易与土壤中的根瘤菌形成共生固氮体系，一方面直接促进了植物的生长以及植物体对土壤中 PCB 的吸收积累（徐莉等，2008），另一方面可能通过强化根际土壤的氮素营养，增加土壤微生物对 PCB 等碳源的利用，促进了土壤 PCB 的降解。而对照处理（CK）中土壤 PCB 的去除率也达到 26.6%，这可能与土壤中土著微生物的作用有关。

表 8.11　不同处理下土壤中 PCB 含量

处理	土壤 PCB 含量/(μg/kg)		PCB
	修复前	修复后	去除率/%
CK	102.1±10.4a	74.9±14.8a	26.6b
Z	96.2±33.9a	38.9±0.7b	59.6a
H	92.7±16.4a	62.9±23.5a	32.2ab
G	83.9±16.3a	39.5±11.9b	53.0ab
ZH	109.0±10.6a	60.6±12.5b	44.4ab
ZG	104.3±7.1a	53.9±14.2b	48.3ab
ZHG	95.5±10.7a	50.8±9.1b	46.8ab

注：第 2 列和第 3 列的同行中不同字母表示该处理下修复前后有显著差异（$P<0.05$）；第 4 列中不同字母表示各处理间有显著差异（$P<0.05$）；各处理的缩写与全称对照如下：Z 为紫花苜蓿单作；H 为黑麦草单作；G 为高羊茅单作；ZH 为紫花苜蓿-黑麦草间作；ZG 为紫花苜蓿-高羊茅间作；ZHG 为紫花苜蓿-黑麦草-高羊茅间作。

修复后土壤中 PCB 同系物的组成变化见图 8.21，土壤中的 PCB 主要以低氯代（氯原子数≤5）组分为主。研究表明，PCB 的生物可降解程度与其氯原子的取代数目有关，随着氯原子的取代数量增加，PCB 的生物可降解性逐渐降低（Wiegel and Wu，2000）。由图 8.21 可知，与对照相比，所有种植植物的处理中

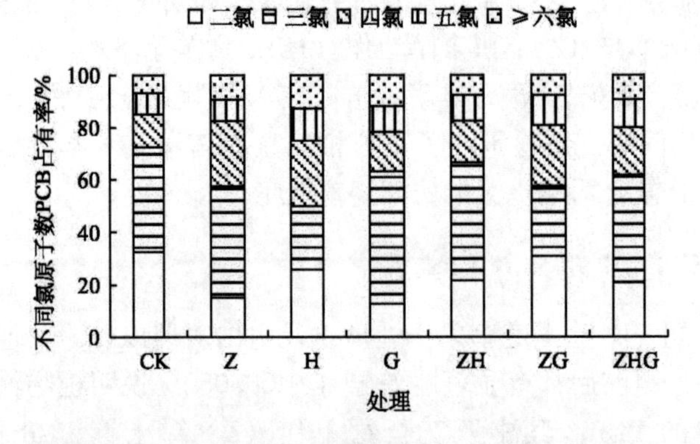

图 8.21　不同处理下土壤中 PCB 同系物百分含量

低氯组分的总量均有所下降，其中紫花苜蓿单作（Z）和高羊茅单作（G）处理中的二氯联苯组分与对照相比降低最为显著（$P<0.05$）。这可能是由于一方面植物根系更易于吸收和转运疏水性较弱的低氯代 PCB 组分；另一方面，植物根际的好氧细菌也优先对低氯代 PCB 组分进行好氧降解，从而使土壤中低氯组分的总量降低（Shen et al.，2009），高氯组分因其难降解性而在土壤中逐渐累积，使其在 PCB 总量中的比例不断增加。

2. 不同处理下修复植物的生物量

由表 8.12 可知，不同的修复植物（紫花苜蓿、黑麦草、高羊茅）之间的生物量存在着显著差异。在 3 种植物单作时，紫花苜蓿的总生物量干重显著高于黑麦草和高羊茅（$P<0.05$），植物地上部干重也显示出相同的趋势。分析其原因可能主要是植物品种的差异，不同植物的生物量及其生长所占用空间不同，而紫花苜蓿又可通过生物固氮向地上部运输氮素营养，促进其地上部的生长发育，提高整株植物的生物量（Xu et al.，2010）。Zemenchik 等（2002）研究表明，豆科-禾本科植物混播与禾本科植物单播相比可提高禾本科植物的蛋白质含量和生物量，因为禾本科植物可以利用豆科植物固定的氮素，但在该研究中并未观察到这种现象。分析原因可能是豆科植物与禾本科植物间作的效果与播种方式以及混播比例密切相关。该研究中豆科植物与禾本科植物的间作采用隔行条播，混播比例为 1∶1，因此对于间作组合中的混播比例以及播种方式对植物生物量的促进作用之间的关系有待作进一步探讨。

表 8.12　不同处理下植物地下和地上部的生物量

处理		根干重/kg	地上部干重/kg	总生物量干重/kg
Z		1.67±0.28b	4.25±0.72a	5.92a
H		1.93±0.06a	1.60±0.05cd	3.53bc
G		0.27±0.09de	0.93±0.31def	1.20d
ZH	Z	1.00±0.19b	2.55±0.48b	4.88ab
	G	0.72±0.08bc	0.60±0.07ef	
ZG	Z	0.55±0.08c	1.41±0.22cde	2.53cd
	G	0.13±0.11e	0.43±0.39f	
ZHG	Z	0.98±0.16b	1.85±0.50bc	4.00bc
	H	0.49±0.05cd	0.41±0.04f	
	G	0.06±0.03e	0.20±0.09f	

注：表中数据均按小区统计，同一列中不同字母表示差异显著（$P<0.05$）；各处理的缩写与全称对照如下：Z 为紫花苜蓿单作；H 为黑麦草单作；G 为高羊茅单作；ZH 为紫花苜蓿-黑麦草间作；ZG 为紫花苜蓿-高羊茅间作；ZHG 为紫花苜蓿-黑麦草-高羊茅间作。

3. 植物体各组织中 PCB 的含量

从表 8.13 可知，不同处理下各种植物的茎叶和根中都存在着 PCB 的积累。除了紫花苜蓿-黑麦草间作处理中的黑麦草外，所有植物根部 PCB 的含量均高于茎叶部，这可能与 PCB 属于疏水性有机污染物（$\lg K_{ow}>3.5$），易被植物根表面强烈吸附而难以被植物吸收转运有关（Schnoor et al.，1995）。3 种植物在单作时，其根部对 PCB 的吸收累积的能力顺序为紫花苜蓿>高羊茅>黑茅草。研究表明不同植物根系对同种有机污染物的吸收能力主要与植物根部的比表面积、根内脂肪含量以及植物的蒸腾作用强度有关（李兆君和马国瑞，2005）。由于 PCB 在植物体内不易向上运输，因此在各处理中植物地上部 PCB 的含量之间差异并不明显。

表 8.13 不同处理下植物各组织中的 PCB 含量

处理		根中 PCB 含量/(μg/kg)	地上部 PCB 含量/(μg/kg)
Z		355.1±19.7a	70.7±5.6e
H		120.1±11.9e	79.1±10.1de
G		232.9±15.4c	86.7±10.1cd
ZH	Z	113.3±15.2ef	79.2±10.3de
	H	111.7±3.5ef	156.2±17.9a
ZG	Z	109.1±8.0ef	93.0±5.1bc
	G	288.7±24.4b	100.1±4.5bc
ZHG	Z	172.3±5.0d	91.2±9.3bc
	H	88.5±10.3f	84.4±6.6cd
	G	281.1±11.8b	107.6±13.4b

注：表中数据均按小区统计，同一列中不同字母表示差异显著（$P<0.05$）；各处理的缩写与全称对照如下：Z 为紫花苜蓿单作；H 为黑麦草单作；G 为高羊茅单作；ZH 为紫花苜蓿-黑麦草间作；ZG 为紫花苜蓿-高羊茅间作；ZHG 为紫花苜蓿-黑麦草-高羊茅间作。

4. 不同处理下植物提取修复效率

由图 8.22 可见，在所有的 6 个种植植物的处理中，紫花苜蓿单作（Z）对土壤 PCB 的提取修复效率最高，分别为其他各处理的 2～4 倍。不同处理下植物提取修复效率的顺序依次为紫花苜蓿单作（Z）>紫花苜蓿-黑麦草-高羊茅间作（ZHG）>紫花苜蓿-黑麦草间作（ZH）>黑麦草单作（H）>紫花苜蓿-高羊茅间作（ZG）>高羊茅单作（G）。紫花苜蓿分别与黑麦草和高羊茅间作后，对土壤 PCB 的提取修复效率高于黑麦草和高羊茅单作处理，这可能是因为，与黑麦草及高羊茅相比，紫花苜蓿具有更高的生物量，且其根部更易吸收富集 PCB。

在面积相等的小区内混播紫花苜蓿与禾本科植物必然会增加该小区植物对土壤 PCB 的吸取量。然而不同间作处理下土壤中 PCB 的总去除率变化却没有显著性差异，这可能主要与以下两个因素有关：①不同植物根际的微生物群落对土壤中 PCB 的降解与转化发挥着重要作用。在植物根际微域，根系分泌物和分解产物为微生物繁殖提供了营养，使根域附近存在大量的微生物，从而促使根际微域中有毒有害有机物的降解。②对于疏水性较强的 PCB 等有机污染物，植物提取技术本身的修复效率在短期内并不显著。不同的植物提取效率为 0.19%～1.04%，Zeeb 等（2006）研究了紫花苜蓿等 9 种植物在盆栽条件下 8 周内对 PCB 污染土壤的修复效率，结果表明 9 种植物的提取修复效率为 0.2%～1.3%，这说明植物提取修复技术对于土壤中 PCB 类化合物的去除贡献率较低。

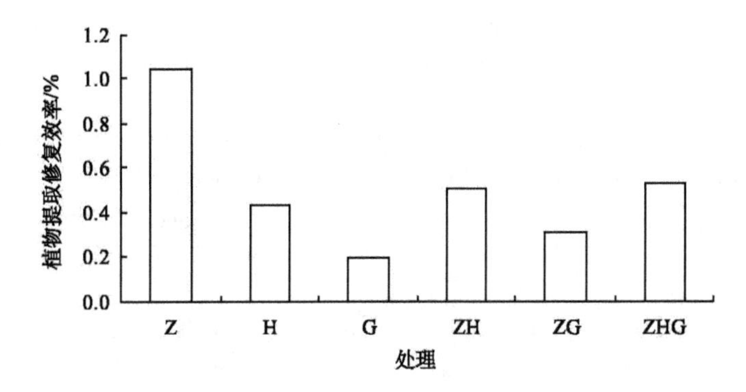

图 8.22　不同处理下植物对土壤中 PCB 的提取修复效率

参 考 文 献

高军 . 2005 . 长江三角洲典型污染农田土壤多氯联苯分布、微生物效应和生物修复研究 . 浙江：浙江大学博士学位论文：63-71 .

李兆君，马国瑞 . 2005 . 有机污染物污染土壤环境的植物修复机理 . 土壤通报，36（3）：436-439 .

刘世亮，骆永明，丁克强，等 . 2003 . 土壤中有机污染物的植物修复研究进展 . 土壤，35（3）：187-192，210 .

刘世亮，骆永明 . 2002 . 多环芳烃污染土壤的微生物与植物联合修复研究进展 . 土壤，34（5）：257-265 .

骆永明 . 2009 . 污染土壤修复技术研究现状与趋势 . 化学进展，21（2/3）：558-565 .

毛健，骆永明，滕应，等 . 2008 . 一株高分子量多环芳烃降解菌的筛选、鉴定及降解特性研究 . 微生物学通报，35（7）：1-5 .

孟庆昱，毕新慧，储少岗，等 . 2000 . 污染区大气中多氯联苯的表征与分布研究初探 . 环境化学，19（6）：501-506 .

盛下放，何琳燕，胡凌飞 . 2005 . 苯并［a］芘降解菌的分离筛选及其降解条件的研究 . 环境科学学报，25（6）：791-795 .

滕应，郑茂坤，骆永明，等 . 2008 . 长江三角洲典型地区农田土壤多氯联苯空间分布特征 . 环境科学，

29 (12): 3477-3482.

徐莉，滕应，张雪莲，等. 2008. 多氯联苯污染土壤的植物-微生物联合田间原位修复. 中国环境科学，28 (7): 646-650.

邹德勋，骆永明，徐凤，等. 2007. 土壤环境中多环芳烃的微生物降解及联合生物修复. 土壤，39 (3): 334-340.

Ahmad D, Mehmannavaz R, Damaj M. 1997. Isolation and characterization of symbiotic N2-fixing Rhizobium meliloti from soils contaminated with aromatic/chloroaromatic hydrocarbons: PAHs and PCBs. Int Biodeterior Biodegradation, 39 (1): 33-43.

Ahmed M, Focht D D. Degradation of polychlorinated biphenyls by two species of achromobacter. Canadian Journal of Microbiology, 1973, 19: 47-52.

Baudoin E, Benizri E, Guckert A. 2003. Impact of artificial root exudates on the bacterial community structure in bulk soil and maize rhizosphere. Soil Biology and Biochemistry, 35: 1183-1192.

Biró B, K? ves-Péchy K, V? r? s I, et al. 2000. Interrelations between *Azospirillum* and *Rhizobium* nitrogen-fixers and arbuscular mycorrhizal fungi in the rhizosphere of alfalfa in sterile, AMF-free or normal soil conditions. Applied Soil Ecology, 15 (2): 159-168.

Cho Y C, Sokol R C, Rhee G Y. 2002. Kinetics of polychlorinated biphenyl dechlorination by Hudson River, New York, USA, sediment microorganism. Environ Toxicol Chem, 21 (4): 715-719.

Ferris M J, Muyzer G, Ward D M. 1996. Denaturing gradient gel electrophoresis profiles of 16S rRNA-defined populations inhabiting a hot spring microbial mat community. Applied and Environmental Microbiology, 62: 340-346.

Gibson D T, Mahadevan V, Jerina D M, et al. 1975. Oxidation of the carcinogens benzo [a] pyrene and benzo [a] anthracene to dihydrodiols by a bacterium. Science, 189, 295-297.

Jeremy A, Rentz P J J, Alvarez J L S. 2008. Benzo [a] pyrene degradation by *Sphingomonas yanoikuyae* JAR02. Environmental Pollution, 151: 669-677.

Komancova M, Jurcova I, Kochankova L, et al. 2003. Metabolic pathways of polychlorinated biphenyls degradation by pseudomonas SP. 2. Chemosphere, 50 (4): 537-543.

Liste H H, Prutz I. 2006. Plant performance, dioxygenase-expressing rhizosphere bacteria, and biodegradation of weathered hydrocarbons in contaminated soil. Chemosphere, 62 (9): 1411-1420.

Mehmannavaz R, Prash S O, Ahmad D. 2002. Rhizospheric effects of alfalfa on biotransformation of polychlorinated biphenyls in a contaminated soil augmented with *Sinorhizobium meliloti*. Process Biochemistry, 37: 955-963.

Nichols T D, Wolf D C, Rogers H B, et al. 1997. Rhizosphere microbial population in contaminated soils. Water, Air and Soil Pollution, 95 (1-4): 165-178.

Ping L F, Luo Y M, Zhang H B, et al. 2007. Distribution of polycyclic aromatic hydrocarbons in thirty typical soil profiles in the Yangtze River Delta region, east China. Environmental Pollution, 147: 358-365.

Quensen J F, Mousa M A, Boyd S A. 1998. Reduction of aryl hydrocarbon receptor-mediated activity of polychlorinated biphenyl mixtures due to anaerobic microbial dechlorination. Environmental Toxicology and Chemistry, 17: 806-813.

Sayler G S, Shon M, Colwell R R. Growth of an esutarine pseudomonas sp. on polychlorinated phenyl. Microbial Ecology, 1977, 3: 241-255.

Schneider J, Grosser R, Jayasimhulu K. 1996. Degradation of pyrene, benz (a) anthracene, and benzo (a) pyrene by Mycobacterium sp strain RJGII-135, isolated from a former coal gasification site. Applied and Environmental Microbiology, 62 (1): 13-19.

Schnoor J L, Licht L A, McCutcheon S C, et al. 1995. Phytoremediation of organic and nutrient contaminants. Environmental Science and Technology, 29 (7): 318-323.

Shen C F, Tang X J, Cheema S A, et al. 2009. Enhanced phytoremediation potential of polychlorinated biphenyl contaminated soil from e-waste recycling area in the presence of randomly methylated-β-cyclodextrins. J Hazard Mater, 172 (2-3): 1671-1676.

Walter U, Beyer M, Klein J, et al. 1991. Degradation of pyrene by Rhodococcus sp. UW1. Applied Microbiology and Biotechnology, 34: 671-676.

Whiteley A S, Bailey M J. 2000. Bacterial community structure and physiological state within an industrial phenol bioremediation system. Applied and Environmental Microbiology, 66: 2400-2407.

Wiegel J, Wu Q. 2000. Microbial reductive dehalogenation of polychlorinated biphenyls. FEMS Microbiology Ecology, 32: 1-15.

Xu L, Teng Y, Li Zhengao, et al. Enhanced removal of polychlorinated biphenyls from alfalfa rhizosphere soil in a field study: The impact of a rhizobial inoculum. Science of the Total Environment, 2010, 408: 1007-1013.

Xu L, Teng Y, Li Z G, et al. 2010. Enhanced removal of polychlorinated biphenyls from alfalfa rhizosphere soil in a field study: the impact of a rhizobial inoculum. Sci Total Environ, 408: 1007-1013.

Zang S Y, Li P J, Li W X, et al. 2007. Degradation mechanisms of benzo [a] pyrene and its accumulated metabolites by biodegradation combined with chemical oxidation. Chemosphere, 67: 1368-1374.

Zeeb B A, Amphlett J, Rutter A, et al. 2006. Potential for phytoremediation of polychlorinated biphenyl-(PCB)-contaminated soil. International. Journal of Phytoremediation, 8 (3): 199-221.

Zemenchik R A, Albrecht K A, Shaver R D. 2002. Improved nutritive value of kura clover and birdsfot trefoil-grass mixtures compared with grass monocuhures. Agron J, 94 (5): 1131-1138.

第9章　多氯联苯和多环芳烃污染农田土壤的化学和低温等离子体氧化修复

多氯联苯污染城郊农田土壤的修复方法包括物理修复、化学修复和生物修复，而且各方法具有不同的优缺点及其适用性（郑海龙等，2004；高军和骆永明，2005）。其中土壤化学氧化技术是通过向土壤中投加化学氧化剂（芬顿试剂、臭氧、过氧化氢、高锰酸钾等），使其与污染物质发生化学反应来实现净化土壤的目的（骆永明，2009）。近年来，芬顿试剂作为一种强氧化剂，用来去除环境介质中的有机污染物越来越受到人们的重视。芬顿试剂是由 Fe^{2+} 与 H_2O_2 混合而成，其氧化反应机理为亚铁离子和过氧化氢反应产生氧化性极强的羟基自由基（$Fe^{2+}+H_2O_2 \rightarrow OH+OH^{-}+Fe^{3+}$），它能够裂解并氧化苯环类物质（朱秀华等，2007）。目前芬顿试剂主要应用于水体中有机污染物的去除，如它能够明显降解废水中农药阿特拉津、TCDD、2,4-二氯酚、氯苯、二硝基苯等，其去除率可达 99%（Teel et al.，2000；Kao and Wu，2000；Oliveira et al.，2006；余宗学，2002）。有部分学者曾尝试用芬顿试剂处理污泥和沉积物中的 PAH、土壤中的阿特拉津、杂酚油及爆炸物污染土壤等（何义亮等，2007；Palmroth et al.，2006），其结果表明芬顿试剂能氧化土壤中难降解的有机污染物。但针对多氯联苯（PCB）污染城郊农田土壤的修复研究与应用甚少。

介质阻挡放电作为一种可以在常压下产生的非平衡等离子体技术，已成功应用于臭氧的大规模工业生产及其他等离子工艺过程中。在气体放电等离子体中，因为能够产生大量的电子、原子、离子、自由基和激发态物质等活性基团，进而引发气相中的化学反应，生成水和二氧化碳，为在低温下脱除有害污染物开辟了新的途径（陈艳梅和凌一鸣，2004；蔡忆昔等，2005；Ding et al.，2005；王伟等，2005；Subrahmanyam，2007；杨宽辉等，2007；Gomez et al.，2009）。但是，该技术在持久性有机污染物污染土壤修复方面的应用研究报道少见。鉴此，本章介绍芬顿试剂和介质阻挡放电低温等离子体对城郊污染农田土壤中多氯联苯和多环芳烃的去除效果和条件优化，为持久性有机污染土壤的快速治理提供科学依据。

9.1　多氯联苯污染城郊农田土壤的芬顿试剂化学氧化修复作用

9.1.1　土壤中多氯联苯总量的变化

以多氯联苯污染农田土壤为供试土壤，芬顿试剂按表9.1设计的剂量加入0.5 mol/L的 $FeSO_4$ 溶液和1.0 mol/L的 H_2O_2 溶液（体积比 $FeSO_4 : H_2O_2 = 1:2$）。

表9.1　芬顿试剂处理剂量

处理	CK	1	2	3	4	5
$FeSO_4$/mL	0	2.5	5	10	20	40
H_2O_2/mL	0	5	10	20	40	80

从图9.1可以看出，随着培养时间的延长，5个处理土壤中PCB含量与对照相比均出现了不同程度的降低。12 h时，各处理土壤中PCB含量降低较少，且与对照间差异不显著，24 h、48 h、96 h时土壤中PCB含量均有所降低，且与对照间的差异达到显著水平（$P<0.05$）。到168 h时，土壤中PCB含量出现极显著降低（$P<0.01$），至336 h时各处理土壤的PCB含量几乎维持稳定状态。从图9.2中可以看出：在168 h前，土壤中PCB去除率缓慢增加，至168 h时PCB去除率呈现显著提高，达71.9%。在336 h时土壤中PCB去除率较168 h

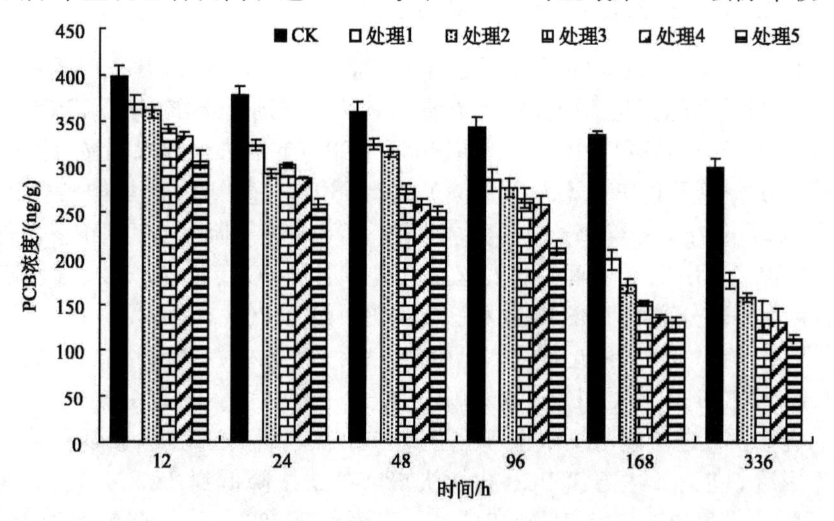

图9.1　不同处理条件下土壤PCB含量随时间的动态变化

时略有增大，但变化很小。与对照相比，5 个处理土壤中 PCB 去除率呈现显著差异（$P<0.05$），其中处理 5 的去除率最高。但这里值得一提的是，对照处理的土壤去除率高达 35.5%，这可能与供试土壤水分调节激发了土著微生物活性，从而增加了土壤中 PCB 的降解有关。

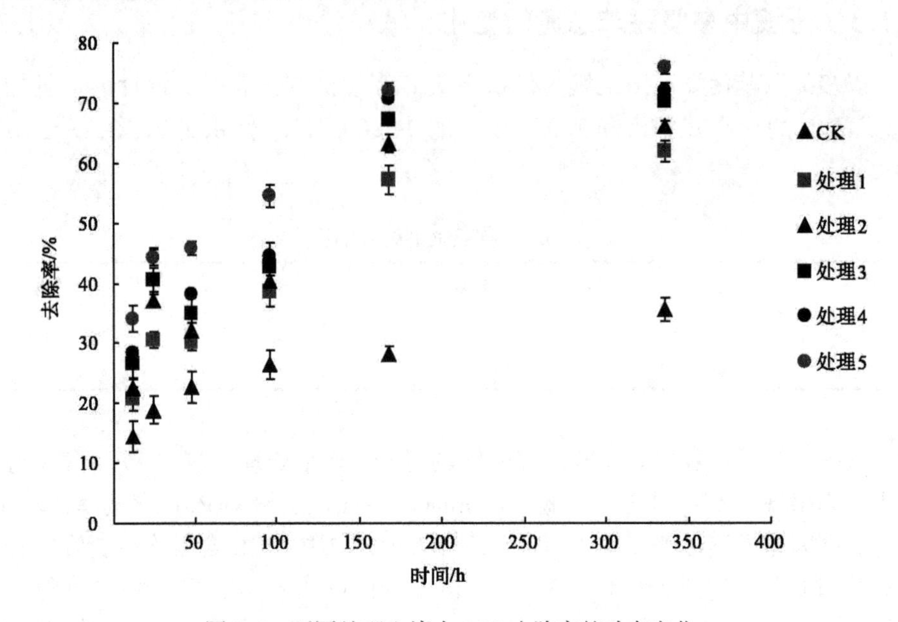

图 9.2　不同处理土壤中 PCB 去除率的动态变化

9.1.2　土壤中多氯联苯各同系物含量的变化

图 9.3 显示了不同时间条件下土壤中三氯 PCB、四氯 PCB、五氯 PCB、六氯 PCB 含量的动态变化。由图中可以看出，芬顿试剂对土壤中三氯 PCB（包含 PCB28）、四氯（PCB44、PCB52、PCB66、PCB77）的去除效果明显（图中所示为三氯 PCB、四氯 PCB 的总量，下同），在 168 h 时，处理 5 土壤中三氯 PCB 总量降到 10.7 ng/g，去除率达 91.4%，四氯 PCB 含量下降到 51.0 ng/g，去除率达到 73.3%。48h 时，处理 2 和处理 3 土壤中三氯 PCB、四氯 PCB 含量略高于 24 h，可能是部分高氯 PCB 转化为三氯 PCB、四氯 PCB。

芬顿试剂对土壤中五氯 PCB（PCB101、PCB126、PCB118）、六氯 PCB（PCB128、PCB138、PCB153）的去除效果比三氯 PCB、四氯 PCB 差，且没有明显的规律性。这可能与供试土壤中五氯 PCB、六氯 PCB 含量较低有关。芬顿试剂作用后，处理 5 中五氯 PCB 含量从 62.01 ng/g 降低到 28.29 ng/g，去除率达 51.4%，六氯 PCB 含量从 41.81 ng/g 下降到 23.22 ng/g，降解率为 44.5%，说明芬顿试剂对五氯 PCB、六氯 PCB 作用效果比较明显。

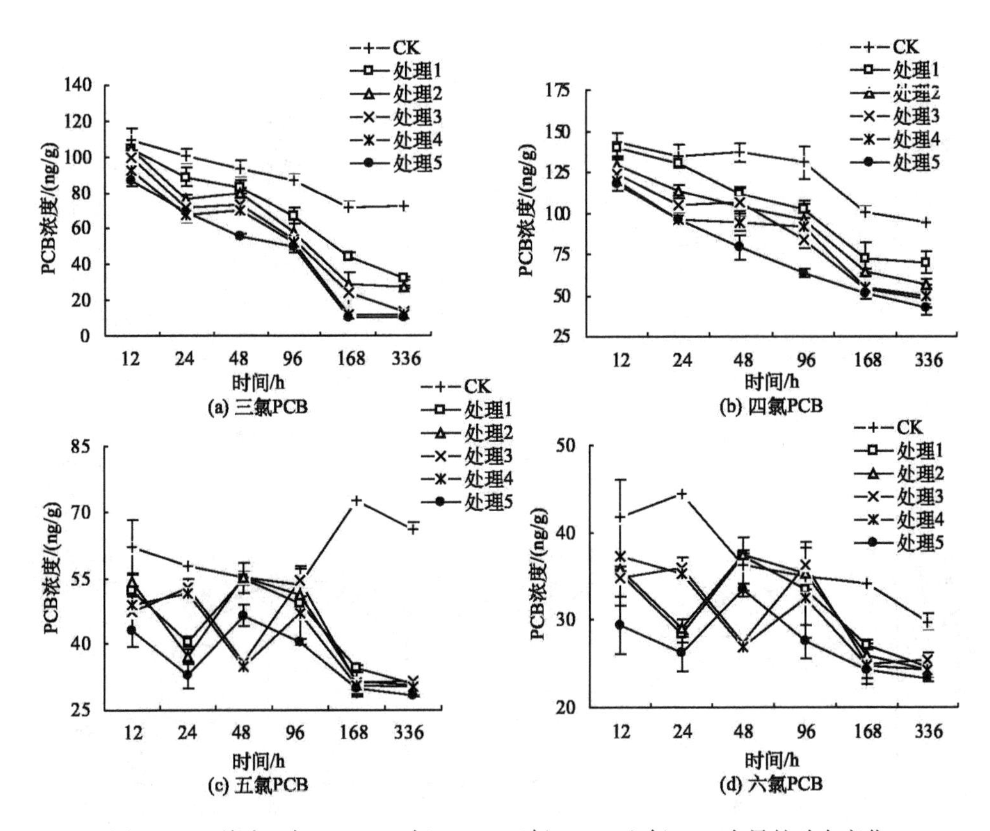

图 9.3　土壤中三氯 PCB、四氯 PCB、五氯 PCB、六氯 PCB 含量的动态变化

图 9.4 显示了不同时间条件下土壤中七氯 PCB、八氯 PCB、九氯 PCB、十氯 PCB 含量的动态变化。供试土壤中七氯 PCB（PCB170、PCB180）在 96 h 时其含量降至 8 ng/g 以下，168 h 时除 CK 以外，各处理中七氯 PCB 均完全消失，表明芬顿试剂对七氯 PCB 去除效果较好。从图 9.4 中还可看出，八氯 PCB（PCB200）、九氯 PCB（PCB206）含量几乎不变。在 96 h 以前土壤中十氯 PCB（PCB209）含量几乎不变，到 168 h 时，加入芬顿试剂的处理中十氯 PCB 含量呈现一定程度的降低，其中处理 4、处理 5 中已检测不到十氯 PCB。

9.1.3　土壤 pH 和有机质的变化

表 9.2 显示了不同处理条件下土壤中 pH 和有机质的变化。从表中可以看出，芬顿试剂加入土壤后，pH 降低较明显，有机质含量也有一定降低，但是影响较小。可见，芬顿试剂不仅能有效地去除土壤中的多氯联苯，并且对土壤有机质的破坏性小，是一种有应用前景的修复剂。

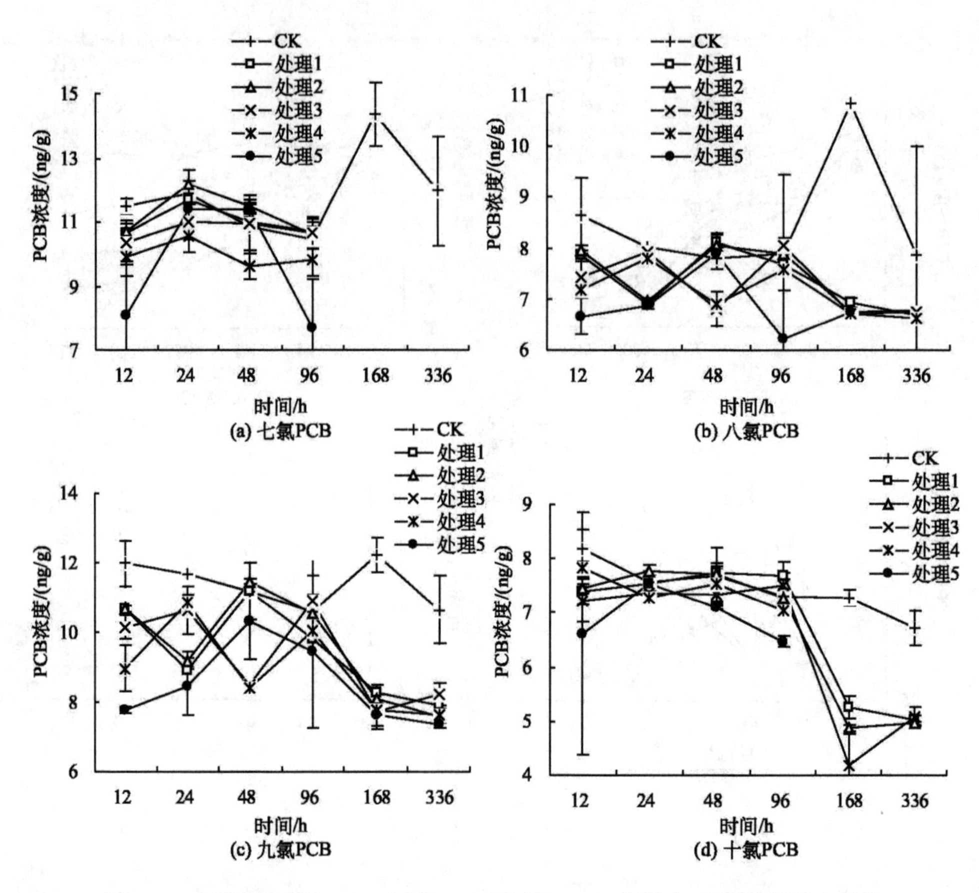

图 9.4　土壤中七氯 PCB、八氯 PCB、九氯 PCB、十氯 PCB 含量的动态变化

表 9.2　处理后土壤 pH 和有机质的变化

处理	本底值	CK	处理 1	处理 2	处理 3	处理 4	处理 5
pH	4.45	4.52a	4.42b	4.33c	4.16d	3.95e	3.62f
有机质/(g/kg)	41.7	42.1a	41.6a	41.5a	41.4a	40.5a	40.3a

注：不同字母表示差异显著。显著性水平为 $P<0.05$。

9.2　多氯联苯污染城郊农田土壤的低温等离子体氧化修复作用

9.2.1　低温等离子体氧化处理后土壤中多氯联苯含量变化

选取土壤颗粒大小、放电功率、放电时间、气体流量 4 个等离子体技术处理污染土壤参数，每个参数各取3个水平，分别为颗粒大小（A）：S_1（5～10 mm）、S_2（2～5 mm）、S_3（0.8～2 mm），放电功率（B）：23 W、18 W、11 W，放电时间（C）：90 min、60 min、30 min，空气流速（D）：120 mL/min、60 mL/min、30 mL/min。采用L9（3^4）正交试验研究了低温等离子体技术去除土壤中PCB的优化条件，其正交试验处理见表9.3。

表9.3 正交试验处理表

处理号	因素			
	A （粒径）/mm	B （放电功率）/W	C （放电时间）/min	D （空气流速）/（mL/min）
1	5～10	23	90	120
2	5～10	18	60	60
3	5～10	11	30	30
4	2～5	23	60	30
5	2～5	18	30	120
6	2～5	11	90	60
7	0.8～2	23	30	60
8	0.8～2	18	90	30
9	0.8～2	11	60	120

从图9.5可以看出，不同处理条件下土壤中PCB含量均下降。其中处理1、处理2、处理3、处理8、处理9效果较好，去除率均在70%以上，最高的达84.6%。处理4、处理5、处理6效果较差，但都能达到40%以上。从经济效益

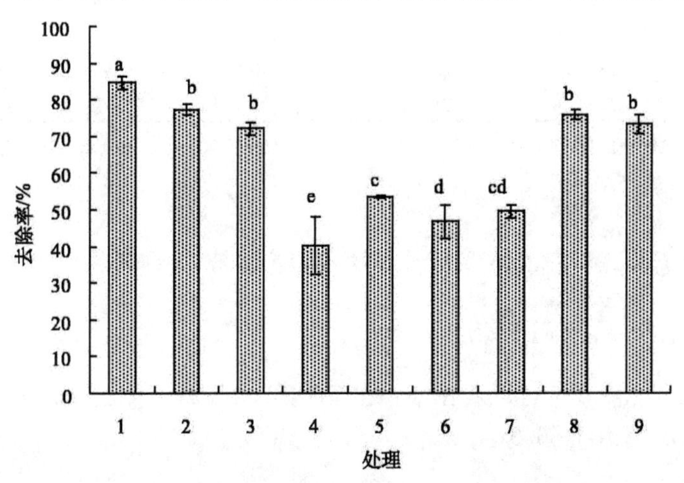

图9.5 不同处理对土壤中PCB总量的去除率

不同字母表示差异显著，显著性水平为 $P<0.05$

的角度考虑，采用的较低的功率处理 PCB 污染土壤，旨在将其控制在污染物允许浓度范围内。结果表明该实验条件下的低温等离子体技术对土壤中 PCB 有较好的去除效果，是一种快速高效的处理方法。

9.2.2 低温等离子体处理后土壤中多氯联苯同系物含量变化

从表 9.4 可以看出，低温等离子体技术对 PCB 同系物的去除效果较好。对大颗粒（5～10 mm），高氯 PCB 去除效果好于低氯 PCB；小颗粒（0.8～2 mm），低氯 PCB 去除效果与高氯 PCB 相当，可能原因是低氯 PCB 挥发性强，易于去除；中等颗粒（2～5 mm），去除效果都不太好。对 PCB 同系物的去除率进行方差分析，粒径、功率、流速和时间对三氯 PCB、四氯 PCB、五氯 PCB、六氯 PCB 同系物都有极显著影响。对于七氯 PCB，只有粒径对其有极显著影响，功率、时间和流速对其没有显著影响。说明对高氯 PCB 同系物处理宜采用大颗粒。

表 9.4 不同处理条件下土壤中 PCB 同系物的去除率

处理	去除率/%				
	三氯	四氯	五氯	六氯	七氯
1	79.2ab	71.7a	89.2a	93.53	87.9a
2	71.1b	73.3a	85.0ab	85.76ab	81.8a
3	61.5c	63.3b	79.3bc	78.8bc	80.8a
4	46.6d	41.2e	50.0e	46.9f	76.9ab
5	60.6c	54.8c	57.4d	58.1de	62.4abc
6	56.5c	45.2de	61.6d	62.2d	51.7bc
7	53.2cd	50.5cd	48.7e	50.7ef	51.0bc
8	83.3a	73.4a	79.0bc	76.9c	42.9c
9	78.2ab	74.2a	74.6c	75.7c	40.9c

注：由于供试土壤中八氯 PCB、九氯 PCB、十氯 PCB 含量低，在此未作分析。不同字母表示差异显著，显著性水平为 $P<0.05$。

9.2.3 低温等离子体处理后土壤中多氯联苯中间产物状况

1. PCB77 的中间产物

从图 9.6 和图 9.7 可以看出，PCB77 在低温等离子体处理后不生成任何中间产物，去除率达到 66.9%。

2. PCB209 的中间产物

从图 9.8 和图 9.9 可以看出，PCB209 在低温等离子体处理后不生成任何中

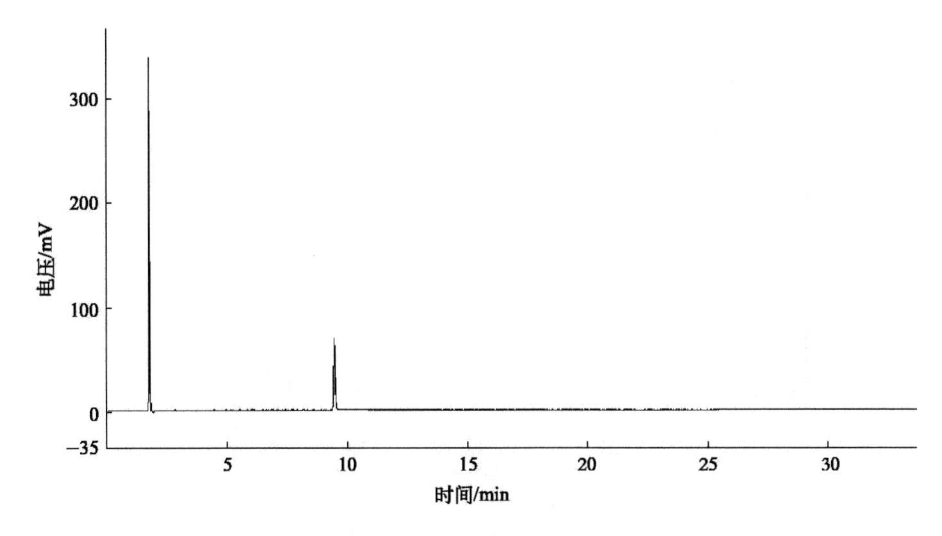

图 9.6　处理前 PCB77 污染土壤的中间产物

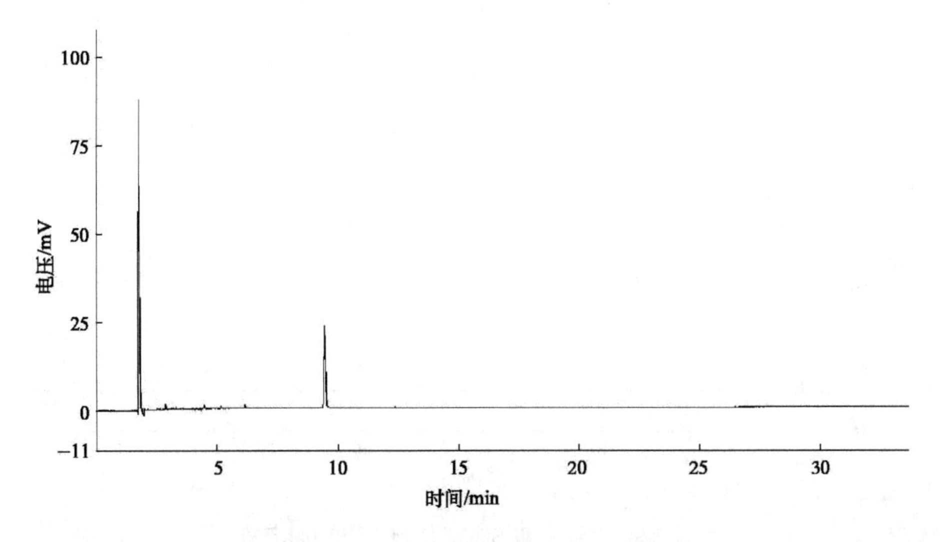

图 9.7　PCB77 污染土壤处理后的中间产物

间产物，其去除过程很彻底，去除率达到 81.3%。

3. PCB 混标的中间产物（21 种）

从图 9.10 和图 9.11 可以看出，PCB 混标在低温等离子体处理后不产生任何中间产物，其去除率达到 56%。

综上，说明低温等离子体处理 PCB 污染土壤具有迅速、彻底的特点，不会

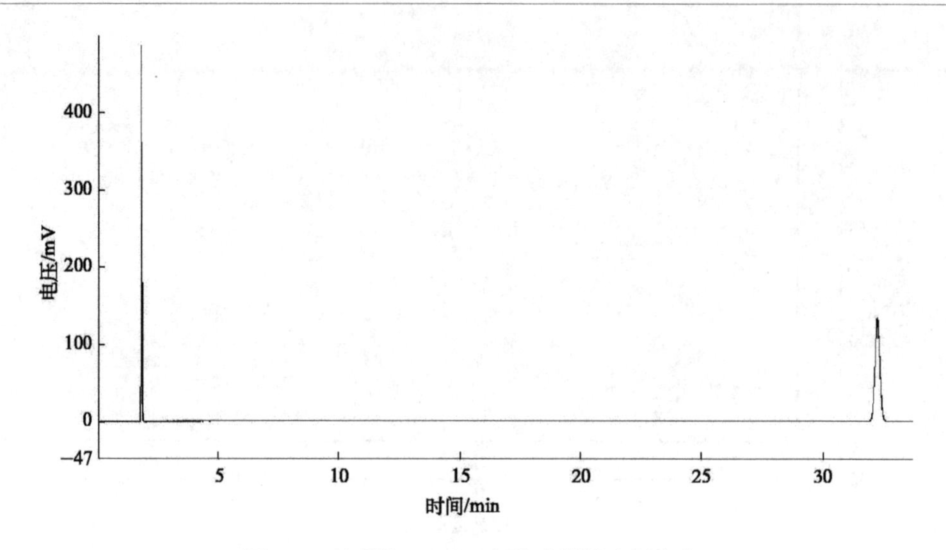

图 9.8 处理前 PCB209 污染土壤的中间产物

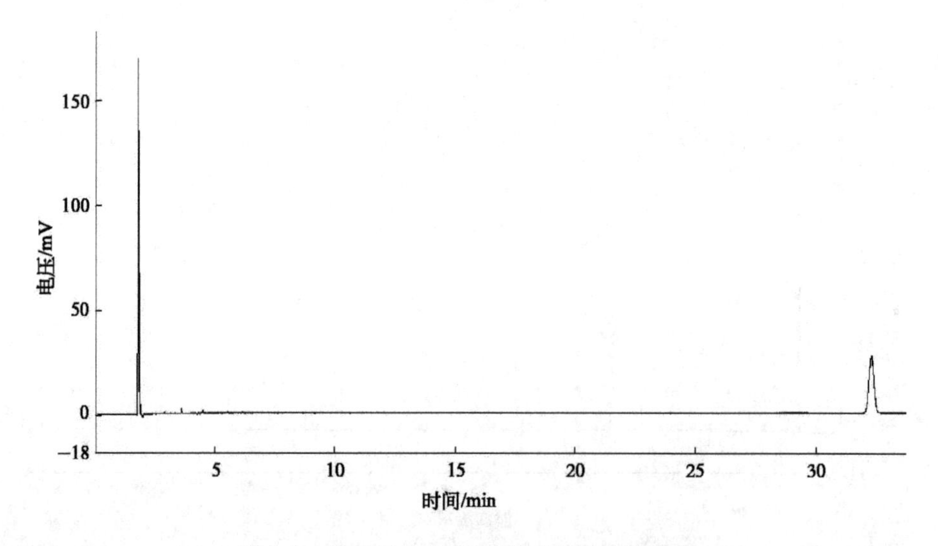

图 9.9 处理后 PCB209 污染土壤的中间产物

造成二次污染。

9.2.4 多氯联苯污染土壤的低温等离子体氧化修复技术的条件优化

从图 9.5 中可以看出，处理 2、处理 3 与处理 8、处理 9 之间没有显著差异，说明大颗粒（5～10 mm）的土壤与小颗粒（0.8～2 mm）的土壤可以在等离子体处理中达到相似的结果，但是处理 4、处理 5 和处理 6 的效果不是很理想，说明中等颗粒（2～5 mm）的土壤不适合在这样的条件下实验。可能原因是大颗粒

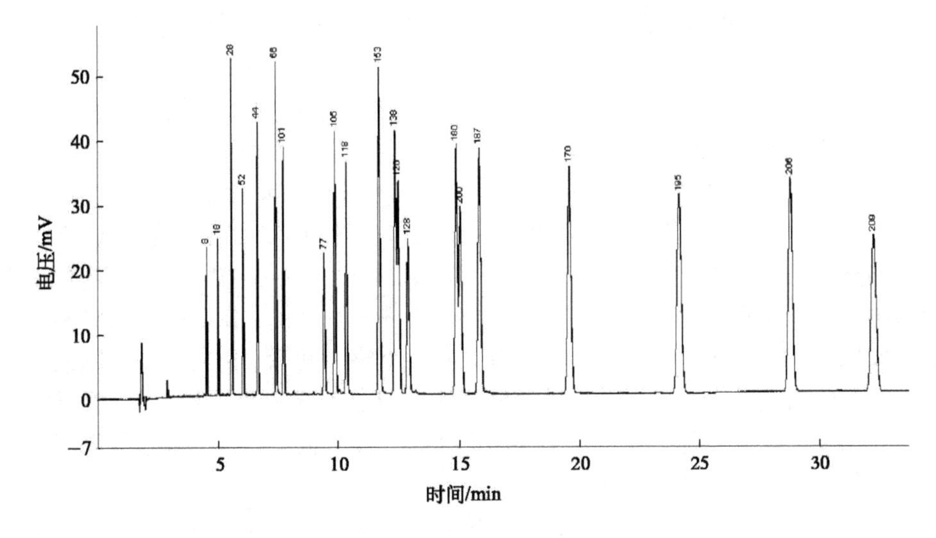

图 9.10　PCB 混标污染土壤处理前的中间产物

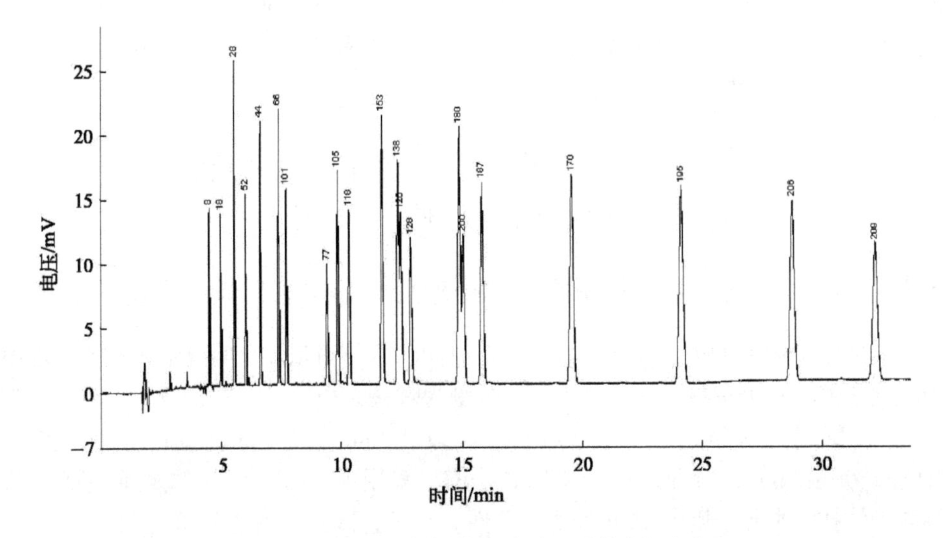

图 9.11　PCB 混标污染土壤处理后的中间产物

之间的空隙大，分散在空隙中的气体分子或原子较多，在外加电场作用下发生非弹性碰撞产生的能量就大。小颗粒虽然颗粒间的空隙小，但是在反应器的上方可以聚集大量的气体分子或原子，在外加电场作用下，产生大量能量，从而激发气体产生电子雪崩，生成大量空间电荷，它们聚集在雪崩头部形成本征电场并叠加在外电场上同时对电子作用，雪崩中的部分高能电子将进一步加速向阳极方向逃逸，由逃逸电子形成的击穿通道使电子电荷有比电子迁移更快的速度，从而形成了往返于电极间的两个电场波。这样一个导电通道能非常快地通过放电间隙，形成大量细丝状的脉冲微放电，均匀、稳定地充满整个放电间隙。气体被击穿、导电通道建立后，空间电荷在放电空隙中输送并积累在介质上，从而作用于污染物。而中等颗粒，颗粒间空隙较小，反应器上方的空间也小，气体分子或原子就少，从而产生的能量就小，作用力就弱，对 PCB 去除效果就差。

从功率的角度看，处理 1、处理 4 和处理 7 都是功率最大的，但是 PCB 的去除率差异显著，表现为 5～10 mm＞0.8～2 mm＞2～5 mm，功率为 18 W 的 3 个处理中，PCB 去除率也是 5～10 mm＞0.8～2 mm＞2～5 mm，说明功率不是起决定作用的，其作用效果与颗粒大小有关；从处理时间看，时间长，去除效果不一定好，但对同一粒径的颗粒，处理时间长，其去除效果好一些；从气体流速，流速大的去除效果较好，这主要是因为流速大，能加快导电通道通过放电间隙的速度，从而提高 PCB 的去除率。

综上所述，粒径、功率、时间和流速 4 个因素彼此关联，要探究每个因素对 PCB 去除率的影响，需要单独实验，从本正交实验设计可以得出最优组合是处理 1（粒径 5～10 mm，功率 23 W，流速 120 mL/min，时间 90 min）。但是综合考虑 4 因素和成本，选择的最优条件为处理 2（粒径 5～10 mm，功率 18 W，流速 60 mL/min，时间 60 min）。

9.3　多环芳烃污染城郊农田土壤的低温等离子体氧化修复作用

9.3.1　低温等离子体氧化修复技术处理后土壤中多环芳烃含量的变化

选取土壤颗粒大小、放电功率、放电时间、气体流量 4 个等离子体技术处理污染土壤参数，每个参数各取 3 个水平，分别为颗粒大小（A）：S_1、S_2、S_3；放电功率（B）：29 W、20 W、13 W；放电时间（C）：90 min、60 min、30 min；空气流速（D）：120 mL/min、60 mL/min、30 mL/min。采用 L9（3^4）正交试验研究了低温等离子体技术去除土壤中 PCB 的优化条件，其正交试验处理见表 9.5。

表 9.5　试验处理正交表

处理号	因素			
	A(颗粒大小)/mm	B(放电功率)/W	C(放电时间)/min	D(空气流速)/(mL/min)
1	1 (S1)	1 (29)	1 (90)	1 (120)
2	1 (S1)	2 (20)	2 (60)	2 (60)
3	1 (S1)	3 (13)	3 (30)	3 (30)
4	2 (S2)	1 (29)	2 (60)	3 (30)

续表

处理号	因素			
	A(颗粒大小)/mm	B(放电功率)/W	C(放电时间)/min	D(空气流速)/(mL/min)
5	2 (S2)	2 (20)	3 (30)	1 (120)
6	2 (S2)	3 (13)	1 (90)	2 (60)
7	3 (S3)	1 (29)	3 (30)	2 (60)
8	3 (S3)	2 (20)	1 (90)	3 (30)
9	3 (S3)	3 (13)	2 (60)	1 (120)

从表9.6和图9.12可以看出不同处理条件下土壤中多环芳烃含量均发生降低，其中土壤颗粒粒径在5～8 mm的处理1、处理2和处理3的多环芳烃含量分别降至0.9 mg/kg、2.5 mg/kg和4.0 mg/kg，去除率分别为91.1%、75.6%和63.7%；等离子体技术处理后，土壤颗粒粒径在2～5 mm的处理4、处理5和处理6的多环芳烃含量分别为0.7 mg/kg、1.5 mg/kg和1.3 mg/kg，去除率分别为91.2%、81.9%和85.1%；土壤颗粒粒径在1～2 mm的处理7、处理8和处理9的多环芳烃处理后含量分别为2.0 mg/kg、0.3 mg/kg和0.4 mg/kg，去除率分别为81%、97.6%和96.3%。方差分析结果表明，颗粒大小、放电功率、放电时间及空气流速均能显著影响多环芳烃去除率，其中颗粒大小、放电时间和空气流速达到极显著水平。从图9.12可知，处理1、处理4、处理8和处理9的多环芳烃总量去除率没有显著性差异，但显著高于其他处理。对大颗粒（粒径5～8 mm)污染土壤而言，多环芳烃总量去除率最大时的放电功率为29 W，放电时间为90 min，空气流速为120 mL/min；中颗粒（粒径2～5 mm）污染土壤多环芳烃去除率最大时的放电功率为29 W，放电时间为60 min，空气流速为

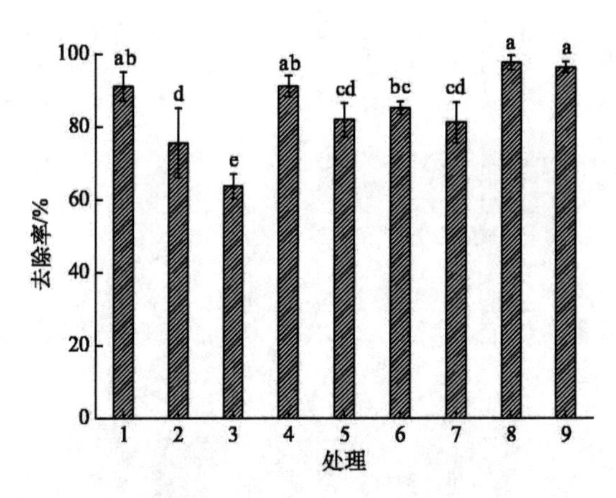

图9.12 不同处理土壤中多环芳烃总量的去除率

不同字母表示差异显著，显著性水平为 $P<0.05$

表 9.6　低温等离子体氧化修复技术处理后土壤中多环芳烃含量

多环芳烃	PAH	含量/(μg/kg)								
		处理 1	处理 2	处理 3	处理 4	处理 5	处理 6	处理 7	处理 8	处理 9
萘	Nap	—	—	—	—	—	—	—	—	—
苊	Ace	—	—	—	—	—	9.2±10.2	—	3.8±6.6	—
芴	Flu	—	2.0±3.4	2.4±4.1	—	—	7.0±2.5	—	2.5±2.1	—
菲	Phe	19.8±4.3	76.3±35.7	128.9±32.3	30.3±2.6	48.0±3.1	45.3±4.0	65.4±33.5	20.5±3.6	19.2±2.3
蒽	AnT	1.8±0.3	5.0±3.3	6.0±1.9	—	2.6±2.3	2.8±0.8	1.7±3.0	—	—
荧蒽	FluA	81.9±34.5	234.5±154.1	504.0±181.3	48.4±19.7	136.2±28.5	148.1±18.7	232.7±90.6	29.2±27.8	35.6±13.9
芘	Pyr	57.1±28.4	227.5±131.6	496.6±122.4	32.9±18.7	103.0±14.2	73.5±12.1	114.4±57.4	11.6±16.1	28.2±23.0
苯并[a]蒽	BaA	34.5±14.1	100.2±54.1	215.9±61.2	17.0±7.3	59.3±15.2	53.4±8.0	77.1±35.0	7.9±9.5	12.8±5.9
屈	Chry	98.0±47.7	254.4±133.7	527.1±142.2	62.0±24.6	168.7±48.9	170.7±23.1	248.4±89.0	28.3±29.6	35.7±28.4
苯并[b]荧蒽	B[b]F	184.9±84.4	427.0±196.8	673.5±103.8	130.1±46.0	307.9±46.2	296.5±56.9	450.0±129.1	62.2±41.8	88.1±16.5
苯并[k]荧蒽	B[k]F	62.9±28.5	154.0±73.1	277.0±62.5	36.6±13.3	93.8±33.7	93.2±14.2	106.3±34.8	16.7±16.2	24.7±10.5
苯并[a]芘	B[a]P	44.6±52.2	122.1±26.2	172.2±63.8	42.0±18.9	74.8±62.3	21.7±4.5	128.2±54.4	2.1±2.3	5.6±2.8
二苯并[a,h]蒽	DBA	21.3±10.1	51.8±12.9	74.5±4.9	18.7±5.8	34.7±11.4	26.2±4.0	33.0±11.9	5.6±5.9	10.1±3.8
苯并[g,h,i]芘	B[ghi]P	161.1±102.5	485.8±117.1	496.3±63.3	192.4±50.6	284.0±85.5	146.5±14.1	314.0±65.6	21.6±19.9	67.2±46.7
茚并[1,2,3-cd]芘	IP	132.9±64.8	323.2±82.6	397.2±70.0	137.1±42.1	228.1±75.9	171.1±19.2	232.9±78.9	38.6±39.9	66.5±31.8
二环	2-ring	—	—	—	—	—	—	—	—	—
三环	3-ring	21.6±4.0	83.2±41.8	125.4±16.6	30.3±2.6	50.6±1.0	64.2±16.7	67.1±36.4	26.8±9.3	19.2±2.3
四环	4-ring	271.5±116.1	816.6±474.8	1550.24±180.2	160.3±69.3	467.3±106.0	445.6±49.1	672.6±267.7	77.1±82.7	112.3±52.2
五环	5-ring	313.6±154.0	754.9±259.1	1135.94±109.7	227.3±82.7	511.1±134.9	437.6±79.3	717.5±189.9	86.5±65.2	128.5±32.2
六环	5-ring	294.0±164.6	809.0±197.4	843.46±46.3	329.5±92.7	512.1±161.0	317.6±32.5	546.9±143.7	60.2±59.5	133.7±78.4
总 量		900.8±399.1	2463.7±960.5	3971.6±844.2	747.5±243.3	1541.1±392.0	1265.0±143.8	2004.1±591.9	250.6±211.1	393.7±162.1

30 mL/min;小颗粒（粒径 1～2 mm）污染土壤多环芳烃最大去除率时放电功率为 20 W，放电时间为 90min，空气流速为 30 mL/min 或者放电功率为 13 W，放电时间为 60 min，空气流速为 120 mL/min。

9.3.2　低温等离子体氧化修复技术处理后土壤中各种多环芳烃的去除率

从表 9.6 可以看出，等离子体技术处理后，各处理不同环数多环芳烃的含量亦有不同程度的降低，其中处理 1、处理 2 和处理 3 的三环、四环、五环和六环多环芳烃的含量范围分别为 0.02～0.13 mg/kg、0.27～1.55 mg/kg、0.31～1.14 mg/kg 和 0.29～0.84 mg/kg，去除率分别为 81.9%～96.9%、73.4%～95.3%、54.2%～87.4% 和 21.2%～72.5%；处理 4、处理 5 和处理 6 的三环、四环、五环和六环多环芳烃的含量范围分别为 0.03～0.06 mg/kg、0.16～0.45 mg/kg、0.23～0.51 mg/kg 和 0.33～0.51 mg/kg，去除率分别为 84.9%～92.9%、90.5%～96.8%、76.8%～89.7% 和 46.4%～66.8%；处理 7、处理 8 和处理 9 的三环、四环、五环和六环多环芳烃的含量范围分别为 0.02～0.07 mg/kg、0.07～0.67 mg/kg、0.09～0.72 mg/kg 和 0.06～0.55 mg/kg，去除率分别为 89.3%～96.9%、89.0%～98.7%、72.7%～96.7% 和 54.2%～95.0%。

研究结果表明，颗粒大小、放电时间和空气流速显著影响多环芳烃的去除率，但是放电功率影响不显著；而颗粒大小、放电功率、放电时间和空气流速 4 个因素均能显著影响四环、五环和六环多环芳烃的去除率，尤其对六环多环芳烃去除率影响达到极显著水平。这可能与多环芳烃本身的特性有关，三环多环芳烃分子质量较轻，且与土壤本身结合相对疏松，所以即使在功率较低时，所产生的活性物质已经足以去除绝大部分的低分子质量多环芳烃，而高分子质量多环芳烃与土壤颗粒结合紧密，导致活性物质的多少对其去除率影响显著，同时作用时间越长、空气流速越快，使得活性物质与多环芳烃相互作用越充分，处理产物流出越快，从而多环芳烃去除率越高。所有试验处理中，除六环多环芳烃外，处理 1、处理 4、处理 8 和处理 9 对其他环数多环芳烃去除率没有显著差异，且显著高于其他处理；六环多环芳烃去除率以处理 8 和处理 9 最高，分别达到 95.0% 和 88.8%，处理 1 次之，为 72.5%，处理 4 和处理 6 又次之，分别为 65.5% 和 66.8%。综合来讲，对不同环数多环芳烃而言，处理 1 去除大颗粒污染土壤中多环芳烃效果较好，处理 4 对中颗粒污染土壤中多环芳烃去除率最高，而处理 8 对小颗粒污染土壤中多环芳烃去除率最高。

苯并 [*a*] 芘是高环多环芳烃中难挥发和难降解的强致癌物质，由于其分布广泛、性质稳定，B [*a*] P 已成为国内外环境监测的重要目标之一。处理 1 对大颗粒（粒径 5～8 mm）污染土壤中 B [*a*] P 的去除率最高，达到 95.6%，此时含量为0.04 mg/kg，处理6对中颗粒（粒径2～5 mm）中B［a］P的去除率达到97.6%，此时含量为0.02 mg/kg，处理8对中颗粒（粒径2～5 mm）中B［a］P的去除率达到99.8%，此时含量为0.02 mg/kg。结果表明，颗粒大小和放电时间是影响B［a］P去除效果优劣的主要因素，达到显著水平，而放电功率和空气流速的影响差异不显著。说明供试条件下的最低功率配合其他条件已能够去除污染土壤中绝大部分的B［a］P。图9.13给出了不同处理对B［a］P的去除率。从图9.13可以看出，处理1、处理4、处理6、处理8和处理9对污染土壤中B［a］P的去除率最高，且它们之间差异不显著，最高达到99.8%（处理8），显著高于其他处理。

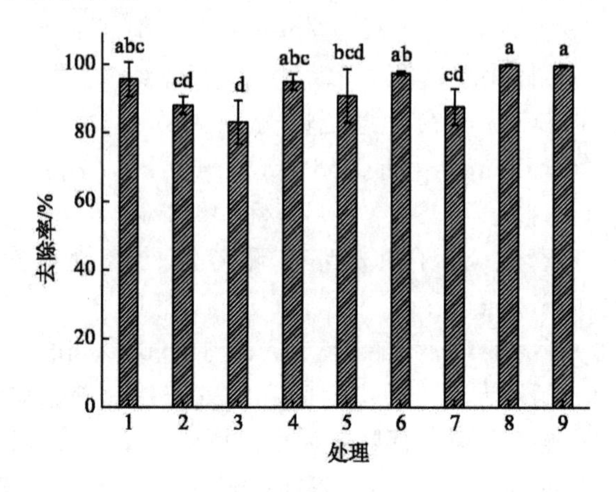

图9.13 不同处理土壤中B［a］P的去除率

不同字母表示差异显著，显著性水平为 $P<0.05$

综上可见，土壤颗粒大小、放电功率、放电时间和空气流速4个因素显著影响污染土壤中多环芳烃总量去除率。对不同环数多环芳烃而言，除三环外，4个因素对其他环数多环芳烃的去除均影响显著，供试条件下，放电功率对三环多环芳烃的去除率无显著影响；同时，放电功率和空气流速对土壤中B［a］P的去除率亦无显著影响。

粒径在5～8 mm的大颗粒污染土壤在放电功率为29 W，放电时间为90 min,空气流速120 mL/min时多环芳烃总量去除率最高，达91.1%；粒径在2～5 mm的中颗粒污染土壤在放电功率为29 W，放电时间为60 min，空气流速3 mL/min时多环芳烃总量去除率最高，达91.2%；粒径在1～2 mm的小颗粒污染土壤在放电功率为13 W，放电时间为60 min，空气流速120 mL/min时多环芳烃总量去除率高达96.3%，放电功率为20 W，放电时间为90 min，空气流速30 mL/min时多环芳烃总量去除率最高为97.6%。考虑到经济成本等因素，等离子体去除污染土壤多环芳烃最适条件为土壤颗粒大小为粒径1～2 mm，放电功率为 13 W，放电时间为 60 min，空气流速 120 mL/min。

参考文献

蔡忆昔，吴江霞，赵为东，等. 2005. 非平衡等离子体处理柴油机有害排放. 江苏大学学报（自然科学版），26（2）：121-124.

陈艳梅，凌一鸣. 2004. 介质阻挡放电制备臭氧的实验研究. 电子器材，27（4）：653-657.

高军，骆永明. 2005. 多氯联苯（PCBs）污染土壤生物修复的研究进展. 安徽农业科学，33（11）：2119-2121.

何义亮，Hughes J B，SooHan S. 2007. Fenton 氧化处理爆炸物污染土壤的实验研究. 环境科学学报，27（10）：1657-1662.

骆永明. 污染土壤修复技术研究现状与趋势. 化学进展，2009，21（2/3）：558-565

王伟，杜传进，徐翔，等. 2005. 离子体净化柴油车尾气的能耗分析. 武汉理工大学学报，27（12）：93-95.

杨宽辉，王保伟，许根慧. 2007. 介质阻挡放电等离子体特性及其在化工中的应用. 化工学报，58（7）：1609-1616.

余宗学. 2002. 利用芬顿试剂预处理间二硝基苯生产废水. 环境污染与防治，24（5）：282-284.

郑海龙，陈杰，邓文靖. 2004. 土壤环境中的多氯联苯（PCBs）及其修复技术. 土壤，36（1）：16-20.

朱秀华，张诚，丁珂，等. 2007. 处理硝基苯类废水的 Fenton 催化氧化技术研究现状. 工业水处理，27（3）：1-3.

Ding H X，Zhu A M，Yang X F，et al. 2005. Removal of formaldehyde from gas streams via packed-bed dielectric-barrier discharge plasmas. J Ph s D：Appl Phys，38（23）：4160- 4167.

Gomez E，Rani D A，Cheeseman C R. 2009. Thermal plasma technology for the treatment of wastes：a critical review. Journal of Hazardous Materials，161：614-626.

Kao C M，Wu M J. 2000. Enhanced TCDD degradation by Fenton's reagent preoxidation. Journal of Hazardous Materials，74（3）：197-211.

Oliveira R，Almeida M F，Santos L C，et al. 2006. Experimental design of 2，4-dichlorophenol oxidation by Fenton's reaction. Ind Eng Chem Res，45：1266 -1276.

Palmroth M R T，Langwaldt J H，Aunola T A，et al. 2006. Effect of modified Fenton's reaction on microbial activity and removal of PAHs in creosote oil contaminated soil. Biodegradation，17（2）：29-39.

Subrahmanyam C，Renken A，Kiwi M L. 2007. Novel catalytic non-thermal plasma reactor for the abatement of VOCs. Chemical Engineering Journal，134：78-83.

Teel A L，Warberg C R，Atkinson D A，et al. 2000. Comparison of mineral and soluble iron Fenton's catalysts for the treatment of trichloroethylene. Water Res，34（13）：1791-1802.